全国高校土木工程专业应用型本科规划推荐教材

土力学教程

谢定义　刘奉银　编著

中国建筑工业出版社

图书在版编目（CIP）数据

土力学教程/谢定义，刘奉银编著. —北京：中国建筑工业出版社，2010.9
全国高校土木工程专业应用型本科规划推荐教材
ISBN 978-7-112-12466-4

Ⅰ.①土… Ⅱ.①谢…②刘… Ⅲ.①土力学-教材 Ⅳ.①TU43

中国版本图书馆CIP数据核字（2010）第181646号

全国高校土木工程专业应用型本科规划推荐教材

土 力 学 教 程

谢定义　刘奉银　编著

*

中国建筑工业出版社出版、发行（北京西郊百万庄）
各地新华书店、建筑书店经销
北京红光制版公司制版
北京同文印刷有限责任公司印刷

*

开本：787×1092毫米　1/16　印张：15¼　字数：372千字
2010年9月第一版　2010年9月第一次印刷
定价：**30.00**元
ISBN 978-7-112-12466-4
（19727）

版权所有　翻印必究
如有印装质量问题，可寄本社退换
（邮政编码100037）

本书是编者根据自己长期教学的体会与经验，以优化教材体系、突出讲炼用结合为主要目标而编写的一本土力学教材。全书采用"提出问题、分析问题、解决问题"的方法，突出了"土力学研究土和土体变形强度特性规律及其工程应用问题"的根本任务，建立了从揭示影响土变形强度特性变化的内部因素、外部因素和时间因素，到阐明土与力结合时在变形强度上的各类特性规律，再到应用土性规律解决各类工程土工问题的具体方法、技术措施的新的教材体系，各章均包括了基本内容、小结、复习思考题与作业练习题等四个部分，注意灵活应用由"是什么"到"为什么"的分析，以利于培养学生"举一反三"的能力。

本书包括了绪论（第1章）；内在因素、外在因素、时间因素的分析（第2、3、4章）；土与力之间基本力学规律与指标的分析（第5、6、7章）；土的静力、动力学特性规律在地基、土坡、支护结构设计计算中的应用（第8、9、10章）和以"土力学走向实用"问题为重点的总结（第11章），主要面对土木工程类专业大学本科生，同时也可作为其他土工科技人员的重要参考书。

＊　　＊　　＊

责任编辑：王　跃　刘平平
责任设计：赵明霞
责任校对：张艳侠　王雪竹

前　言

本书是面对土木工程类专业大学本科生的一本土力学教材。根据编者长期教学的经验和体会，本书在编写中着重注意和体现了优化教材体系，精炼教材内容与突出讲炼用结合。

（1）优化教材体系。正如日本土力学家松冈元在自著土力学教材的前言中所述，"教科书不是他人和自己最新研究成果的简单罗列，而应该是把已经成熟的成果加以系统地归纳和总结"。在这里，首先是系统或体系，然后是把已经成熟的成果在这个系统或体系内加以正确地归纳和总结。关于土力学的教材体系，在多年来的教学实践中，人们曾经试用过学科型的教材体系，工程型的教材体系和专题型的教材体系。在对它们总结分析的基础上，本书采用了一种崭新的教材体系，姑且将它称之为分析型的教材体系。

学科型的教材体系由土的物理性质到力学性质，到土中应力、地基承载力、土坡稳定分析、挡土墙土压力，再到地基处理，它使得每一个问题都基本上成了相对独立的部分，学生常需要在有了一定的土力学知识后才能寻找和体会它们中间的内部联系；它与学生们熟悉的数学、力学等课程的思考体系明显不同，往往会由于不习惯而造成杂乱的感觉，约束了学生主动思考力的发挥；同时，教师在教学中也难于在一个问题的讨论中从有关的多个方面、有联系地对土的变形强度问题作出分析，使得一个本来受到多因素影响的问题暂时地丢开一些必要的延伸与对比。

工程型的教材体系是结合某个工程对象来讨论土力学的内容。如在结合土坝工程讨论时，可以包括土料的选择（土的基本物理性质与工程），土坝的渗流计算（土的渗透性与工程），土坝的坝坡稳定性分析（土的强度与工程），土坝的沉降计算（土的压缩、固结与工程），水闸地基稳定性分析（地基的承载力，挡墙土压力与工程）。这样的体系，一方面，一些土力学的内容难于组织到工程对象中去，另一方面，又与土坝设计的专业课造成重复或脱节。

专题型的教材体系是在讲授了土的物理性质之后，再分别讨论土的渗透性与土体的渗透稳定性，土的压缩性与土体的变形稳定性，土的抗剪性与土体的强度稳定性等问题。这种体系将土性和土体的稳定性尽早地结合，使理论密切地与实际问题相联系，是它的一个的优点。但它将渗透、抗剪与压缩等相互割裂，在一个相当长的学习期间还不能形成对土材料的完整认识，在考虑具体问题时，也限制了在渗透、抗剪与压缩等有关问题之间作相互有联系的分析。

分析型的教材体系突出了人们一般对待一个新事物认识的基本规律。它用提出问题、分析问题、解决问题的"三部曲"方法来处理土力学教材。首先，通过"土力学研究土和土体变形强度特性规律及其工程应用问题"的根本任务提出问题，把认识土、利用土和改造土作为土力学的重要目标，并说明解决这个问题时土这个主要对象的本质特点（"多孔、多相、松散"介质）和对应需要采取的特殊方法（土工试验与力学原理与具体条件间的紧密结合）；接着，在分析问题时，一方面从内部因素（物质结构因素）、外部因素（环境条件因素）和时间因素（时间过程因素）诸方面来揭示影响土变形强度特性变化的实在因素，展现土力学中需要全面考虑的特性和现象，建立对土本质特性的具体认识，学会土力学思考问题的方法，感受解决这些问题对一个土木工程师的重要性，为从空间和时间全面思考问题打下初步的基础；另一方面，从土与力的关系上系统地考察土变形强度变化的基本特性规律和定理，给出了从数学、力学角度可以进行定量分析的基本参数及基本关系式；然后，为了解决问题，从工程土体与土在变形强度特性规律上的联系，将土性规律应用到各类工程的土工问题中，介绍了解决问题的具体方法、技术措施和深化研究的方向和问题。编者认为，用这个体系来阐明土力学问题，既有科学内容，又有思维方法，且具有由内到外、由浅入深、循序渐进的特点，可以收到"纲举目张"的效果。依据这个体系，本书共分为11章。第1章就是提出问题的绪论；第2、3、4章就是关于内在因素、外在因素、时间因素的分析；第5、6章就是关于土与力之间基本关系与指标的分析；第7、8、9就是关于土的静力特性规律分别在地基、土坡和支护结构设计计算中的应用；第10章就是关于土的动力特性规律在地基、土坡和支护结构设计计算中的应用；最后，第11章是以"土力学及其走向实用"问题为重点的总结。

(2) 精炼教材内容。"丰富的土力学内容与有限的教学时数间的矛盾"是土力学教学中长期存在的一个主要矛盾。为了解决这个矛盾，本书在精炼教材内容上采取了一系列新的措施。

为基本概念组织清晰的系统。例如：从内因、外因和时间三大因素上认识土变形强度特性的变化；从粒度、密度、湿度、构度四个方面全面认识土的物理特性；从双电层、收缩膜和结构性的差异认识土样中三个组成相间的相互作用；从试验方法、特性曲线、特性指标及其变化方面揭示压缩性、剪切性、渗透性和击实性；从土材料与工程土体的联系与差异上认识并建立土材料的力学特性规律与工程土体的变形强度稳定性的联系等等。

用简练的文字语言阐明骨干性的内容。在文字语言上下工夫，反复进行推敲，不仅是为了适当地缩减篇幅，更重的是为了突出主干，准确含义，分清层次，搭配材料，组织论理，明确关系，体现正确的思维逻辑。如以绪论讲述为例，用"研究土和土体变形强度特性规律及其工程应用问题"定义土力学；用"世间不会有空中楼阁存在"说明土力学在工程建设中的重要性；用"多孔、多相、松散"介质点明土力学研究材料对象的本质特点；用"认识土、利用土、改造土"概括土力学的主要任务；用"土工试验＋力学原理＋工程应用"说明土力学三个大方面的关系。

在广阔的学科背景下突出最基本的内容。它既需要从大量历史的、文献的、实践的各种材料中精选出土力学真正的基本概念、基本理论和基本方法，也需要把它们放在现代土力学及其应用中的适当位置上；既需力戒将基本内容扩大化，也需力戒将基本内容孤立化；既要给初学者一个轻巧而坚实的基础，发挥基本教材的作用，又要为它们的进一步拓展、加深和补充给出方向和阶梯，发挥教材中参考文献的作用。

给任课教师留出适当的余地。虽然为了在教材内容的完整性，可以涉及有关方面的主要骨干问题，但对有些问题只需"点到为止"，不必作过细、过多的讲述，以便任课教师根据专业需要、学时限制等作出选择和发挥主动性，"适应所需"，"特色教学"。尤其对土力学中许多计算公式的推证应该有所选择，无需"人人过关"，以免让过多的数学力学过程冲淡土力学的概念和思路，要努力让它们服务于阐明土力学问题的需要。在公式推导中，土力学思考方法要比数学力学过程更重要。

(3) 突出讲炼用结合。在本书的各章中，均包括了基本内容、小结、复习思考题与作业练习题等四个部分，最后一章对全书给出了总结。既运用"多次的重复"这个记忆的原则，又使认识从逐渐展开到逐渐浓缩，从"由薄到厚"的初级阶段走向"由厚到薄"的高级阶段。

基本内容部分，一般先介绍问题的总体状况，同样贯彻"三部曲"的认识论方法，灵活应用由"是什么"到"为什么"的分析，力图在最主要的点上讲透，培养"举一反三"的能力。

小结部分要理出知识的骨架系统，精现认识问题的基本观点，补充一些必要而带有发展性的思路，以便更加全面地看待已经介绍过的内容；

复习思考题部分要给学生提供自我检验对基本知识掌握程度的问题，帮助思考与记忆，并适当地变换一些面目，引导学生对知识的灵活应用；

作业练习题部分要有进一步加深和拓宽的要求，更多地面对学有余力和有趣学习的学生。但要求学生完成的课外习题，可以从后两部分中适当地作出选择，不可负担过重。

总结部分，既对已有知识作了最简要的回顾与提炼，系统地给出了基本认识、主要名词概念、主要曲线和主要公式，更对"土力学走向实用"的问题作了广泛的讨论，使土力学的特点与它的过去、现在、未来相联系，强调了土工试验、简化假定、综合判断、土体改善、方案比较和深化研究在综合解决土工问题中的重要地位。

最后，需要说明，刘奉银不仅编写了第 7 章的教材，而且对全书作了仔细的校改与补充，做了不少有益的工作。借此机会，编者们愿意对在本书编写过程中作出过贡献的西安理工大学岩土工程研究所的同仁们、研究生们表示衷心的感谢。编者承认，自己在本教材上所作的努力只能算是一个尝试性的工作。它作为"一己之见"，未必能够有太大的裨益，但对它的"后来居上"，才是编者为今后教材的更新所寄予的殷切希望。

谢定义
2010 年 8 月

目 录

前言
符号表

第1章 绪论 ·· 1

第1节 土力学
　　　——研究土和土体变形强度特性规律及其工程应用问题的学科 ·············· 1
第2节 土力学的重要性、对象特点、任务与学习方法 ································ 1
第3节 土力学的主要内容 ·· 2
第4节 土力学发展的现状与趋势 ··· 3
第5节 小结 ·· 6
思考题 ·· 8
习题 ·· 8

第2章 影响土变形强度变化的主要因素（一）
　　　　——内在因素（物质结构因素）··· 9

第1节 概述 ·· 9
第2节 土物质结构因素的四类特性指标体系 ··· 9
第3节 土物质结构因素的三类相互作用关系 ··· 17
第4节 基于物质结构因素的土工程分类方法 ··· 21
第5节 土物质结构因素基本土性指标的测算 ··· 24
第6节 小结 ·· 30
思考题 ·· 31
习题 ·· 32

第3章 影响土变形强度变化的主要因素（二）
　　　　——外在因素（环境条件因素）··· 35

第1节 概述 ·· 35
第2节 加载与卸载及其作用 ·· 36
第3节 增、减湿及其作用 ·· 39
第4节 渗透力及其作用 ··· 39
第5节 动荷载及其作用 ··· 43
第6节 主要公式的推导 ··· 45
第7节 小结 ·· 46

  思考题 48
  习题 48

第4章 影响土变形强度变化的主要因素（三）
  ——时间因素（时间过程因素） 50
  第1节 概述 50
  第2节 土的固结 50
  第3节 土的流变 52
  第4节 小结 55
  思考题 56
  习题 56

第5章 土变形强度特性变化的主要规律（一）
  ——压缩性、剪切性、渗透性、击实性的特性规律 57
  第1节 概述 57
  第2节 法向应力与变形之间的关系
    ——土的压缩特性规律 57
  第3节 剪应力与抗剪强度之间的关系
    ——土的抗剪特性规律 62
  第4节 渗透流速与水力梯度之间的关系
    ——土的渗透特性规律 66
  第5节 击实功与压实密度之间的关系
    ——土的压实特性规律 70
  第6节 小结 74
  思考题 75
  习题 76

第6章 土变形强度特性变化的主要规律（二）
  ——固结、静三轴、动三轴试验的规律 78
  第1节 概述 78
  第2节 变形量与时间之间的关系
    ——土的渗压固结特性规律 78
  第3节 静力三轴（常规）应力与应变之间的关系
    ——土静力三轴应力应变的特性规律 84
  第4节 动力三轴应力与应变之间的关系
    ——动三轴应力应变的特性规律 93
  第5节 小结 100
  思考题 101
  习题 102

第7章 土的静力变形强度特性参数与规律在工程计算分析中的应用（一）

　　——地基工程问题 ·· 104

　　第1节　地基工程中的变形强度问题 ···································· 104
　　第2节　地基中应力的计算 ··· 104
　　第3节　地基压缩变形量（基础沉降量）的计算 ····················· 122
　　第4节　地基固结过程（基础沉降过程）的计算 ····················· 126
　　第5节　地基承载力的计算 ··· 131
　　第6节　地基增稳的途径与措施 ··· 145
　　第7节　小结 ··· 154
　　思考题 ·· 157
　　习题 ·· 158

第8章 土的静力变形强度特性参数与规律在工程计算分析中的应用（二）

　　——土坡工程问题 ·· 159

　　第1节　土坡工程中的变形强度问题 ···································· 159
　　第2节　土坡沉降变形的计算 ··· 160
　　第3节　土坡沉降变形过程的计算 ······································· 161
　　第4节　土坡稳定性的计算 ··· 161
　　第5节　增强土坡稳定性的基本途径与措施 ·························· 171
　　第6节　小结 ··· 172
　　思考题 ·· 172
　　习题 ·· 173

第9章 土的静力变形强度特性参数与规律在工程计算分析中的应用（三）

　　——支护工程 ··· 174

　　第1节　支护工程中土的变形强度问题 ································ 174
　　第2节　挡土墙上的土压力问题 ··· 174
　　第3节　板桩墙上的土压力问题 ··· 186
　　第4节　地下埋管上的土压力问题 ······································ 187
　　第5节　隧道（洞）衬砌结构上的土压力问题 ······················· 193
　　第6节　小结 ··· 198
　　思考题 ·· 200
　　习题 ·· 200

第10章 土的动力变形强度特性参数与规律在工程计算分析中的应用 ········· 202

　　第1节　土木工程中土的动力变形强度问题 ·························· 202
　　第2节　地基的动承载力 ·· 202
　　第3节　地基液化可能性的分析 ··· 202

  第4节 土坡的动力稳定性分析 ·· 205
  第5节 挡土墙上动土压力的分析 ·· 207
  第6节 增强土体动力稳定性的基本途径与措施 ································ 208
  第7节 小结 ·· 209
  思考题 ·· 210
  习题 ··· 211

第11章 结论（土力学走向实用的道路） ·· 212
  第1节 对土力学认识的简要回顾 ·· 212
  第2节 土力学走向实用的道路 ·· 215
  第3节 综合作业题 ··· 217

中英文对照名词索引（暂以章节先后为序） ·· 222
参考文献 ··· 228

符 号 表

d_{50} ——平均粒径；
d_{10} ——有效粒径；
$C_u = d_{60}/d_{10}$ ——不均匀系数；
$C_c = (d_{30})^2/d_{10}d_{60}$ ——曲率系数；
$\rho_d = M_s/V$ ——干密度；
$e = V_v/V_s$ ——孔隙比；
$n = V_v/V\%$ ——孔隙率；
D_r ——相对密实度；
$S_r = V_w/V_v$ ——饱和度；
w ——含水量；
w_s ——缩限；
w_p ——塑限；
w_l ——液限；
I_L ——液性指数；
$I_p = w_l - w_p$ ——塑性指数；
S_t ——灵敏度；
q_u ——无侧限抗压强度；
u_w ——孔隙水压力；
u_a ——孔隙气压力；
$(u_a - u_w)$ ——基质吸力；
$(\sigma - u_a)$ ——净总应力；
Q_1 ——午城黄土；
Q_2 ——离石黄土；
Q_3 ——马兰黄土；
ρ ——土的密度；
ρ_d ——干密度；
ρ_{sat} ——饱和密度；
ρ' ——浮密度，有效密度；
$G(G = \frac{\rho_s}{\rho_w})$ ——土粒相对密度；
M, M_s, M_w, M_a ——分别为土、土粒、水、气的质量；
V, V_s, V_w, V_a ——分别为土、土粒、水、气的体积；
σ_{sz} ——土自重应力；
σ_0 ——基底附加应力；

σ_z ——土中附加应力；
σ' ——有效应力；
u ——孔隙水压力；
$i = \frac{h}{L}$ ——水力坡降（或称水力梯度）；
j ——渗透力；
i_{cr} ——临界水力梯度；
τ_0/σ_0 ——初始剪应力比；
U_t ——固结度；
$\tau_{f\infty}$ ——长期强度极限；
a ——压缩系数；
E_s ——压缩模量；
C_c ——压缩指数；
m_v ——体积压缩系数；
E_u ——回弹模量；
C_e ——回弹指数；
E_0 ——变形模量；
μ ——泊松比；
b ——载荷板宽度；
μ ——地基土泊松比；
ω ——荷载板刚度与形状修正系数；
τ_f ——抗剪强度；
φ ——内摩擦角；
c ——黏聚力；
σ_c ——黏结应力；
c', φ' ——分别为有效应力的黏聚力和内摩擦角；
χ ——有效应力系数；
q、s 和 cq 试验——分别为直剪试验的快剪、慢剪和固结快剪试验；
UU、CU 和 CD 试验——分别为三轴试验的不排水剪、固结不排水剪和排水剪试验；
k ——土的渗透系数；
k_V ——垂直层面渗流的渗透系数；
k_H ——平行层面渗流的渗透系数；

w_{op} —— 最优含水量；

γ_{dmax} —— 最大干重度；

T_v —— 时间因数；

U_t —— 固结度；

C_v —— 固结系数；

σ_{3f}, σ_{1f} —— 破坏时的小、大主应力；

E —— 压缩模量；

G —— 剪变模量；

K —— 体积模量；

R_f —— 破坏比；

$(\sigma_1 - \sigma_3)_f$ —— 破坏强度；

$(\sigma_1 - \sigma_3)_{ult}$ —— 极限强度；

E_t —— 切线模量；

μ_t —— 切线泊松比；

$K_c = \sigma_{1c}/\sigma_{3c}$ —— 固结应力比；

τ_0/σ_{3c} —— 起始剪应力比；

σ_d —— 动应力；

γ_d —— 动应变；

C_d —— 动黏聚力；

φ_d —— 动内摩擦角；

C'_d —— 动有效黏聚力；

φ'_d —— 动有效内摩擦角；

G_0 —— 初始的动剪变模量；

G_d —— 动剪变模量；

γ_r —— 参考应变，$\gamma_r = \tau_y/G_0$；

τ_y —— 最大动剪应力；

λ_{max} —— 最大阻尼比；

λ —— 阻尼比；

K_0 —— 静止侧压力系数；

σ'_v —— 垂直有效覆盖压力；

c —— 阻尼系数；

c_{cr} —— 临界阻尼系数；

$\sigma_x, \sigma_y, \sigma_z$ —— 正应力分量；

$\tau_{xy}(=\tau_{yx}), \tau_{yz}(=\tau_{zy}), \tau_{zx}(=\tau_{xz})$ —— 剪应力分量；

$\sigma_1, \sigma_2, \sigma_3$ —— 主应力；

$\varepsilon_1, \varepsilon_2, \varepsilon_3$ —— 主应变；

$(\sigma_1 - \sigma_3)_f$ —— 破坏剪应力；

$(\sigma_1 - \sigma_3)_{ult}$ —— 极限剪应力；

S —— 应力水平；

σ_c —— 压缩极限强度；

$\bar{u}(t)$ —— 孔压的平均值；

$S(\infty)$ —— 最终沉降；

C_{V3} —— 三维渗流的固结系数；

C_{v1} —— 单向渗流固结系数；

C_{v2} —— 二维渗流的固结系数；

g —— 重力加速度（g_x, g_y, g_z）；

n —— 土介质的孔隙率；

D_f —— 基础埋深；

e —— 偏心距；

K —— 应力分布系数；

p_c —— 先期固结压力；

δ_{sh} —— 湿陷系数；

p_u —— 极限荷载的竖向分量；

τ_u —— 极限荷载的切向分量；

N_γ, N_q, N_c —— 对应于土的重度、旁侧压力、黏聚力的承载力因数；

p_{cr} —— 临界荷载；

z_{max} —— 塑性区有最大深度；

$i(k=\gamma, q, c)$ —— 荷载倾斜修正系数；

$d_k(k=\gamma, q, c)$ —— 基础埋深修正系数；

$s_k(k=\gamma, q, c)$ —— 基础形状修正系数；

$g_k(k=\gamma, q, c)$ —— 地面倾斜修正系数；

$b_k(k=\gamma, q, c)$ —— 基底面倾斜修正系数；

$\zeta_k(k=\gamma, q, c)$ —— 基土压缩修正系数；

K_H —— 水平地震系数；

α —— 水平地震加速度分布系数；

C_Z —— 综合影响系数；

K_V —— 垂直地震系数；

ΔW —— 土条的重力；

G —— 土条侧边界上的作用力；

E —— 土条侧边界上的土骨架间的有效作用力；

U —— 土条侧边界上的水压力；

ΔR —— 土条底滑面上的反力；

R —— 土条底滑面上的有效反力；

U_s —— 土条底滑面上的孔隙水压力；

ΔQ —— 土条的水平地震力；

q——填土表面超荷载；
β——填土表面的倾角；
P_A——主动土压力；
P_p——被动土压力；
B——沟槽的宽度；
D——埋管的直径；
H——管顶填土的厚度；
H_e——管顶到等沉面间填土的临界厚度；
φ_K——换算内摩擦角；
f_K——牢固系数；
$\overline{N}_{cr}$——临界标准贯入击数；
$H_s(m)$——砂层埋深；

$H_s(m)$——地下水深；
p_c——黏粒含量；
$\tau_{l,N}$——抗液化剪应力；
$\overline{\tau}_e$——地震的平均剪应力；
γ_d——应力减小系数；
c_r——考虑现场条件与室内试验条件之间差别的应力校正系数；
I——地基的液化指数；
$\overline{W}(z)$——与深度有关的权函数；
θ——重力与水平地震力的合力与铅垂线间的夹角；
F_L——土的液化安全系数。

第1章 绪 论

第1节 土 力 学
——研究土和土体变形强度特性规律及其工程应用问题的学科

土力学是一门研究土和土体变形强度特性规律及其工程应用问题的学科。它应该包括土材料的变形强度特性规律和土体（地基，土坡，洞室及其他填土的土体）的变形强度特性规律，尤其是这些特性规律在各类工程建设中应用的途径和方法。土力学的任务就是确保工程建设中遇到的各类土体（包括软弱土体），在其运营期内的任何可能条件下，既不发生建筑物难以承受的过大变形，也不发生建筑物决不许可的强度破坏。这就必须掌握针对不同工程的具体要求和条件对土作出正确认识、合理利用和有效改造的知识和技能。

第2节 土力学的重要性、对象特点、任务与学习方法

为了了解土力学的重要性、研究对象的特点、任务与内容，应该理解和记住如下几个基本的观点：

1. "世间绝对不会有空中楼阁"

由于任何工程建筑最终必须与岩体、土体发生密切的联系，它必须安固于岩体、土体之上（建筑）、之间（渠道）、之侧（挡墙），或者之内（隧道）。因此，如果一个土木工程工作者不了解土在变形、强度和渗透诸方面的工程特性，他就无法确保工程在土体变形、强度和渗透诸方面必须满足的稳定性。

2. 土是一种"多孔、多相、松散"介质

土是由固相的矿物颗粒构成骨架，其间的孔隙由液相、气相等流体所全部或部分填充的一种特殊介质。它不仅有一般"多孔介质"的特点，而且更有"多相介质"、"松散介质"的特点。因此，从总体上看，土总是具有"低强度、高压缩、易透水"等基本特性，而且这些特性均具有显著的"时空变异性"，从而构成了土材料的特殊性和复杂性。"多孔、多相、松散"应该是考察土的特性以及建立土力学理论的根本出发点。

3. 研究土和土体的变形强度特性规律及其工程应用问题是土力学的学科的根本任务

土作为一种工程材料的基本特性规律和土作为一个工程载体的土体稳定性评价是各类土力学的两个必须研究的部分。由对土变形强度特性规律的认识到对土体变形强度稳定性的评价是土力学解决工程实际问题的必由之路。

4. 认识土、利用土和改造土都是土力学的重要目标

为了使土体之上、之间、之侧和之内的各类建筑结构物，确保其在施工期、运用期的各种不同可能工况下能够满足它们与土共同作用时所要求的变形、强度和渗透稳定性，不

仅需要主动深入地认识实际土的基本特性，充分利用不同的土类，而且在很多情况下，还需要能动地利用土力学的基本知识来对原有土性进行改造，使其能够安全地为工程建设服务。这不仅是土力学所需面对的根本任务，也是作为一个土力学工作者骄傲之所在。

5．"跨江大桥"式的知识体系是土力学在应用中的一个重要特点

土力学的知识体系与数学、力学等课程那种"高层建筑"式的体系有所不同。"高层建筑"式的体系需要由下向上逐层形成，下一层修不好，上一层就无法建造；而"跨江大桥"式的体系却需要先修好一个一个似乎单独存在的"桥墩"，再将它们由桥跨、桥面结构联系起来，才可以使人们胜利地通向彼岸。因此，要把土力学学好，必须先学好一个一个似乎单独存在的部分，如土的压缩性、抗剪性、渗透性、击实性等，再将它们由工程实际问题，如地基问题，边坡问题，挡土墙问题，埋管、洞室问题等联系起来，就可以使人们胜利地解决工程设计与施工中的各种土工问题。

6．土力学必须使土工试验、力学原理与工程条件形成"三位一体"的紧密结合

土工试验是建立和发展土力学的基础，力学原理是揭示土和土体力学特性规律的钥匙，工程条件是土工试验与力学原理具体应用的范围。没有土工试验，土力学将寸步难行，没有力学原理，土力学将失去支撑，没有工程条件，土力学将只能纸上谈兵。

第3节 土力学的主要内容

依据上述对土力学任务、对象、体系等的认识，土力学课程内容的取舍和学习必须明确如下的基本认识。

（1）地基稳定问题、土坡稳定问题与挡墙、洞室及埋管上的土压力问题等这些工程建设中关于土体稳定性的三大问题是土力学必须面对的主要问题。由于对这些问题，不仅需要运用土力学的基本知识作出正确的设计、计算与评价，而且在它们的稳定性得不到满足时，还需要运用土力学的基本知识提出减压增稳的有效途径与措施，因此，充分了解土材料的基本物理特性与其在力作用下的基本力学特性规律是解决"三大问题"重要的知识基础。

（2）从内在因素、外在因素和时间因素三个方面作出有重点、有联系的分析是认识土材料变形、强度特性本质正确而且有效的途径。在这里，内在因素是指土的物质结构因素，它包括土的粒度、密度、湿度和结构等因素，是决定土材料变形、强度特性的依据；外在因素是指土的环境条件因素，它包括加、卸载，增、减湿，水力和动力等因素，是决定土材料变形、强度特性的实际条件；时间因素是指除内在、外在这些空间因素外，时间的流程对土变形强度特性的影响，它包括土在固结过程和流变过程中变形强度发展变化的规律，是认识土材料特性随时间而变化和保证土体长期稳定性的基础。

（3）土的物理性质是影响力学性质变化的根据，土的力学性质是工程土体设计的基础规律。土的性质应该包括土的物理性质、化学性质、电学性质、热学性质以及力学性质等各个方面的性质。对土力学来说，土的力学性质是工程应用的主要对象，它包括土压缩特性、抗剪特性、渗透特性、压实特性、动力特性等，而物理性质、化学性质、电学性质、热学性质等，则是影响力学性质的本质因素，是力学性质变化的根据，是正确认识这些力学性质的基础。因此，对于土的力学特性，需要从特性试验、特性曲线、特性规律、特性

指标等多个侧面来描述，并在一定条件下，将它们同物理性质、化学性质、电学性质、热学性质等挂起钩来，认识其力学性质其所以发生复杂变化的依据。

（4）土体的稳定性分析既应包括强度稳定性的分析，又应该包括变形稳定性的分析。土体的变形强度稳定性需要包括静力条件下和动力条件下的分析（基础土力学常以静力条件为主）。对于地基，主要是沉降、变形过程及承载力的计算分析，对于土坡，主要是变形及抗滑稳定性的计算分析，对于挡墙、洞室和埋管，主要是作用土压力及稳定性的计算分析。除了应该包括它们的基本理论外，针对各自的具体条件提出增稳措施，它是保证土体稳定性的重要环节。

（5）土工试验是建立和发展土力学的基础和方法。一般的土工试验包括土材料的试验和土体模型的试验；也包括室内的试验和现场试验。基础土力学的土工试验以室内、材料的基本土工试验为主，以掌握土工试验的原则、方法和基本技能为目的。其他类型的土工试验，常与有特殊要求的实际工程问题和科学研究的内容相结合。将土工试验和力学原理（理论力学、材料力学、结构力学、弹性力学、塑性力学、断裂力学、损伤力学或破损力学）的逐渐有机地结合起来，是土力学解决工程问题（主要有地基、边坡、挡土墙以及洞室等）和学科进一步发展的根本途径。

（6）土力学应该将学科特点、影响因素、力学特性规律和工程应用方法"四个部分"组成具有连贯性的框架体系。就学科特点，应该从"多孔、多相、松散"介质这一根本特点思考土力学问题；就影响因素，应该认识内在因素、外在因素和时间因素对土性的本质作用；就力学特性规律，应该掌握土的压缩特性、抗剪特性、渗透特性、压实特性、动力特性等方面的基本规律；就工程应用方法，应该解决地基的承载力问题，土坡的稳定性问题，挡墙、洞室及埋管上的土压力问题。

第4节 土力学发展的现状与趋势

（1）土力学的发展阶段。土力学的发展可以由太沙基（K. Terzaghi）土力学（Erdbaumechanik auf Boden-physikalischer Grundlage，德文版）的问世（1925）和Roscoe弹塑性本构模型研究（剑桥模型）的出现（1963）作为两个特征点划分为三个阶段（准备阶段、形成阶段和发展阶段）。各个阶段上出现的一些有代表性的论著和著名学者（图1-1）是土力学学科的重要载体。

在国际上，法国库仑（C. C. Coulomb）的土抗剪强度定理（1773）；英国朗肯（W. T. M. Rankine）的极限平衡条件土压力理论（1857）；法国达西（H. Darcy）的土渗透定理（1855）；美籍奥地利人太沙基（K. Terzaghi）的土有效应力原理与渗透固结理论（1925）；法国鲍西来斯克（J. Bossinesq）的表面集中力作用下半无限弹性体中应力的理论（1885）；法国普兰德尔（L. Prandl）的地基破坏滑动面形状与极限承载力公式（1920）；瑞典彼得森、费仑纽斯（Fellenius W.）等的土坡稳定分析的圆弧滑动面法（1915，1922），以及后来比奥特（Biot M. B.）的静力、动力的固结理论（1940、1951）；前苏联格尔塞万洛夫（Герсеванов Н. М.）的《土体动力学原理》（1931）；索科洛夫斯基（Соколовскйй В. В.）的《松散介质极限平衡理论》（1942）；崔托维奇（Цытович Н. А.）的《土力学》（1935）；英国罗斯科（Roscoe K. E.）《临界状态力学》和剑桥模型（1963）；加拿大弗雷德伦德（Fredlund D.G.）的《非饱和土土力学》（1993）等，在形成土力学的基本框架和发展土力学的理论方面起了支柱性的作用。

Terzaghi K。1902－1981　　K.H. Rockoe (1914-1970)　　Arthur Casagrande
（国际土力学奠基人）　　　　　　　　　　　　　　　　　　(1902-1981)

Donald WoodTaylor　　Charles Augustin Coulomb　　William John Macquorn Rankine
(1900-1955)　　　　　　(1736-1806)　　　　　　　　　(1820-1872)

图 1-1　若干著名的国际土力学家

在国内，黄文熙考虑侧向变形的地基沉降量计算方法、对液化问题的三轴试验研究、对弹塑性本构理论和数学模型的研究以及《土的工程性质》专著（1981），俞调梅的《土质学与土力学》（1961），钱家欢等的《土工原理与计算》专著（1980），蒋彭年主编的《土工试验手册》（1951），丘勤宝的《实用土壤力学》（1952），钱家欢的《土壤力学》（1953），陈樑生、陈仲颐的《土力学及基础工程》（1957），以及冯国栋主编的统编教材《土力学地基和基础》（1963）、《土力学及岩石力学》（1979），还有徐志英1960年翻译的《土力学》（崔托维奇，Цытович Н А 1951），《理论土力学》（太沙基，Terzaghi 1943），王正宏等1958年翻译的《实用土力学》（马斯洛夫，Маслов Н Н 1949），陈樑生等1954年翻译的《土学与土力学》（巴布科夫，Бабксв В Ф 1950），蒋彭年1958年翻译的《工程实用土力学》（太沙基与派克，Terzaghi&Peck，1948），魏汝龙翻译的《土力学的理论原理及其实际应用》等，都是我国土力学发展具有历史性贡献的重要代表。我国在岩土工程方面的科学院院士黄文熙、茅以升、陈宗基、汪闻韶、卢肇钧、孙钧、沈珠江、张佑启、陈祖煜；工程院院士周镜、郑颖人、张在明等，我国在土力学教育科研战线上付出心血和汗水的黄文熙、俞调梅、陈樑生、陈仲颐、曾国熙、冯国栋、钱鸿缙、刘祖典、胡定、王正宏、钱家欢、饶鸿雁等老一辈专家教授，都为我国土力学的发展作出了不可磨灭的贡献（见《岩土春秋》清华大学出版社）。其他国内外众多学者对土力学发展的贡献将在以后的有关章节中陆续提到（图1-2）。

(2) 土力学的学术活动。土力学的发展离不开高水平的学术活动。在国际范围内，《土力学及基础工程学术会议》具有很高的权威性。它已经召开了17届，第一届在1936年于美国哈佛大学，第二届在1948年于荷兰鹿特丹，第三届在1953年于瑞士苏黎世，此后均每四年举行一次，分别在英国伦敦，法国巴黎，加拿大蒙特利尔，墨西哥墨西哥城，前苏联莫斯科，日本东京，瑞典斯德哥尔摩，美国旧金山，巴西里约热内卢，印度新德里，德国汉堡，土耳其伊斯坦布尔，日本大阪，埃及开罗。第18届将于2013年在法国巴黎举行。它们记录了世界范围内土力学理论与实践发展的历程。我国在1957年，首次由茅以升、陈宗基为代表参加了在英国伦敦举行的第4届的学术会议，并在会上介绍了武汉长江大桥工程及其桥墩基础；在1961年由黄文熙参加了在法国巴黎举行的第五届会议，并首次发表了《饱和砂基及边坡抗液化稳定性研究》的学术论文。此外，在欧洲、美洲、亚洲及东南亚等地区也有区域性的这类学术会议。

在我国，《土力学及基础工程学术会议》也已经在中国土木工程学会土力学及基础工程分会的主持下举行了10次。第一届于1962年在天津举行，第二届于1966年在武汉，经过"文革"期间的停顿后，每4年定期地召开一次，分别于1979年在杭州，1983年在武汉，1987年在厦门，1991年在上海，1994年在西安，1999年在南京，2003年在北京，2007年在重庆举行。第十一届将于2011年在兰州举行。它们也是我国土力学自从1957年（第四届）走向国际以来不断发展的记录。

(3) 土力学的一代宗师。在国际上，太沙基被称为国际土力学的奠基人（"土力学之父"），因为他第一次集中有关土力学问题的研究成果，完成了第一部土力学的专著，并且为土力学的实用和发展指出了方向和奠定了基础。在中国，茅以升先生于1953年就创议在中国土木工程学会北京分会成立了土工组，开展了我国土力学及基础工程方面的学术交流活动，1957年发展成为全国性的土力学及基础工程学术委员会，并参加了国际土力学与基础工程协会，为我国土力学的发展奠定了组织基础。在中国享有重要学术声誉的"茅以升科学技术奖"也将土力学及基础工程大奖和青年奖列为重要的奖项。黄文熙先生由于他在我国土力学领域的杰出工作，被尊为中国土力学学科的奠基人。黄文熙（1909—2001）于1937年在美国密执安大学获得博士学位回国任教后，1955年被选为中国科学院院士，担任过中国土力学与基础工程学会的理事长，《水利学报》、《岩土工程学报》编委会主任。他不仅长期讲授了土力学，在国内高校建立了第一个土工试验室，而且创立了《基于地基中应力分布的地基沉降量计算法》；创立了利用振动三轴仪研究土动力特性的试验方法；系统介绍了国际上有代表性的本构关系模型，引领了我国弹塑性本构模型研究的发展道路；倡导和推动了大型土工离心模型试验装置在我国的建成；积极支持了土工合成材料的应用和研究工作。正是由于这一系列的、在中国土力学发展中具有"里程碑"式的杰出工作，他被誉为中国土力学界的一代宗师，以他的名字命名的"黄文熙讲座"被视为我国土力学领域内高水平成果展示的

图1-2 中国土力学学科的宗师茅以升、黄文熙

讲坛。在我国恢复研究生制度后,他和其他一些我国土力学界的知名学者汪闻韶、卢肇钧、周镜、曾国熙、钱家欢、陈宗基和钱寿易等人,均获得了岩土工程学科首批博士学位授予权的博士生导师资格,为我国培养了大批的土力学学术骨干和专家学者。

(4) 土力学的"庞大家族"。由于工程建设的需要,土力学学科已经形成为一个十分庞大的"家族"。土力学不仅在理论土力学(龙头)、试验土力学(基础)、应用土力学(动力)和计算土力学(经脉)各方面的发展与结合中正在展露出新的面貌,而且针对特殊土类的应用或时空环境的变化,出现了一系列新的专门土力学,如土动力学、黄土力学、膨胀土力学、裂隙土力学、盐渍土力学、冻土力学、海洋土力学、非饱和土土力学、月球土力学、类土力学、环境土力学、深土力学等。它们的深化与发展,不仅在理论研究上出现了由饱和土理论到非饱和土理论,由静力特性研究到动力特性研究,由土与其上部结构的单体工作到土与上部结构的共同工作,由变形与强度的割裂研究到变形与强度的连续研究的重要变化,而且在试验研究上也出现了由土的常规试验到特殊试验,由土性试验到土工试验,由物理试验到数值试验,由宏观试验到细观试验,由物理、力学特性试验到化学、热学特性试验,由室内试验到现场试验,由常见土类的试验到特种土类(复合材料土,星际空间土)的试验等明显发展;此外,在应用上出现了由利用土到改造土,由一般条件到特殊条件(建筑高,尺寸大,基础深,荷载重,材料新,地质差)的发展;在计算上出现了由理论求解到数值计算,由按设计施工到实时监控分析,由个别解决问题到智能数据库的应用等发展。这些都代表了当代土力学发展的总趋势。

(5) 土力学与多学科的结合。近年来,由于超高型土石坝建筑、巨型地下洞库管道、高层建筑超深桩基工程等的需要,土力学遇到了新的挑战。土力学相关学科的迅速发展,又为土力学与多学科的结合创造了十分有利的条件。目前,由于土复杂的本质特性、力学研究的创新成果、现代量测技术、现代计算技术与工程实际问题和经验之间不断的紧密结合,使得土力学学科发展和它的工程应用得到了无限的活力和新的源泉。

第5节 小 结

(1) 土力学是一门研究土和土体变形强度特性规律及其工程应用问题的学科。由于"世间绝不会有空中楼阁",任何工程建筑最终必须与岩体、土体发生密切的联系,它必须安固于岩土体之上(建筑)、之间(渠道)、之侧(挡墙),或者之内(隧道)。因此,一个土木工程工作者,必须掌握土力学的基本知识。

(2) 土是由固相的矿物颗粒构成骨架,其间的孔隙由液相、气相等流体所全部或部分填充的一种"多孔、多相、松散"介质。土力学研究对象的这种特点是土力学思考一切问题的基础。

(3) 土作为一种工程材料的基本特性规律和土作为一个工程载体的土体稳定性评价是土力学的两个基本组成部分。由对土变形强度特性规律的认识到对土体变形强度稳定性的评价,以及能动地利用土力学的基本知识来对原有土性进行改造,使其能够安全地为工程建设服务,是土力学解决工程实际问题的必由之路。

(4) 土力学必须使土工试验与力学原理以及具体条件紧密相结合。土工试验是建立和发展土力学的基础,力学原理是揭示土和土体力学特性规律及工程应用方法的钥匙,工程条件是土工试验与力学原理具体应用的范围。没有土工试验,土力学将寸步难行,没有力学原理,土力学将失去支撑,没有工程条件,土力学将只能纸上谈兵。

(5)"跨江大桥"式的知识体系是土力学的一个特点。要把土力学学好,必须先学好一个一个似乎单独存在的部分,如土的压缩性、抗剪性、渗透性、击实性等,再将它们由工程实际问题,如地基问题,边坡问题,挡墙问题,洞室问题等联系起来,就可以使人们胜利地解决各种工程设计与施工中的土工问题。

(6)地基稳定问题,土坡稳定问题,挡墙、洞室及埋管上的土压力问题是土力学在工程建设中"三大问题"。土力学需要对它们作出正确的计算、评价,并在稳定性得不到满足时提出减压增稳的途径与措施。为了解决这些问题,必须明确认识影响土变形强度特性的内在因素、外在因素和时间因素。内在因素是土的物质结构因素(土的粒度、密度、湿度和结构),外在因素是土的环境条件因素(加、卸载,增、减湿,水力和动力),时间因素是土的固结流变因素。它们的差异与变化会使土材料和土体的变形、强度特性显示出非常复杂的变化,反映出土在物理性质、力学性质、化学性质、电学性质以及热学性质等各个方面的不同。

(7)土工试验是建立和发展土力学的基础和方法。土工试验和力学原理(理论力学、材料力学、结构力学、弹性力学、塑性力学、断裂力学、损伤力学或破损力学)间逐渐有机地结合是土力学解决工程问题(主要有地基、边坡、挡土墙以及洞室等)和学科进一步发展的根本途径。

(8)土力学的框架体系应包括以学科特点(从"多孔、多相、松散"介质这一根本特点思考土力学问题)为依据,以影响因素(认识内在因素、外在因素和时间因素对土性的本质作用)为前提,以力学特性规律(掌握土的压缩特性、抗剪特性、渗透特性、压实特性、动力特性等方面的基本规律)为中心和以工程应用(解决地基的承载力问题,土坡的稳定性问题,挡墙、洞室及埋管上的土压力问题)为目标这四个方面的基础部分。

(9)土力学的发展可以由太沙基(K. Terzaghi)土力学(Erdbaumechanik auf Bodenphysikalischer Grundlage,德文版)的问世(1925)和 Roscoe 弹塑性本构模型研究(剑桥模型)的出现(1963)作为两个特征点划分为三个阶段(准备阶段、形成阶段和发展阶段)。在各个阶段都出现过一些有代表性的论著和著名学者,它们是土力学学科的重要载体。太沙基之所以被称为"土力学之父"是因为他第一次集中有关土力学问题的研究成果,完成了第一部土力学的专著,并且为土力学的实用和发展指出了方向和奠定了基础。黄文熙之所以被誉为中国土力学的一代尊师、土力学学科的奠基人,是因为他在中国土力学发展中做出了大量具有"里程碑"式的杰出工作。

(10)土力学的发展离不开高水平的科学研究和学术交流活动。在国际范围内的《土力学及基础工程学术会议》(已经召开了17届),我国的《土力学及基础工程学术会议》(已经举行了10次)都具有很高的权威性。它们分别是世界和中国土力学学科发展的历史记录和学术载体。

(11)由于工程建设的需要,土力学学科的发展已经形成为一个庞大的"家族"。土力学不仅在理论土力学(龙头)、试验土力学(基础)、应用土力学(动力)和计算土力学(经脉)各方面的发展与结合中正在开辟着新的面貌,而且针对特殊土类的应用或时空环境的变化,出现了一系列新的专门土力学,如土动力学、黄土力学、膨胀土力学、裂隙土力学、盐渍土力学、冻土力学、海洋土力学、非饱和土土力学、月球土力学、类土力学、环境土力学、深土力学等等。它们的出现和深化代表了当代土力学发展的趋势。

（12）土力学相关学科的迅速发展，已经为土力学的多学科结合创造了十分有利的条件。土复杂的本质特性、力学研究的创新成果、现代量测技术、现代计算技术与工程实际问题和经验之间不断的紧密结合，使得土力学学科发展和它的工程应用得到无限活力的源泉。

思 考 题

1. 土和土体有什么不同？土力学是如何将二者联系起来的？土力学是研究什么问题的学科？
2. 土力学研究的对象有什么本质特点？为什么说这个特点应该是土力学考虑一切问题的出发点？
3. 土力学对土材料和土体都研究什么问题？这两方面的问题间有什么内在的联系？
4. 试解释"土力学＝土工试验＋力学原理 ⇒ 工程应用"这一关系式的含义。为什么说"没有土工试验，土力学将寸步难行；没有力学原理，土力学将失去支撑；没有工程应用，土力学将只能纸上谈兵"？
5. 影响土变形强度特性的内在因素、外在因素和时间因素都指什么内容？各类因素之间有什么相联关系？
6. 土力学的框架体系应包括学科特点、影响因素、力学特性规律和工程应用方法等四个基本部分，你能对它们的作用和关系给出简练的说明吗？
7. 如果说土力学的发展可以分为准备阶段、形成阶段和发展阶段等三个阶段的话，那么划分这些阶段的标志是什么？为什么？
8. 太沙基被称为"土力学之父"，黄文熙被誉为中国土力学的一代尊师、土力学学科的奠基人，为什么？
9. 国际和国内土力学界的什么学术会议最具有权威性？它们现在已经各举行过几次？
10. 为什么说在土力学的当代发展中，"理论土力学是龙头、试验土力学是基础、应用土力学是动力、计算土力学是经脉"？
11. 怎么认识土力学学科在其发展中的"庞大家族"？为什么说它们的出现和深化在一定程度上代表了当代土力学发展的趋势？
12. 土力学相关学科的迅速发展和互相渗透使土力学学科得到了无限的活力，你能对它说得更加具体一点吗？

习 题

1. 请找出在土力学学科发展中作出过重要贡献的国、内外老一辈知名学者各 10 名，他们的贡献都表现在哪些方面？
2. 请用简明的图表形式，将你所认识的土力学和它有关内容的内在联系表示出来。
3. 你知道国内、亚洲和国际的土力学及岩土工程学术会议现在开到了第几届吗？即将召开的一届会议预定在何年何地举行？

第2章 影响土变形强度变化的主要因素（一）

——内在因素（物质结构因素）

第1节 概 述

任何事物的变化，内因是依据，外因是条件，时间是过程。从本章开始，将分两章来讨论影响土变形强度变化的主要因素。在本章讨论内在因素，即土的物质结构因素。它是决定土材料变形、强度特性的依据；下一章将讨论外在因素和时间因素，即土的环境条件因素与时间过程因素。所有这些因素与土变形强度特性变化的联系是讨论问题的基本纽带。

土在物质结构上的不同从本质上影响着土的物理性质、力学性质、化学性质和热学、电学性质。分析土的物质结构特性可以从土三个组成相（即固相、液相和气相）物质的特性状态、相对含量、相互作用和运动形式来着手。土固相的矿物成分、液相的化学成分以及气相的物质成分是各组成相基本相态特性；土的粒度、湿度、密度等特性表示了各组成相相对含量的特性；土的双电层、收缩膜和结构性等特性表示了各组成相间相互作用的特性；它们共同显现出的土质特性是内在因素影响下的具体表现。这些表现经常是在时间过程中随着众多因素的变化而运动的。在时间过程中，固相的胶结、风化、破碎、排列、松密变化，液相的冻融、蒸发、入渗、干湿变化，气相的凝结、封闭、释放、溶解变化等都是使土性发生运动变化的现象。但是，由于土的各组成相在成分与含量上的差异是土在自身性质上表现出极端复杂性的依据，因此，对它们进行全面的量化分析是使土力学成为科学的基础。虽然，土固相的矿物成分、颗粒的大小、形状与级配，土液相的化学成分与分子间的联结特性以及土气相的物质成分与存在特性都是土各个组成相特性状态的内容，但由于三相本身不同的特性状态和各类不同的运动形式的结果经常要反映在三相间相对含量和三相间的相互作用的变化上，具体显示出它们对土变形强度特性的影响，故为简便计，下面将以一个由粒度、密度、湿度、构度（结构）等"四类特性指标体系"和由双电层、收缩膜和结构性等"三类相互作用关系"所建立起的框架体系作为从揭示内在因素影响方面来认识问题的基本线索。因此，本章将在对土物质结构因素的"四类特性指标体系"和"三类相互作用关系"讨论的基础上，进一步结合实际需要，讨论基于物质结构因素的土工程分类方法和土物质结构因素基本土性指标的测算等"两个问题"。

第2节 土物质结构因素的四类特性指标体系

土物质结构因素的"四类特性指标体系"是指由粒度、密度、湿度、构度（结构）等四个方面揭示土物质结构特性差异的指标体系。

一、土的粒度特性指标

土的粒度反映土固相颗粒的粗细程度，主要指固相颗粒的大小与级配，必要时还应包括固相颗粒的形状和表面光滑程度。土的粒度是构成土骨架结构不同特性的基础。由于来自不同成因的（物理风化，化学风化以及不同岩石风化、搬运、沉积的不同条件）、粗细不同的（石，砾，砂粒，粉粒，黏粒）土粒或粒组，常具有不同的矿物、化学成分和物理、化学作用，故颗粒的粒度特性是决定土性最为基本的因素。土的粒度特性可以用粒度曲线（称为颗粒分布曲线）来反映，也可以用粒度指标来反映。粒度曲线可以对土粒的大小和级配作出比较完整的描述；粒度指标可以分别描述粒度在某个方面的特性。

（一）粒度曲线

土的颗粒分布曲线是土粒通过不同尺寸筛孔时的通过率（百分数）和筛孔直径（过筛土粒的最大直径）之间的关系曲线。通常，它的纵坐标为通过率，横坐标为用对数表示的通过粒径。因土的粒径变化范围很大，故一般采用对数的数轴，由粗到细表示（图2-1a），也可由细到粗表示（图2-1b）。在横坐标由粗到细作图时，曲线愈靠左边，表示土愈粗（如B粗、D细等）；曲线愈陡（如A），表示土愈均匀；曲线均匀倾斜（如B），表示较粗与较细的土粒大体相当；曲线有水平段（如C），表示土中没有该粒径范围内的土粒存在，土为组合粒径型，属于间断级配。在横坐标由细到粗作图时，曲线向上弓（如b），表示较细颗粒的部分有较为宽广的尺寸；曲线向下弓（如c），表示细粒部分土粒的尺寸较为均匀。由此可见，土的粒度曲线（颗粒分布曲线）就从整体上描述了土颗粒的大小与级配特性，它从一个侧面揭示了可能的土性特征。

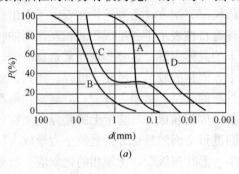

（二）粒度指标

土的粒度指标是对粒度曲线揭示的某方面特性作出量化表示的指标。为了反映土粒的粗细程度、反映土粒的均匀程度和反映土粒的连续或间断程度，常采用不同的粒度指标。

（1）反映土粒的粗细程度的指标，常有平均粒径 d_{50} 和有效粒径 d_{10} 以及不同的粒组含量的百分数。平均粒径 d_{50} 和有效粒径 d_{10} 分别是曲线在通过率等于50%和10%处所对应的粒径。平均粒径愈大，表示土在整体上愈粗；有效粒径 d_{10} 愈小，表示土中细粒的影响愈大。粒组系将土的粒径由大到小依次划分成组，一般有巨粒组、粗粒组和细粒组。巨粒组包括了漂石或块石粒组（大于200mm）和卵石或碎石粒组（由200mm到大于60mm）；粗粒组包括了砾粒或角砾粒组（由60mm到大于20mm为粗砾粒组、由20mm到大于5mm为中粒砾组、

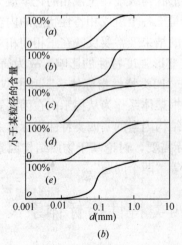

图2-1 土的粒度曲线

由 5mm 到大于 2mm 为细粒砾组）和砂粒粒组（由 2mm 到大于 0.5 为粗砂粒组,由 0.5mm 到大于 0.25mm 为中砂粒组,由 0.25mm 到大于 0.075mm 为细砂粒组）；细粒组包括粉粒粒组（由 0.075mm 到大于 0.005mm）和黏粒粒组（等于或小于 0.005mm）。这样,从不同粒组的等级或含量百分数就可以直接来区别土在粒度上的基本差异,从而了解土不同的基本特性。由于通常的细粒土主要由砂粒、粉粒和黏粒三个粒组的土粒组成,通常的粗粒土主要由砾粒、砂粒与粉粒加黏粒粒组的土粒组成,因此,当用它们的三类粒组分别作为三角形坐标系的三个边,并标注比尺时,三角形内的一个点即可以反映一种土的粒度特性。如果在三角形中对不同粒度但具有相似特性的土划分出相应的分区,给各分区的土给以相应的名称,则也可反映各分区内不同土的粒度特性。图 2-2 示出了对细粒土的这种粒度表示方法。由于土中黏粒含量的增多会使土出现黏性,黏性的出现表示了土性由量到质的变化,故常将土分为无黏性土和黏性土两个大类。对于黏性土可以再按其中黏粒含量的多少、并参考砂粒和粉粒粒组的含量来进行分类；对于无黏性土,常按土粒粒径的大小及含量的不同再分为细类（见后）。

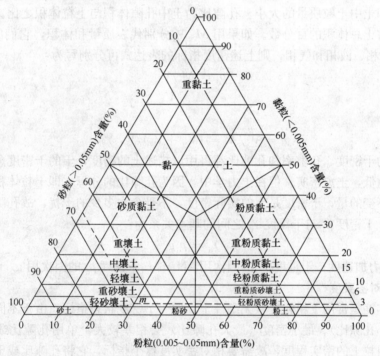

图 2-2 土粒分布的三角形图示法（细粒土）

（2）反映土粒均匀程度的指标,常用不均匀系数。不均匀系数定义为 d_{60} 和 d_{10} 的比值,即：

$$C_u = d_{60}/d_{10} \tag{2-1}$$

式中：d_{60} 和 d_{10} 分别称之为限制粒径和有效粒径。它们相差愈大,表示土愈不均匀,或土的级配愈好。一般,$C_u < 5$ 时,称为均粒土,级配不良；$C_u > 10$ 时,称为级配良好的土。级配愈好,土愈易压实,或土中的细颗粒愈不易被渗透水流从粗颗粒的孔隙中冲出,愈不易发生管涌现象。

（3）反映土粒连续或间断程度的指标,常用曲率系数。曲率系数定义为：

$$C_c = (d_{30})^2 / d_{10} d_{60} \tag{2-2}$$

曲率系数的值愈大，表示土的级配愈不连续。对砾石类土或砂类土，如能同时满足 $C_u > 5$，$C_c = 1 \sim 3$ 两个条件，则土属于良好级配，否则称为级配不良的土。土属于良好级配时，其较粗颗粒间的空隙可被较细颗粒所填充，土易于压实，是良好的填方材料。

二、土的密度特性指标

土的密度反映土的松密程度，它与土骨架固相颗粒的多少或孔隙体积的大小密切相关。土愈密，即土中骨架的重量愈大，或孔隙的体积愈小，则土的力学性质就愈好。因此，对较为疏松的土采用加密处理的方法，使土的干密度增大，孔隙率减小，是提高土体强度、减少土体变形的最有效措施。

（一）干密度、孔隙比与孔隙率

由于在一定体积的干土中，土的质量愈大，或土的孔隙体积愈小，土就愈密实，因此，土的干密度 ρ_d、孔隙比 e、孔隙率（或孔隙度）n 是常用以表示土密度的指标。干密度为单位体积土中土粒质量的大小。孔隙比为土中孔隙体积与土粒体积之比。孔隙率为土中孔隙体积占土总体积的百分数。如果用 M、V 分别代表质量和体积，它们的下标 s, w, a 分别代表固相、液相和气相，则上述密度指标的表达式可分别写为：

$$\rho_d = M_s / V \tag{2-3}$$

$$e = V_v / V_s \tag{2-4}$$

和

$$n = V_v / V = (V_w + V_a)/V, \% \tag{2-5}$$

虽然土的干密度、孔隙率和孔隙比都可用以描述土的密度，土的干密度愈高，或孔隙率和孔隙比愈低，土愈密实，但在土力学中，因为孔隙比的分母，即土粒体积在通常的压力下可视为不变的量，干密度是土的实际密度，不受含水多少的干扰，故孔隙比和干密度的应用较多。干密度 ρ_d 与干重度 γ_d 之间的基本关系为：

$$\gamma_d = \rho_d g \tag{2-6}$$

式中：g 为重力加速度；干重度 γ_d 的因次用 kN/m^3；干密度 ρ_d 的因次用 g/cm^3。

（二）相对密实度

相对密实度是常用于粗粒土（无黏性土）的一个密度状态指标。由于不同粗粒土的最大密度（最小孔隙比）、最小密度（最大孔隙比）会相差较大，单用孔隙比或干密度还不能确切描述粗粒土的密实程度，故需要相对密实度这个指标，它将孔隙比或干密度同不同粗粒土的最大密度、最小密度和实际密度联系起来，可以完整地反映不同粗粒土的密实程度。相对密实度这个指标被定义为：

$$D_r = \frac{e_{max} - e}{e_{max} - e_{min}} = \frac{\gamma_{dmax}}{\gamma_d} \frac{\gamma_d - \gamma_{min}}{\gamma_{max} - \gamma_{min}} \tag{2-7}$$

由它可将土划分为疏松（$0 < D_r \leq 1/3$）、中密（$1/3 < D_r \leq 2/3$）、密实（$D_r > 2/3$）等密度状态。当土在压缩时，土的相对密实度愈大，土的变形就愈小；当土在剪切时，疏松状态的土会出现压密，剪应力与剪应变的曲线为硬化型，它的特点是剪应变随剪应力的增大而增大，且其增率愈来愈小；密实状态的土会出现剪胀，剪应力与剪应变的曲线为软化型，它的特点是剪应变随剪应力的增大而增大至某一应力值时后，出现应力明显减小，但应变继续增大的现象。

三、土的湿度特性指标

土的湿度反映土的干湿程度，它与土中水的多少密切相关。土愈干，即土中水的质量愈小，或水在土孔隙中所占的体积愈小，则土的力学性质就愈好（尤其对于黏性土）；反之，则愈差。因此，对饱和土采用疏干、排水处理的方法，使土的含水量减小，或土孔隙中水所占据的体积减小，也是提高土的力学性能和提高土体稳定性的有效措施。

（一）含水量、饱和度与体积含水率

由于在一定体积的土中，水的质量愈大或水的体积愈大，土就愈湿，故常用的土湿度指标有含水量 w 和饱和度 S_r，有时也采用体积含水率 θ，它们均用百分数来表示。含水量为水的质量相对于土粒质量之比；饱和度为水的体积相对于土中孔隙的体积之比；体积含水率为水的体积相对于土的总体积之比。如果采用如上的表式符号，则有：

$$w = M_w / M_s, \% \tag{2-8}$$

$$S_r = V_w / V_v, \% \tag{2-9}$$

$$\theta = V_w / V = S_r n = S_r \frac{e}{1+e}, \% \tag{2-10}$$

式中：液相的质量 M_w 和固相的质量 M_s 分别为土在 105°～110℃ 下烘烤至质量不变时损失的质量与不变的质量。

显然，土的湿度指标饱和度与体积含水率值均不会超过 100%，但土的含水量对不同的土可在很大的范围内变化。一般土在饱和时，其含水量为 30%～40% 之间，但有些高塑性有机黏土或泥炭土，饱和时的含水量可达到 100%～200%。如果利用土的饱和度 S_r 来表示土的湿度状态，则可以把土分为稍湿（$S_r \leq 50\%$）、很湿（$50\% < S_r \leq 80\%$）和饱和（$S_r > 80\%$）。完全干燥时，$S_r = 0$；完全饱和时，$S_r = 100\%$。在土的饱和度由低变高时，土中气、液流体相的连通状态不同，它将由气连通而水不连通，变到气、水双连通，再变到水连通而气不连通。这些不同的连通状态，对建立非饱和土变形强度理论有着很大的差异和影响。

（二）塑性指数与液性指数

由于不同黏性土的含水量可能变化很大，故单从含水量的大小还不能反映不同土真正的湿度状态。但是，如果能够测定出土处于固态、半固态、塑态、液态不同特性状态的界限含水量，将它分别称之为缩限含水量 w_s（半固态与固态的界限含水量）、塑限含水量 w_p（可塑态与半固态的界限含水量）和液限含水量 w_l（液态与可塑态的界限含水量），它们统称为稠度界限，则可以通过实际含水量 w 与它们的对比来判断土所处的湿度状态（固态、半固态、塑态和液态）。这样，如图 2-3 所示，当土的含水量在固态内变化时，土的强度和体积变化不大；当土的含水量在半固态内变化时，土的强度逐渐降低，体积逐渐增大；当土的含水量在塑态内变化时，土的强度明显下降，体积逐渐增大；当土的含水量在液态内变化时，土的强度已降至很小，体积继续增大。则只要用试验求得这些界限含水量（用重塑土按试验规程的方法确定），就可以利用土的含水量 w 判断土所处的湿度状态（固态、半固态、塑态和液态）。

为此，通常采用塑性指数 I_p 与液性指数 I_L 两个指标。塑性指数表示土处于塑性状态

的含水量变化范围,表示为:

$$I_p = w_l - w_p \tag{2-11}$$

土的黏量愈高,这个指标愈大。因此,它也是一个对黏性土进行分类时的重要指标。液性指数表示为:

$$I_L = \frac{w - w_p}{w_l - w_p} = \frac{w - w_p}{I_p} \tag{2-12}$$

利用土的液性指数 I_L,就可以将土的状态分为:坚硬($I_l \leqslant 0$),硬塑($0 < I_l \leqslant 0.25$),可塑($0.25 < I_l \leqslant 0.75$),软塑($0.75 < I_l \leqslant 1.0$)和流塑($I_l > 1.0$)等不同的状态。图 2-4 示出了世界各地土的重塑不排水强度与液性指数之间的关系,可见液性指数与强度有密切的联系。

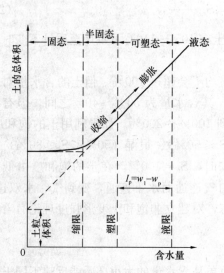

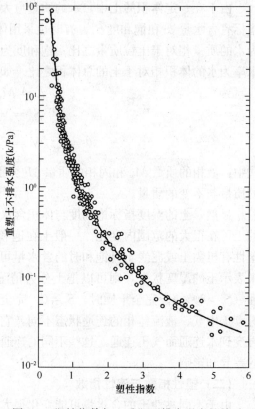

图 2-3 土的稠度状态与界限含水量　　图 2-4 塑性指数与土重塑不排水强度的关系

四、土的构度(结构)特性指标

土的构度(结构)反映土结构的强弱程度。它不仅在一定程度上反映了土粒度、密度、湿度等的影响,而且更主要的是它与土中固相颗粒的排列方式、联结特性密切相关。对土来说,它是更加全面地与土变形强度相联系的特性。

如果从土结构的两个主要方面,即排列特性(几何特性)和联结特性(力学特性)来看,则对于土粒的排列具有如图 2-5 所示的特性,一般的碎石、砂类土有松密不同的单粒结构;粉粒和细砂粒土主要为一系列土粒链形成的蜂窝结构;黏粒或胶粒土主要为絮凝结构或称片架结构;对于土粒的联结,因在构成这些不同排列结构的土粒与土粒之间,或集粒与集粒之间,又有由不同的胶结物质(黏质、钙质、铁质、硅质等)或某种内部作用力（嵌固力、胶结力、吸力、分子力等）不同，使土具有不同强度的联结。这种不同形态的土骨架颗粒在其不同的排列特性和不同的联结特性下就构成了土不同的结构特性，它影响着土受荷后的变形与强度以及它们的变化。因此，对于土结构特性的描述原则上应该包括基本单元（土粒和集粒）的自身特性、基本单元的排列方式（单元体与孔隙间的关系）与基本单元的联结性质等几个方面。为了描述土的结构特性，不少研究者已经提出了多种土结构的模型，如骨架状结构、絮凝状结构、蜂窝状结构、海绵状结构、凝块状结构、团聚状结构、团粒状结构、叠片状结构、基质状结构等等，它们都是对不同的土用电镜观察的方法从细观形态学的角度作出的分析。它们虽然已经相当复杂，但也仅具有定性的特征。由于土力学研究土结构性的目的是揭示土的结构性与土力学行为之间的定量联系，因此，为了从宏观上得到结构特性与土变形强度间的联系，并作出定量的对比或描述，通常采用的方法是将原状土的某种参数与原有结构被扰动重塑后土的相应参数进行对比，认为对比的参数值相差愈大，土的结构性就愈强，或者说，土的灵敏性就愈高。目前，另一种思路是试图寻找某种定量化的参数或定量化的函数来描述土的结构特性，并将它与土的变形强度联系起来，这种研究正在引起人们的注意。下面仅介绍几个较为常用的土结构性指标：

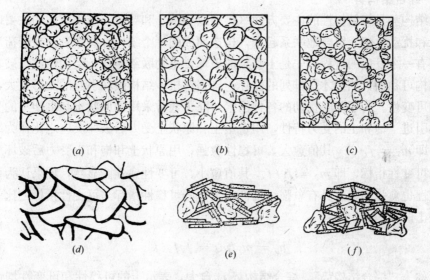

图 2-5 土的结构
(a) 单粒结构—密实；(b) 单粒结构—疏松；(c) 蜂窝结构；
(d) 架叠结构；(e) 片堆结构；(f) 片架结构

（一）结构灵敏度

结构灵敏度是一个常用的土结构性参数。灵敏度 S_t 定义为原状土无侧限抗压强度 q_u 与重塑土无侧限抗压强度 q'_u 之比，即：

$$S_t = q_u / q'_u \tag{2-13}$$

土的结构灵敏度指标愈高，土的结构愈易受到扰动而破坏。这种土在采取土样、打桩施工时容易使土的强度显著降低，必须引起注意。利用灵敏度指标可以将土从结构性方面分为：低灵敏（不大于 2）、中灵敏（大于 2，不大于 4）和高灵敏（大于 4）三级；或一般（2～4），灵敏（4～8）和高灵敏（大于 8）三级。大多数黏土的灵敏度为 2～4，灵敏黏土为 4～8，非常灵敏的黏土为 8～16。很松结构的土，盐水中沉积时受有上浮力的土，以及火山灰风化而成的土等，多具有高、很高的灵敏度。

（二）结构强度

土的结构强度是指土在受荷过程中变形出现明显转折时所对应的荷载强度。压缩试验时压力与压缩变形曲线开始明显转陡的压力，或剪切试验中剪应力与剪位移开始明显转陡时对应的剪应力。压力或剪应力小于此结构强度时的加荷引起的土变形显著较小，超过此结构强度时的加荷引起的土变形明显增大。这种现象反映了土结构性的存在对外荷下土变形的阻抗作用。

此外，对于有些特殊性土，往往也用对其更为敏感的某些参数来显示土结构性的大小，如反映湿陷性黄土受水浸湿时变形对水敏感性的湿陷系数；如反映膨胀性土受水浸湿时压缩变形对水敏感性的膨胀力；如反映饱和砂土受动荷作用时变形对动力的敏感性的抗液化强度等，它们都具有类似结构强度的作用，都可以视为在各自的敏感条件作用下反映土结构特性的一种指标。

（三）综合结构势

综合结构势是将结构性的主要方面（排列以联结）和导致土结构破坏的主要因素（加荷、浸水和扰动重塑）综合地联系起来，构造而成的一个结构性参数。土在受荷后，土结构的破坏有一个发展的过程。先是土联结的破坏，土的联结愈强，结构性愈难破坏，表现出土的结构可稳性，然后才是排列的破坏，排列愈松，结构破坏引起的变形愈大，表现出土的结构可变性。为了反映扰动的各种因素，除了通常采用的原状土和重塑土的受力特性之外，还引进了饱和土的受力特性，用重塑土和原状土受力后破坏反应之比作为结构可稳性指标，即 $m_1 = f_r/f_y$，其值愈大，可稳性愈强；用原状土和饱和土受力后破坏反应之比作为结构可变性指标，即 $m_2 = f_y/f_s$，其值愈小，可变性愈强。显然，如果认为可稳性愈强，可变性也愈强的土是具有愈强结构性的土，则可稳性指标与可变性指标之比就可以综合地反映土的结构势，即：

$$m_p = m_1/m_2 = f_r f_s / f_y^2 \tag{2-14}$$

这个指标称为"综合结构势"。综合结构势 m 愈大，表示土的可稳性和可变性均愈强，即土的结构性愈强。在这里，"土受力后的破坏反应"可以采用压缩试验时对应于不同压力的变形量，将综合结构势表示为 m_p，它的试验比较简单；也可以采用剪切试验时对应于不同轴应变的剪应力，将综合结构势表示为 m_e，它有利于在三轴受力条件下分析受剪过程中土结构性的变化。这种思路已经被推广到动应力作用过程中土结构性的研究，被推广到仅有等向应力作用过程中结构性的研究，也被推广到土在初始结构状态下结构性的描述。这就为研究土结构性从它的初始零应力状态到等向应力作用、再到剪应力作用、甚至动应力作用的全过程中土结构性定量化的连续变化特性打下了基础。研究已经表明，土的结构性参数是随压力或应变的增大而变化的，它通常是由大到小逐渐减小的，在扰动引起"结构损伤"增量逐渐减小，变形引起"结构愈合"增量逐渐增大时，有可能出现少许由小到大的变化趋势。

第3节 土物质结构因素的三类相互作用关系

一、概述

土的固相、液相和气相这三个组成相是以其各自不同的性态共处于土中、共同作用、互相影响,从而使土显示出各种复杂特性的。研究表明,固液相间的双电层、气液相间的收缩膜、气液固相间的结构性是对土物质结构因素三相作用特性基本关系的描述。它们的稳定性与黏土矿物的晶胞结构和粒间作用力具有密切的关系。

黏土矿物一般为质高岭土、蒙脱土和伊利土,它们的差异来自矿物晶胞结构的不同,但都是由硅—氧四面体(硅片)和铝—氢氧八面体(铝片)两种结晶结构组成的。如硅片和铝片二者按1:1或2:1构成二层型晶胞,则形成高岭石;如由铝片夹在硅片中间构成三层型晶胞,则形成蒙脱石和伊利石(图2-6)。对于二层型晶胞构成的高岭石,一边是铝片的氢氧基,另一边是硅片的氧原子,晶胞之间除了较弱的范德华力外,主要是氧原子和氢氧基之间的氢键连接,连接力较强,晶胞间距离不易改变,水分子不能进入,晶胞活动性较小,使高岭土具有比其他黏土矿物较小的亲水性、膨胀性和收缩性;但对于三层型晶胞构成的蒙脱石,由于它的晶胞之间为氧原子与氧原子的范德华力,连接键很弱,晶胞中间铝片内的铝离子常可为低价的其他离子所替换,出现多余的负电荷,故可吸引其他更多的阳离子或水化离子,显示出极大的活动性,而且水分子的进入加大了晶胞间的距离,使土出现明显的膨胀性;而对于另一类三层型晶胞构成的伊利石,它的晶胞之间虽然也是氧原子与氧原子的范德华力,但因它是母岩矿物云母在碱性介质中风化的产物,部分硅片中的硅粒子被低价的铝、铁离子所取代,故在硅片表面将要镶嵌一个正价阳离子,以补偿正

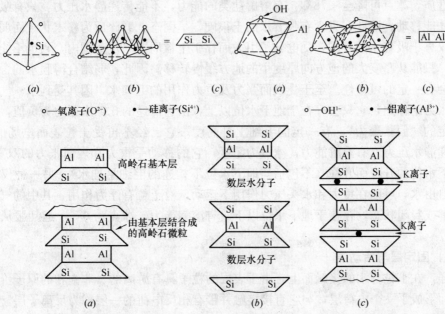

图2-6 黏土矿物的硅片(硅—氧四面体)和铝片(铝—氢氧八面体)
(a)高岭石;(b)蒙脱石;(c)伊利石

电荷的不足，从而增加了晶胞间的连接作用，使伊利石显示出较优于蒙脱石的结晶构造稳定性。

此外，黏土矿物颗粒间的作用力还要受它比表面积的很大影响。由于黏土的细颗粒很小，故重力一般在结构形成中不起作用，它的粒间力会起到重要的作用。范德华力是分子间的引力，它与距离的4或7次方成反比，影响范围很有限；库仑力是静电作用力，它随距离的衰减较范德华力为慢，视颗粒表面所带电荷的性质，如平面上为负电荷，边和角上为正电荷，出现颗粒间的吸力或斥力；胶结力是游离氧化物，碳酸盐，有机质等的作用，它为化学键，强度较高；毛细作用力为基质吸力，它在低含水量时可能很高。这些力不仅会在不同结构（粗粒的单粒结构和细粒的片堆或分散结构与片架或凝聚结构）的形成中起重要作用，而且会在土的物质结构中出现了双电层、收缩膜与结构性等重要的特性。

二、固液相间的双电层

由于粗颗粒的砂砾土常由与母岩相似、仅经过物理风化的原生矿物颗粒组成，其性质比较稳定，它受水作用时的性质变化不大；而细颗粒的黏性土常由经过化学风化的次生黏土矿物（蒙脱石，高岭石，伊里石）颗粒组成，它和其他化学胶结物或有机物质一起，在受水作用时所表现出的亲水性（土粒外水膜层的厚度与特性）有明显的差异，对土性变化有较大的影响。所以，双电层主要影响到由黏土矿物组成的黏性土的特性。

（一）结合水与自由水

当土的含水量和饱和度由小到大变化时，土粒周围水膜中的水会逐渐由性质不同的结合水（强结合的称吸着水和弱结合的称薄膜水）向自由水（受表面张力及重力作用的称毛细水，仅受重力作用的称重力水）变化（图2-7）。强结合的吸着水牢固地结合在土粒表面，电分子吸引力可高达几千、几万个大气压力，水分子作定向排列，厚度很薄，接近于固体的性质，冰点可降至-78℃，有溶解盐类的能力，不能传递静水压力，只有吸热变为蒸汽时才能移动。因此，只含有吸着水的土很硬，呈固态，磨碎后为粉末状。而弱结合的薄膜水仅靠于吸着水的外围，受电分子引力而存于土粒周围一定范围内，它也不能传递静水压力，只能从厚度大的地方向厚度小的地方缓慢转移。因此，弱结合薄膜水的含量较多时，土会有一定的可塑性。至于受表面张力及重力作用的毛细水，因其受到水-气交界面处表面张力的作用，它只会存在于地下水位以上，由它传递的孔隙水压力为负值，可使湿砂有一定的"假黏聚力"，有一定的毛细上升高度。它已经不再受土粒表面电场的影响，可以传递静水压力，有溶解能力，冰点为零度，它的移动受重力和表面张力的双重影响，可随地下水位的升降而升降（不包括与地下水位不相连的毛细悬挂水）。另一种仅受重力作用的自由水，可以在重力和水头压力作用下运动，对土粒有浮力作用，其中的气相只能处于溶解或封闭状态，存在于地下水位以下，有溶解能力，冰点为0℃，运动服从水的渗透定理。

（二）固定层与活动层

这样，在土粒与水的接触面上，由于表层的粒子具有游离的、非饱和的原子价，故在固体表面形成了一个电荷层，与它直接接触并带有相反电荷的一层称为反离子层。反离子层在静电引力作用下紧贴在固体的表面上，和电荷层一起形成了一个所谓的"固定层"。由于反离子层的电荷常不足以吸收固体表面上电荷层的全部反电荷，从而使固定层外远离接触面的液体中还有一个与固定层有同号电荷、但强度较弱的"离子层"。由于离子层具有某些活动性，距接触面愈远，活动性愈大，故又称为"活动层"（扩散层）。所谓的"双电层"就是指这个"活动层"与前述的"固定层"，"活动层"与"固定层"也分别称之为双电层的外层和内层。固定层与扩散层之间的电位差称为动电电位（ξ电位），固体与液体界面上的电位差，称为热力电位（ε电位）。当热力电位ε一定时，动电电位ξ愈低，扩散层的厚度愈厚。

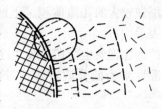

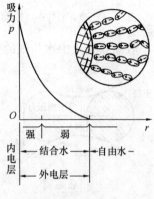

图 2-7　土中水

（三）表面活动性、电动现象、酸碱度与离子交换

由于双电层的存在为黏土与水的相互作用提供了活动的场所，它形成了黏土的一系列的水理性质和电学性质，如表面活动性、电动现象、酸碱度、离子交换等。表面活动性是指水与极细土粒接触时，因其间分界面的面积很大，即比表面很大，因而土粒与水形成的胶体分散系具有较大活性的能力；电动现象是当向黏土通以电流时，土中水由正极向负极移动移动（称为电渗），土粒由负极向正极移动（称为电泳）的现象；酸碱度（由pH值表示）是指溶液中氢离子浓度的负对数，表示了氢离子的活度。酸碱度等于7时称为中性，大于和小于7时分别称为碱性和酸性。酸碱度降低时，会使正电荷增加，ε电位降低，扩散层变小，结合水减少，水膜厚度降低，流限含水量减小。反之亦然；离子交换是指土中有不同的阳离子时，阳离子可以按$Fe>Al>Ba>Ca>Mn>Mg>K<Na<Li$的顺序按照质量作用定律进行交换的能力。当高价的阳离子交换了低价的阳离子时，土中水膜的厚度和含水量减小，土的强度和抵抗压缩变形的能力增大；反之，当较高价阳离子过渡到较低价的阳离子时，土的膨胀性显著增加，渗透性提高，压缩性、亲水性减低。可见，表面活动性、电动现象、酸碱度、离子交换等都是土力学中值得注意和应用的现象。

（四）触变现象与陈化现象

土的触变现象是指土在结构被扰动破坏后强度出现降低，但在经过一定的时间后，强度又有所提高的现象；陈化现象是指原来具有触变性的土在经过一定时间后失去触变性的现象。

土的触变现象或触变性也与土粒周围扩散层中阳离子、阴离子、水分子以及土颗粒的排列有关。当它们有定向的、或良好的排列时，土的强度较高，否则，如原有的定向、良好排列被扰动破坏（如打桩），则出现强度降低的现象。但降低后的强度又会在土经过一定的时间时，因其被破坏的排列状况逐渐恢复而有所提高（打桩后的桩承载力有所提高）。因此，打入桩的承载力需要考虑由于打桩对土结构的破坏而造成的丧失，也需要考虑由于触变性的存在而造成的补偿。通常，桩的载荷试验需要在桩打入土中一定时间后进行，就是为了考虑这两种特性对桩承载力的影响。土的触变性主要表现在有较细（小于0.01mm，并有足够含量0.001mm的细粒）、片状或长条状、网状结构、亲水性矿物的土粒，且孔隙水溶液有低的原子价、低的浓度和小的离子交换能力的土中，因为它会有较厚的扩散层和较大的孔隙体积。土触变性的大小可用强度恢复所需的时间（从瞬时到几昼夜）来表示。

土的陈化现象也会在非触变性的其他土中，因土粒从无定形流动状态变为结晶状态、从高分散性变为低分散性或从较大体积变为较小体积使密度变大（脱水）时也会表现出来。

三、气液相间的收缩膜

收缩膜指土中水与气的交界面。水、气交界面是一个呈弯曲形态的弯液面（图2-8），其上作用有表面张力。由于在交界面内水一侧的孔隙水中为负值的孔隙水压力 u_w，在交界面外气一侧的孔隙气中为正值的孔隙气压力 u_a，故常把孔隙气压力与孔隙气压力的差值称之为吸力或基质吸力 s，即有：

$$s = u_a - u_w \tag{2-15}$$

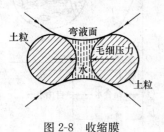

图 2-8 收缩膜

基质吸力的存在会对土的强度有新的贡献（吸附强度），贡献的大小随含水量的增大而降低，在饱和含水量时，这种贡献接近于零。

收缩膜的作用，一方面是使液相与气相分开，造成孔隙水压力为负值，孔隙气压力为正值，引起了基质吸力在土中的出现；另一方面是将表面张力传递到土骨架的固相颗粒，它向土骨架施加的力既有法向分量，又有切向分量，使土骨架对应地产生复杂的压缩效应和剪切效应。因此，非饱和土中收缩膜的存在是使三相土性质复杂化的重要原因。

四、气液固相间的结构性

如前所述，土固体颗粒的不同排列和不同联结构成了土的不同结构。不同结构的土具有不同的结构性指标。当土的结构受到由外荷载引起的应力（主动作用应力）时，如果它的大小不超过土结构显示的初始结构强度，土的结构不会发生破坏，颗粒间的相对位置不会发生位移或仅有较小的弹性变形。一旦当主动作用的应力超过了土的初始结构强度时，部分的颗粒连接将首先出现微隙，进而出现位移（滑动位移）；主动作用应力的继续增大，将使这种微隙和位移进一步扩大、增多，甚至出现颗粒团粒的破损和碎裂，向更大的局部范围发展，直至初始结构完全遭到破坏，称为土结构的"破损"过程。在这个过程中，土颗粒的相互移动会使土粒得到新的稳定，或趋于变密，伴随着使土得到逐渐的"愈合"，形成新的次生结构。如果"破损"的影响远远超过"愈合"的影响，则土将走向软化及最终的破坏，沿着某一个破裂面（破裂带）发生滑动；如果"愈合"的影响大于"破损"的影响，则土将走向进一步的压实或硬化；如果二者的影响的优势出现交错（如加载与卸载过程），则土将出现更为复杂的位移变化，如压缩、回胀、剪缩、剪胀、反向剪缩等。土的最终性态与这种变化中占总体优势的变化趋向相一致。

显然，除了外荷载的上述影响外，其他因素的影响，特别是液相作用和各类扰动作用的影响，也往往是土结构发生破坏或变化的重要原因。对于"多孔、多相、松散"介质的土，液相的存在不仅会改变土的结构强度，而且会对总应力有一定的分担作用，改变主动作用应力的大小。对于饱和土，由土粒承担的有效应力要随液相的向外排渗而增大；对于非饱和土，孔隙水压力和孔隙气压力也要随孔隙流体的压缩和排渗而增大，但它随含水量的增大而在发展速率或在发展程度上会出现明显的差异。因此，非饱和土中液相的变化（它也反映了气相的变化）实际上起着应力的某种等效作用。

由此可见，土的结构特性除了在相当程度上反映粒度、密度、湿度的影响外，还补足了另外一个与土生成和赋存条件密切相关的结构联结方面的影响，它要比常用的粒度，密度，湿度（均可由扰动土测出）更能反映影响土性的内在因素。因此，改善土的结构（增强排列和联结）才是改善土力学性质的根本途径。

应该承认，土的粒度和液限可以在相当程度上反映出土粒矿物成分、形状和表面光滑度的某些差异，因而也可以在一定程度上反映土粒在排列上的差异，但它还不能反映出土在结构性上复杂的差异（尤其对非饱和土）。因为虽然土的粒度是土在它长期的地质、环境、历史等一系列因素影响下造就而成的，它已经与矿物成分发生了密切的联系，如粗粒土的颗粒，近似粒状，常沉积为粒堆状结构，一般为原生矿物，土粒表面的光滑度会有较大的影响；黏粒土颗粒，均为片状，常沉积为粒链状结构，一般为次生矿物，由于它的周围常为一定厚度的水膜所包围，土粒表面的光滑度影响不大等，但由于它们都是用土原状结构经过碎散后的试样所测定的指标，故不能反映原状土颗粒在排列与联结上的复杂特性。

第4节　基于物质结构因素的土工程分类方法

一、土工程分类的土质依据

土的粒度、密度、湿度和结构等对于土性的影响既是各有侧重的，又是互相影响的。它们分别从不同的侧面反映了土三相组成的主要特性，但它们还不能完全地反映各相间的相互作用（吸附、聚沉、电渗、电泳、离子交换等），尤其是矿物成分的复杂影响。粒度不同的粗、细粒土会有各自不同的结构和矿物成分，土的界限含水量也与土的矿物成分有一定的联系，结构的强弱也要受到密度、湿度甚至粒度变化的影响，而且这些联系和影响对不同的土类还会有所不同。因此，在土力学中，通常需要抓住影响不同土类土性变化最主要的因素（即最能反映土本质属性的指标），并考虑它们测取的简易性、土的差异性以及应用的针对性（作为地基，还是作为材料），对最常见的土作出一个基本性的分类，仍然是非常必要的。当然，如果考虑到其他指标的影响和特殊土类的差别，则还可以对基本型的分类作出适当的补充。在地质学中，将土的分类按地质成因和地质年代为基础，由于老沉积土常呈超固结状态，具有较高的结构强度，新近沉积土一般呈欠固结状态，结构强度低，因此，它有利于反映土的天然结构特性对土变形强度的影响。这样，土的分类定名就应该以能大致刻画出主要土性变化的总趋向为原则。虽然目前各国、甚至各行业对土的分类标准并不相同，需要根据实际工程对象采用有关规范的标准，例如国际上的统一分类系统（Unified Soil Classification System，1942，1952），《土的工程分类标准》（GB/T 50145—2007），《建筑地基基础设计规范》（GB 50007—2002），《公路土工试验规范》（JTG E40—2007）等，但可以看出，不同标准对土所给的工程分类方法均遵循了基本上相同的思路，那就是它们的土质依据。

二、对土进行工程分类的基本思路

一般来讲，对土进行分类应该考虑这种分类应用的对象或范围。土壤学的分类命名考虑浅层位土以及诸如气候、地面坡度和植被等环境因素对土生成的影响，分类特征为颜色、质地、厚度等，以该类土层首先被发现的地名来命名。公路工程的分类命名考虑土作为公路路基材料的适用性，按其适应的程度由好到差依次分为若干分组，例如，把级配良好的、以砂和砾为主的、含有少量细粒充当黏合剂的土定为第一组；把具有高液限和高塑性指数、干湿循环变化时强度易有较大变动、做公路材料不理想的黏性土作为最末组。工程分类考虑影响土变形强度的基本因素和应用工程对象的特点，对建筑工程着重于承载力的变化，具体分类较粗。对水利工程着重于材料选择与土体变形、强度、渗透等各类稳定性，具体分类较细。但是，作为土的工程分类，目前在大的原则上基本是一致的。它应该首先抓住土物质结构的基本性因素对土分类定名，然后，根据需要，按土的其他补充性因素或特殊性因素作出进一步的描述。针对各行业、学科的分类可以参见各自有关的规程。

（一）对土按基本性因素的分类

(1) 无黏性土和黏性土。由于土中黏粒含量的增多会使土出现"黏性"这个使土性由量变到质变的特点，故可以将土从总体上区分为无黏性土和黏性土两个大类。通常，典型的无黏性土和典型的黏性土均各有自己土类的基本特性趋向。典型的无黏性土具有粒度较粗；多属原生矿物（石英，长石，云母）；物理风化的产物；无黏性；单粒结构；颗粒为圆、角状；易透水；压缩性小；摩擦强度大；压缩过程短；冻胀小；毛细上升高度小；湿度影响不大；容易发生液化等特性。典型的黏性土具有粒度较细；多属次生矿物（高岭土，伊利土，蒙脱土）；化学风化的产物；有黏性；架叠、片堆、片架结构；颗粒为片、针状；不易透水；压缩性大；摩擦强度小；压缩过程长；冻胀大；毛细上升高度大；湿度影响显著；不易发生液化等特性。由此可看出土的分类定名与土基本性质之间的密切联系。对无黏性土和黏性土还可以考虑如下的基本因素作出进一步的分类：

(2) 石、砾和砂。对于无黏性土，可以其含量最多的主体颗粒在粒径大小上的不同为基础，再参考其他粒径的含量，具体细分为各种亚类。一般有石、砾和砂。石类有漂石或块石、卵石或碎石，亦可称为巨粒土；砾类有圆砾、角砾或粗砾、细砾，亦可称为粗粒土；砂类有砾砂、粗砂、中砂、细砂、粉砂或极细砂，它们亦称为粗粒土。有时，考虑到它们在级配和细粒含量上的差异，还可在它的基本定名之前冠以某些形容性的词语，如"级配良好的"，"级配不良的"，"含少量砾的"，"含砂的"，"含细粒土的"，"黏土质的"，"有机质的"等等。在表2-1中给出了这种分类的一般概念。更为具体的标准可参见我国《土的工程分类标准》（GB/T 50145—2007）或其他规范。

无黏性土的分类　　　　　　　　　　　　　　　　　　　　表 2-1

土的名称	颗 粒 形 状	粒 组 含 量
漂石	圆形及亚圆形为主	粒径大于200mm的颗粒超过全重50%
块石	棱角形为主	

续表

土的名称	颗粒形状	粒组含量
卵石 碎石	圆形及亚圆形为主 棱角形为主	粒径大于20mm的颗粒超过全重50%
圆砾 角砾	圆形及亚圆形为主 棱角形为主	粒径大于2mm的颗粒超过全重50%

注：分类时应根据粒组含量由大到小以最先符合者确定。

土的名称	粒组含量	土的名称	粒组含量
砾砂	粒径大于2mm的颗粒占全重25%～50%	细砂	粒径大于0.75mm的颗粒占全重50%
粗砂	粒径大于0.5mm的颗粒占全重50%	粉砂	粒径大于0.75mm的颗粒占全重50%
中砂	粒径大于0.25mm的颗粒占全重50%		

注：分类时应根据粒组含量由大到小以最先符合者确定。

（3）对于黏性土，可以黏粒粒组的含量（或塑性指数）为基础，细分为粉土（或粉质黏土）和黏土，其塑性指数依次为 $I_p<10, 10<I_p\leqslant17$ 和 $I_p>17$（建筑工程上多用）；或者再按黏粒含量由小到大的不同，在此定名之前按黏粒含量 $3\%<p_c\leqslant10\%, 10\%<p_c\leqslant30\%$ 和 $p_c>30\%$ 的不同再分别冠以轻、中、重之类的形容词，如轻、重砂质粉土，轻、中、重粉质黏土，轻、中、重黏土等；或者同时考虑砂粒粒组和粉粒粒组的相对含量，利用黏粒粒组的含量、粉粒粒组的含量砂粒粒组的含量作为三角形坐标的方法，做出进一步的细分，以适应工程的需要（水利工程中多用）。在目前，由于黏性土的状态指标（即液限、塑性指数等）能比较灵敏地反映不同黏土矿物的影响，采用塑性图，即塑性指数与液限间的关系图（如图2-9）对黏性土进行分类的方法，已经成了各国对黏性土进行分类的重要方法。

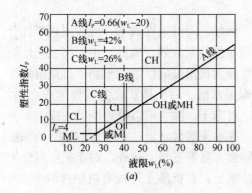 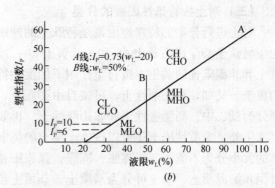

(a)   (b)

图2-9 细粒土分类的塑性图

塑性图首先为A. Casagrande提出（1948）。它在1952被美国工程公司和垦务局采用后，称为统一分类法。统一分类法首先以塑性图中一条倾斜的A线和其在低塑性指数时的一段水平线（取两段水平线时还可再细分）将坐标平面分为上下2个区，线上的区称为黏土（C），线下的区称为粉土（M）。它们还可以在含有机质时再加上字母O表示，含砂时再加上字母S表示。进而，黏土区和粉土区还可以再用一条竖直的B线分为左、右两区，分别为低塑性（L）和高塑性（H）。有的将黏土区和粉土区用一条竖直的B、C两条线，将黏土区和粉土区分为左、中、右三区，分别为低塑性（L）、中塑性（M）和高塑性土（H）。这些 A、B、C 线的具体位置都是根据许多试验和经验总结得出的。但是，由于不同国家对液限的测定采用不同的试验方法（在国外多用碟式液限仪测定，在我国，用锥式液限仪测定），各国对 A、B、C 线规定的位置会有所不同，甚至不同的行业往往会也有各自不同的规定。这一点在应用塑性图时必须予以注意，应该以现行采用的规范为准。图 2-9(a) 给出了我国水电部 SD 128—84 曾经采用过的塑性图，它的液限由质量为 76g、锥角为 30°、入土深度为 10mm 的标准。我国《土的工程分类标准》(GB/T 50145—2007) 采用的塑性图如图 2-9(b) 所示，它基本上接近于 A. Casagrande 在 1949 年建议的塑性图，它的液限由质量为 76g、锥角为 30°、入土深度为 17mm 的标准。

（二）对土按补充性因素的分类

对土进行分类的补充因素可以包括无黏性土的相对密实度（或孔隙比）和黏性土的液性指数、灵敏度以及土的饱和度等。如前所述，对无黏性土的密度状态可以按相对密实度（或孔隙比）划分为疏松（$0<D_r\leq1/3$）、中密（$1/3<D_r\leq2/3$）、密实（$>2/3$）等密度状态；对黏性土的稠度状态可以按液性指数划分为坚硬（$I_1\leq0$），硬塑（$0<I_1\leq0.25$），可塑（$0.25<I_1\leq0.75$），软塑（$0.75<I_1\leq1.0$）和流塑（$I_1>1.0$）等不同的状态；对各类土可以按饱和度划分为稍湿（$S_r\leq50$）、很湿（$50<S_r\leq80$）、饱和（$S_r>80$）、完全干燥（$S_r=0$）和完全饱和（$S_r=100$），对黏土可以按灵敏度划分为低灵敏（不大于 2）、中灵敏（不大于 4）和高灵敏（大于 4）三级；或这一般（2~4），灵敏（4~8）和高灵敏（大于 8）三级等。此外，如果不大的细粒（小于 0.002mm）含量会使黏土具有很高的塑性指数，则表明这种土具有很高的活性。此时，将塑性指数与小于 0.002mm 细粒含量百分数的比值作为土的活性指数，按黏土的活性指数小于 0.75、在 0.75~1.25 之间和大于 1.25，补充划分为非活性黏土、正常活性黏土和活性黏土。

（三）对土按特殊性因素的分类

对土进行分类的特殊性因素是特殊土的性质。例如，对湿陷性黄土，可按地质年代分为午城黄土 Q_1，离石黄土 Q_2 和马兰黄土 Q_3；按相对湿陷系数划分为低、中、高湿陷性的黄土和非湿陷性的黄土；按自重作用下的湿陷特性分为自重湿陷性的黄土和非自重湿陷性的黄土。又如，对胀缩性土，可按自由膨胀率，即湿水前、后土体积之差与原体积之比，划分为低、中、高膨胀性土和非膨胀性土。再如，对冻土，除了可以分为季节性冻土、多年冻土外，季节性冻土还可以按冻土层土的类别、冻前天然含水量、地下水位和平均冻胀率的大小分为不冻胀、弱冻胀、冻胀、强冻胀和特强冻胀等五级。此外，对于软土可分为淤泥和淤泥质土；填土可分为素填土、杂填土和冲填土；有机质土可按有机质含量为 5%~10%，小于 60%和大于 60%，分为有机质土、泥炭质土和泥炭。还有对红黏土、盐渍土、污染土和分散性土等特殊土类，也有依据于各自特性的特殊分类名称，必要时可以参见国标《岩土工程勘察规范》(GB 50021—2009) 的规定。

第 5 节 土物质结构因素基本土性指标的测算

由前述的讨论可知，土物质结构因素的基本土性指标主要应该包括显示矿化成分的特性指标与描述粒度、密度、湿度和结构特性的物理性指标。

通常，土的矿化成分一般包括对石英、长石、云母等原生矿物；高岭土、蒙脱土、伊利土等次生黏土矿物；卤化物、氢氧化物、盐类、有机化合物、水溶盐、酸碱度、离子交换、有机质等化学成分。尽管土的矿化成分十分重要，但由于它们的测定属于专门性的试验，需要专门的设备与材料，一般常不包括在通常土力学课程的土工试验之中，可以在需要时委托有关试验室进行。因此，本节只涉及土的物理性指标。

如前所述，土的基本性质指标包括表示土粒度特性的指标有平均粒径 d_{50}、控制粒径 d_{60}、有效粒径 d_{10}、不均匀系数 C_u 和曲率系数 C_c；表示土密度特性的指标有干密度 ρ_d、孔隙比 e、孔隙率 n 和相对密实度 D_r 以及与密度有关的土粒比重 G、湿密度 ρ、饱和密度 ρ_{sat} 和浮密度 ρ'；表示土湿度特性的指标有含水量 w、饱和度 S_r 以及与湿度有关的液限 w_L、塑限 w_P、缩限 w_s、塑性指数 I_p 和液性指数 I_L；表示土结构特性的指标有灵敏度 S，结构强度 p_c 和综合结构势 m 等。在这些指标中，需要通过室内土工试验方法测定的指标可以分为五类：一是三个基本参数的试验，包括土的重度、含水量和土粒相对密度。由它们可以通过计算得到孔隙比 e、孔隙率 n、饱和度 S_r、干密度 ρ_d、饱和密度 ρ_{sat} 和浮密度 ρ'；二是颗粒分布曲线（$P_{<d}$—$\log d$ 曲线）的试验。由它可以得到平均粒径 d_{50}、控制粒径 d_{60}、有效粒径 d_{10}、不均匀系数 C_u 和曲率系数 C_c；三是黏性土稠度状态的试验，包括液限 w_L、塑限 w_P、缩限 w_s。由它们可以通过计算得到塑性指数 I_p 和液性指数 I_L；四是无黏性土最大干密度 ρ_{max}、最小干密度 ρ_{min} 的试验。由它们可以通过计算得到相对密实度 D_r；五是无侧限抗压强度的试验，由它们可以通过计算得到土的结构灵敏度 S。所有这些试验均应该严格按照《公路土工试验规程》（JTG E 40—2007）进行。下面先分五类介绍有关土物理性指标试验的基本原理与方法（在土力学的试验课内将作较详细的介绍）；再讨论以第一类试验为基础，按指标的定义直接推求出和按三相图计算出其他有关特性指标的方法（重要的概念与方法）。

一、土物理性指标试验测定的原则方法

(一) 密度、相对密度、含水量试验

(1) 密度 ρ 是土单位体积的质量重，它与重力加速度的乘积即为重度。对其测定常用环刀法。它是将一个已知质量 m_0 和体积 V 的环刀，放在平整好的土样表面上，细心地垂直下压，边压边削，至土样伸出环刀后，削平上下两面，称出天环加土的质量 m_{0s}，扣除环的质量 m_0 后，即得土的质量 m，土的密度值即可直接由计算得到，即 $\rho=m/V$。如果土过于坚硬，很难切取一定形状的土样，则可对任意形状的土块称取它的质量，然后将其用石蜡包封，用土块排开水体的方法（不蜡封的土块可用水银排开法）测出蜡封土块的体积，从中扣除石蜡的体积（由土块蜡封前后质量之差除以石蜡的密度得到），即得不规则土块的实际体积，最后计算出土的密度。

(2) 相对密度 G 是干燥土颗粒的质量与同体积 4℃纯水质量之比值。干燥土颗粒的质量可以将土样在 105～110℃下烘至恒值质量得到，土粒的体积常用比重瓶法测出。它是将一定质量 m_s 的干土试样装于一定体积和质量的比重瓶内，加蒸馏水（有水溶盐时用中性液体）至瓶内 1/3 处，经过煮沸或抽气使土粒间与水中的含气排出后，再加水至满，并保持到一定温度 t 下，称出瓶土水的从质量 m_{bws}。当预先测得瓶水的质量 m_{bw} 时，即可利用它们间的关系计算出土粒的体积 $V_s=(m_{bw}+m_s-m_{bws})/\rho_w$，最后，由土粒单位质量与水单位质量之比计算得到土粒的相对密度，等于：

$$G = \frac{m_s}{m_{bw} + m_s - m_{bws}} \cdot \frac{(\rho_w)_{T=t℃}}{(\rho_w)_{T=4℃}} \tag{2-16}$$

（3）含水量 w 是试样中含水的质量与试样烘干的质量的比值。含水量的测定常用烘干法。它是将一定质量的湿土试样放入烘箱，在 105～110℃下烘干，使试样中的水分完全蒸发，得到干土的质量 m_s，再由烘干前后试样减小的质量得到土中含水的质量 m_w，即可按含水量的定义算得土的含水量，即：$w = \frac{m_w}{m_s} \times 100\%$。

（二）颗粒分析试验

颗粒分布曲线（$p_{<d} - \log d$ 曲线）的试验，对粗粒土（$d > 0.1\text{mm}$）常用过筛分析法（或称筛析法），对细粒土（$d < 0.1\text{mm}$）场用密度计分析法（或称水析法）。

粗粒土的过筛分析法是将已知质量 m 的干土颗粒放在一套具有由大到小不同孔径 d 的筛子里，经过充分的振动进行筛分后，称出各不同孔径筛上存留土的质量，即为该筛孔径与上一个较粗筛孔径之间土粒的质量。小于该筛孔径所有各筛上存留土质量求和即为通过该筛孔径土的质量，由它可算得该孔径 d 的通过率 $P_{<d}$，%。它和对应孔径（视为土粒直径）的对数值作图即得颗粒分布曲线（$p_{<d} - \log d$ 曲线）。

细粒土的密度计分析法是以司笃克（Stokes G G）定理，即：球形质点在无限广阔的液体中下沉时，其下沉的速度 v 与粒径 d 的平方成正比例，即 $v = cd^2$ 为基础的方法。它需要利用特制的密度计，对初始搅拌均匀的土悬液（土悬液中各处所含大小不同的土粒相同），用密度计测定出悬液内土粒沉落过程中对应于不同时刻土悬液的密度后，可以通过计算求得密度计浮泡中心深度处土中小于某一粒径 d 的土粒含量 $p_{<d}$，%，据以作出颗粒分布曲线（$p_{<d} - \log d$ 曲线）。因为在土粒沉落的某一时刻，如直径为 d 的土粒正好下沉到密度计浮泡中心深度处，则直径大于 d 的土粒均已下沉至该深度以下，在该深度及以上的土悬液中，不仅土粒的直径均小于 d，而且，直径小于 d 的土粒含量在土悬液中所占的分数与它在土悬液初始状态时相同（因为不同直径的土粒都是等速下沉，离开和进入该深度的数量相等），故由密度计读数对某一粒径 d 计算得到的通过率仍然等于它在原来土中的比例数。

（三）黏性土的稠度界限试验

黏性土的稠度界限试验需要测定土的液限 w_L、塑限 w_P 和缩限 w_s。测定它们时需要将预先制好的土碎散试样配制在不同含水量下进行相应的试验，分别测取符合各自规定标准的含水量作为液限 w_L、塑限 w_P 或缩限 w_s。根据长期的经验，通常规定液限的标准是能使轻轻置于试杯内土面上的锥形液限仪（重量为 76g、锥角为 30°）在规定时间（15 秒或 5 秒）内沉入土中的深度正好达到 17mm 时的含水量值；规定塑限的标准是能使土在搓到直径 3mm 时正好能够断裂为 1.0mm 左右时的含水量值；规定缩限的标准是能使装在一定杯内的土膏经过风干后正好不会产生体积收缩的含水量值。因此，土的稠度界限可以对符合上述各自标准的土测定含水量得到。目前，为了简化试验并排除人为干扰，液限和塑限的测定常可采用液塑限联合测定仪，并由含水量与锥下沉深度的双对数直线关系图按规程对液限和塑限对应规定的沉入深度来查取它们的数值。至于缩限，因其用处较小，一般可以不作测定。

（四）无黏性土的相对密实度试验

无黏性土相对密实度 D_r 的试验需要测定土的最大干密度 ρ_{max} 和最小干密度 ρ_{min}。在得到它们之后可以计算出它们对应的最小孔隙比 e_{min} 和最大孔隙比 e_{max}，即可同土的实际孔隙比一起按相对密度的定义计算土的相对密实度。目前，对一般的无黏性土，测定最大干密度 ρ_{max} 用规定标准下的击振法。它利用小功能的锤击与振动联合作用，使土达到最密的程度（过大的功能会使土粒破碎）；测定最小干密度 ρ_{min} 用漏斗法、量筒倒转法或松砂器法，取各测定中的最小值。但是，对筑坝用的粗粒料，土的粒径往往很大，测定最大干密度 ρ_{max} 和最小干密度 ρ_{min} 的方法还是一个研究的问题。对此，国内已经做了较好的研究。计算大体积粗粒料相对密度需要的实际干密度或孔隙比，常用现场的灌水法测定。它是在现场挖出一个小坑，称取挖出土的质量，再在坑内铺上连续密封的薄塑料布，在其中灌水，使薄塑料布内完全充水，愈小坑壁紧贴，量出所用水的体积，将其视为等于挖出土的原来体积，进而计算出土实际的密度或孔隙比。

（五）黏性土的灵敏度试验

黏性土灵敏度 S_t 的确定需要进行无侧限抗压强度的试验，即对试样不加侧向限制，仅在轴向逐级增加压力，得到试样发生压坏时的压力值，即为无侧限抗压强度。试验需分别对原状土试样和重塑土试样进行，在得到它们的抗压强度之后，即可按灵敏度的定义计算该土的灵敏度。对于灵敏度以外的其他结构性指标的测定，需要视其特性采用各自相关的试验方法。

二、基本土性指标间计算关系式的推导

在处理土力学问题时，常需要知道土的孔隙比 e、孔隙率 n、饱和度 S_r、干密度 ρ_d、饱和密度 ρ_{sat} 和浮密度 ρ' 等土性指标值。但如前所述，它们均不能直接测定，需要利用试验测定的密度、相对密度、含水量等指标，按它们与所需指标间的关系计算得到。计算公式包括两组。一组是计算孔隙比 e、孔隙率 n、饱和度 S_r 的公式，即：

$$\rho = \rho_d(1+w); \quad e = \frac{G\rho_w}{\rho_d} - 1; \quad n = \frac{e}{1+e}; \quad S_r = \frac{Gw}{e} \tag{2-17}$$

另一组是计算湿密度 ρ、干密度 ρ_d、饱和密度 ρ_{sat} 与浮密度（有效密度）ρ' 的公式，即：

$$\rho = \frac{G(1+w)}{1+e}\rho_w = \frac{G+S_r e}{1+e}\rho_w; \quad \rho_d = \frac{G}{1+e}\rho_w$$

$$\rho_{sat} = \frac{G+e}{1+e}\rho_w; \quad \rho' = \frac{G-1}{1+e}\rho_w \tag{2-18}$$

对于所有这些计算公式，不仅需要将它们熟忆下来，而且还应该熟练地掌握它们的推导方法。本节将讨论推导它们所用的两种基本方法，即：利用基本定义间关系的推导方法和利用土三相图（土的三个组成相在体积和质量之间关系的图示）关系的推导方法。由于在这三个试验测定的土性指标中，土粒比重值的变化范围不大，如黏性土的变化范围为 2.72～2.75；粉土的变化范围为 2.70～2.71；砂土的变化范围为 2.65～2.69 等，故一般在无试验资料时可根据已有的经验选用。

（一）利用指标基本定义间关系的推导方法

(1) 如果用 m，V 分别代表土的质量和体积，它们的下标 s、v 或 w，a 分别代表土粒、

土孔隙或土中水、土中气，则可由指标的基本定义得出第一组的公式，即：

$$\rho = \frac{m}{V} = \frac{m_s + m_w}{V} = \frac{m_s}{V}\left(1 + \frac{m_w}{m_s}\right) = \rho_d(1+w) \tag{2-19}$$

$$e = \frac{V_v}{V_s} = \frac{V - V_s}{V_s} = \frac{V}{V_s} - 1 = \frac{m_s/\rho_d}{m_s/G\rho_w} - 1 = \frac{G}{\rho_d}\rho_w - 1 \tag{2-20}$$

$$n = \frac{V_v}{V} = \frac{V_v}{V_s + V_v} = \frac{V_v/V_s}{1 + V_v/V_s} = \frac{e}{1+e} \tag{2-21}$$

$$S_r = \frac{V_w}{V_v} = \frac{m_w/\rho_w V_s}{V_v/V_s} = \frac{m_w/\rho_w m_s/G\rho_w}{e} = \frac{Gw}{e} \tag{2-22}$$

(2) 对于第二组的公式，可利用上述关系，得到关于土密度 ρ 的计算公式，再利用土的干密度（w、S_r 等于零）、饱和密度（$S_r = 1$）和浮密度（等于土的饱和密度与水密度之差）的物理概念，简化得到各自的计算式，即得：

$$\rho = \rho_d(1+w) = \frac{G + S_r e}{1+e}\rho_w; \tag{2-23}$$

$$\rho_d = \frac{G}{1+e}\rho_w; \quad \rho_{sat} = \frac{G+e}{1+e}\rho_w; \quad \rho' = \frac{G-1}{1+e}\rho_w \tag{2-24}$$

(二) 利用土三相图关系的推导方法

土的三相图是对土三个组成相的重量和体积在一个示意图的左、右边分别画出，土的总质量和土粒、水和气三相的分质量标记为 m、m_s、m_w、m_a，对应的总体积和分体积标注为 V、V_s、V_w、V_a，如图 2-10a 所示。由于上述关于指标间的计算关系并不因土的质量或土的体积大小不同而有所变化，故可以取上述任何一个量的大小等于 1 来便利推导，如取 $V = 1$，（图 2-10b），或 $V_s = 1$，或 $m_s = 1$，或 $V_v = 1$。下面分别取 $V = 1$，$V_s = 1$ 和 $m_s = 1$ 等进行多次推导，以便掌握这个方法（学生可自己取其他值等于 1 进行试推）。

(1) 如取 $V = 1$（图 2-10b），则有：

$$V_v = n, \ V_s = 1-n, V_w = nS_r$$

$$m_s = G(1-n)\rho_w, m_w = nS_r\rho_w = wG(1-n)\rho_w$$

$$m = nS_r\rho_w + wG(1-n)\rho_w$$

由孔隙比 e 的定义，可得 $e = \frac{n}{1-n}$，故孔隙率 $n = \frac{e}{1+e}$；又含水量 $w = \frac{nS_r\gamma_w}{G(1-n)} = \frac{S_r e}{G}$，故 $Gw = S_r e$；土的密度为：

$$\rho = G(1-n)\rho_w + Gw(1-n)\rho_w = G(1-n)(1+w)\rho_w$$

$$= \frac{G(1+w)}{1+e}\rho_w = \frac{G+S_r e}{1+e}\rho_w$$

在上式中，令 $S_r = 0$，得干密度为：$\rho_d = \frac{G}{1+e}\rho_w$；令 $S_r = 1$，得饱和密度为：$\rho_{sat} = \frac{G+e}{1+e}\rho_w$；令 $\rho' = \rho_{sat} - \rho_w$，得浮密度为：$\rho' = \frac{G+e}{1+e}\rho_w - \rho_w = \frac{G-1}{1+e}\rho_w$。

(2) 如取 $V_s = 1$（图 2-10c），则有：

$$V_v = e, \ V_w = S_r e$$

$$m_s = G\rho_w, \ m_w = Gw\rho_w = S_r e \rho_w$$

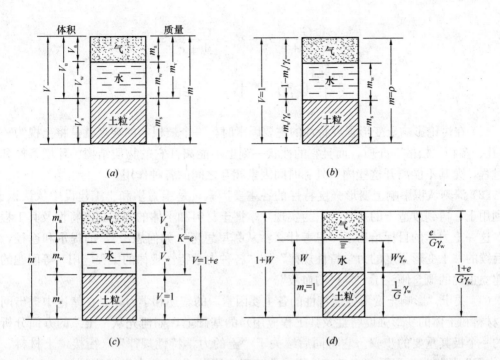

图 2-10 土的三相图
(a) 三相示意图；(b) $V=1$；(c) $V_s=1$；(d) $m_s=1$

$$m = G\rho_w + wG\rho_w = G\rho_w + S_r e\rho_w$$

由定义可得：$e = \dfrac{n}{1-n}$，故 $n = \dfrac{e}{1+e}$；

$$w = \dfrac{S_r e}{G}, \quad 故\ Gw = S_r e;$$

$$\rho = \dfrac{G\rho_w + Gw\rho_w}{1+e} = \dfrac{G(1+w)}{1+e}\rho_w = \dfrac{G+S_r e}{1+e}\rho_w$$

同样可得干密度，饱和密度和浮密度为：

$$\rho_d = \dfrac{G}{1+e}\rho_w,\ \rho_{ast} = \dfrac{G+e}{1+e}\rho_w\ 和\ \rho' = \dfrac{G+e}{1+e}\rho_w - \rho_w = \dfrac{G-1}{1+e}\rho_w$$

(3) 如取 $m_s = 1$（图 2-10d），则有：

$$m_w = w,\ m = 1+w$$

$V_s = 1/G\rho_w,\ V_v = e/G\rho_w,\ V_w = w/\rho_w,\ V = (1+e)/G\rho_w$

由定义可得：$e = \dfrac{n}{1-n}$，故 $n = \dfrac{e}{1+e}$；

$$S_r = wG/e,\ 故\ Gw = S_r e;$$

$$\rho = \dfrac{1+w}{(1+e)/G}\rho_w = \dfrac{G(1+w)}{1+e}\rho_w = \dfrac{G+S_r e}{1+e}\rho_w$$

同样可得干密度，饱和密度和浮密度为：

$$\rho_d = = \dfrac{G}{1+e}\rho_w,\ \rho_{sat} = \dfrac{G+e}{1+e}\rho_w$$

和

$$\rho' = \frac{G+e}{1+e}\rho_w - \rho_w = \frac{G-1}{1+e}\rho_w$$

第6节 小 结

(1) 在讨论影响土变形强度特性的主要因素时，一个最根本的观点就是将土视为一种"多孔、多相、松散"介质，而且它的性状一刻也不能离开它的物质结构、环境条件和时间过程，尤其不能离开这些内、外和时间因素相互之间的各种作用。

(2) 深刻认识影响土变形强度特性的各主要因素，是土力学和土工建设中从认识土、到利用土、再到改造土的基石。它为实现"掌握土材料和土体的变形强度特性及其工程应用"这一土力学的目标给出了"思考什么？从哪里思考？如何思考？"的提示和途径，并为后续的"土变形强度的力学特性规律"和"各种力学特性规律的工程应用"等问题的学习建立正确的概念倾注了"学科的血液"。

(3) 关于"影响土变形强度特性的各主要因素"的叙述和学习，是在绪论中提出问题（土材料和土体的变形强度特性及其工程应用）的基础上，如何先从"土"的方面分析问题的一个极其重要的步骤。它将同后续关于"土的力学特性规律"（衔接"土材料"与"力作用"的纽带）以及"力学特性规律的工程应用"（衔接"力学规律"与"土体工程"的纽带）一起，稳步地走向解决工程实际问题这个既定的学科目标。

(4) 内在因素（土的物质结构因素）、外在因素（土的环境条件因素）以及时间因素（时间过程因素）是影响土变形强度特性变化的主要因素，其中的物质结构因素是土物理性质、力学性质、化学性质和热学、电学性质复杂变化的根本依据。

(5) 从土的三个组成相，即固相、液相和气相等物质在其特性状态、相对含量、相互作用和运动形式等方面来分析土内在因素对土变形强度特性影响的方法，既为了解土的本质提供了依据，又为改造土的思路提供了途径。

(6) 表示土物质结构因素的基本特性指标从土的粗细、松密、干湿、强弱等侧面描述了土的基本特性。对土进行了描述。反映土粗细程度的粒度指标主要有平均粒径 d_{50}、有效粒径 d_{10}、限制粒径 d_{60}、不均匀系数 C_u、曲率系数等；反映土松密程度的密度指标主要有干密度 ρ_d、孔隙率 n 和孔隙比 e、无黏性土的相对密实度 D_r 等；反映土干湿程度的湿度指标主要有含水量 w、饱和度 S_r、黏性土的塑性指数 I_p、液性指数 I_L 等；和反映土的强弱程度的结构指标主要有：结构灵敏度 S_t、结构强度 p_c、综合结构势 m_p 等。

(7) 描述土物质结构因素三相相互作用的关系主要包括了固液相间相互作用的双电层，气液相间相互作用的收缩膜，气液固相间相互作用的结构性，它们为认识土和改造土奠定了科学基础。

双电层阐明了活动层（扩散层）与固定层（电荷层与反离子层）组成双电层，为黏土与水的相互作用提供活动的空间，使土具有表面活动性、电动现象、离子交换等这些土力学中值得注意和应用现象的依据和规律。

收缩膜阐明了土中水与气交界面上的表面张力或弯液面既引起土中的毛细管现象，又引起基质吸力 $(u_a - u_w)$，从而使非饱和土具有复杂性质的依据和规律。

结构性阐明了土固体颗粒的不同排列和不同联结在受到加荷、浸水或扰动时发生"破损"与"愈合",使土性发生变化的依据和规律。

(8) 土的物质结构因素引起的土性特征是对土进行工程分类的依据。土的粒度是土分类定名的最主要因素。由于土中黏粒含量的增多会使土出现"黏性",具有土性由量变到质变的标志性特点,故可以将土区分为无黏性土和黏性土两个大类。

无黏性土可以含量最多的主体颗粒在粒径大小上的不同为基础,并参考其他粒径的含量进行分类。黏性土可以黏粒的含量为基础,并考虑砂粒和粉粒的相对含量进行分类;可以利用三角坐标图(以黏粒、粉粒、砂粒等含量的百分比为坐标)和塑性图(塑性指数与液限间的关系曲线)中的不同区域对黏性土分类定名的方法。为了从更多的侧面区分土的差异,可以在上述基本性分类的基础上再作出补充性的分类。例如,按相对密实度(或孔隙比)划分无黏性土的密度状态;按液性指数划分黏性土的稠度状态;按饱和度划分各类土的湿度状态;以及按活性指数划分黏性土的活性等。对于一些特殊的土类,还可以基于土自身的主要特征作出特殊性的分类。例如,按压力或自重作用下土的相对湿陷系数划分湿陷性黄土;按土的自由膨胀率划分膨胀性土;按土的冻融特性划分冻土;按土的含水量和孔隙比划分软土;按土的成分和形成方式划分填土;按有机质含量划分有机质土;按含盐成分划分盐渍土等等。

(9) 典型的无黏性土和典型的黏性土各有自己的基本特性。例如,典型的无黏性土,其粒度较粗;多属原生矿物(石英,长石,云母);物理风化的产物;无黏性;单粒结构;颗粒为圆、角状;易透水;压缩性小;摩擦强度大;压缩过程短;冻胀小;毛细上升高度小;湿度影响不大;容易发生液化等特性。典型的黏性土,其粒度较细;多属次生矿物(高岭土,伊利土,蒙脱土);化学风化的产物;有黏性;架叠、片堆、片架结构;颗粒为片、针状;不易透水;压缩性大;摩擦强度小;压缩过程长;冻胀大;毛细上升高度大;湿度影响显著;不易发生液化等特性。掌握了这种特性,就可以对实际遇到的其他土,根据其接近于无黏性土、黏性土的程度大体上了解其特性趋向。

(10) 对于一定粒度的土,在它的湿度指标自身之间、密度指标自身之间以及湿度、密度指标二者之间,均有一定的内在联系。通常,只需由土工试验确定土的密度 ρ、土粒相对密度 $G\left(G=\dfrac{\rho_s}{\rho_w}\right)$ 和含水量 w 等三个基本指标,其余的指标,如孔隙率 n、孔隙比 e、饱和度 S_r,以及湿密度 ρ、干密度 ρ_d,饱和密度 ρ_{sat} 与浮密度(或有效密度)ρ' 等,都可通过相应的公式计算得出。计算公式包括计算干密度、孔隙比、孔隙率和饱和度的公式,即式(2-17)和计算土各类密度的公式,即公式(2-18)两类。对它们不仅需要熟记,而且需要能够在记住各个指标定义的基础上,采用直接推导的方法,或者借助土三相图推导的方法熟练地作出推导。

思 考 题

1. 你是如何理解"土的内在因素(土的物质结构因素)、外在因素(土的环境条件因素)以及时间因素(时间过程因素)是影响土变形强度变化的主要因素"这句话的?为什么?

2. 土的固相、液相、气相等物质的特性状态、相对含量、运动形式和相互作用指的是什么内容?它们的变化会如何影响土的物理性质?

3. 表示土物质结构因素的基本特性指标包括哪几类？各有哪些特性指标？各反映土的什么特性？

4. 试绘出均粒土、良好级配土、间断级配土、粗多细少土、细多粗少土的各粒度曲线形式。

5. 什么是土的双电层、收缩膜、结构性？它们与土的性质之间有什么联系？

6. 试述通常对土进行分类的基本原则与思路。

7. 典型的无黏性土和典型的黏性土在物理力学特性上有什么明显的不同？了解它有什么实际意义？

8. 在土的各主要指标中，哪些必须用土工试验测定？哪些可以用有关公式计算得到？这些计算公式是什么？你能用什么方法将它们推导出来？

9. 土的三相图如何做成？试分别在假定某个质量或体积等于 1 的情况下完成该三相图需要的全部标注。

10. 试区分并解释：粒度与粒组、不均匀系数与曲率系数、原生矿物与次生矿物、吸着水与结合水、强结合水与弱结合水、毛细水与重力水、塑性指数与液性指数。

习　题

1. 试根据图 2-11 三相图（质量以"g"计；体积以"cm³"计）确定孔隙比、饱和含水量和湿密度为 1.70g/cm³ 时的饱和度。

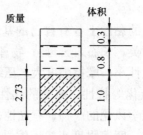

图 2-11　习题 1

2. 有两个土样，试验测得了它们的如下数据，请对表 2-2、表 2-3 内标有横线的栏目完成计算；并根据下表的数据分别判定 A、B 两土样的粒度、密度、类别以及渗透性、压缩性和抗剪性变化趋势的不同。

习　题 2　　　　　　　　　　　　　　　　表 2-2

土样编号	天然密度（g/cm³）	天然含水量（%）	天然孔隙比	土粒相对密度	液限（%）	塑限（%）	塑性指数	液性指数	最大孔隙比	最小孔隙比
A	1.95	28	0.79	2.72	34.3	19.9	—	—		
B	2.02	23.6		2.65					0.854	0.554

习题 2 续表　　　　　　　　　　　　　　　表 2-3

相对密实度	饱和度（%）	质量百分比			限制粒径（mm）	有效粒径（mm）	不均匀系数 C_u	平均粒径（mm）	曲率系数 C_c	黏聚力（kPa）	内摩擦角（°）
		砂粒含量（%）	粉粒含量（%）	黏粒含量（%）							
		12	59	29						48	19
—	—	100	0	0	0.43	0.27		0.31	0		35

3. 今有两种土，其性质指标见表 2-4，试通过一定计算说明下列判断中哪些是正确的，哪些是错

误的。

习 题 3   表 2-4

指标 土样	塑限	液限	含水量 （%）	相对密度	饱和度 （%）
A	12	30	15	2.7	50
B	15	26	9	2.68	30

1) 土样 A 的黏粒含量大于土样 B
2) 土样 A 的重度大于土样 B。
3) 土样 A 的干重度大于土样 B。

4. 试比较黏性土与砂性土在压缩性、抗剪性、渗透性和击实性各方面的差别，并说明造成这些差别的主要原因。

5. 根据已知条件选择正确的判断（用"O"圈出）

(1) 已知 $G=2.68$, $e=0.9$, $w=30\%$, 则：$S_r =$ _____，该土属饱和 _____，该土属不饱和 _____。

(2) 已知某土的各种密度为 2.03g/cm^3、1.62g/cm^3、1.96g/cm^3、1.03g/cm^3，则该土有 $\gamma_d =$ _____ kN/m³，$\gamma =$ _____ kN/m³，$\gamma_{sat} =$ _____ kN/m³

(3) 已知某土的 $d_{60}=0.25$mm, $d_{10}=0.10$mm, $C_c=1.3$, 则 $C_u =$ _____，该土属级配良好 _____，不良 _____。

(4) 已知某土的 $e_{max}=0.80$, $e_{min}=0.4$, $e=0.6$, 则 $D_r =$ _____，该土属疏松 _____，中密 _____，密实 _____。

6. 试根据图 2-12 确定该土的不均匀系数及砂粒、粉粒、黏粒各粒组的含量百分比。

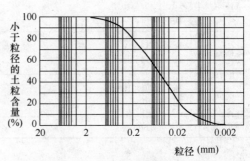

图 2-12 习题 6

7. 填空：

土的性质虽然错综复杂，但它具有 _____ 这一基本的特性。土的 __、__、__ 或结构不同，它的性质也不同。因此常需对无黏性土按 _____ 分为块石、卵石、砾、粗砂、中砂、细砂等，对黏性土按 _____ 分为黏土、壤土、沙壤土，或按 _____ 分为高塑性黏土、中、低塑性黏土以及高、中、低塑性粉土等。

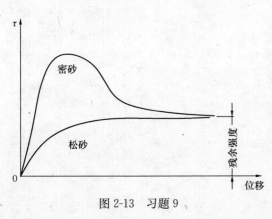

图 2-13 习题 9

8. 改错：

黏土与砂土不同，它系岩石化学风化的产物，颗粒多呈粒状，压缩过程慢，收缩膨胀小，冻胀小，振动时易液化，渗透时常发生管涌破坏，土中水主要为薄膜水，含水量愈大时击实性能愈好。

9. 试验表明，密砂和松砂的剪应力—剪位移曲线分别如图 2-13 所示，你能对它们出现的原因作出解释吗？

10. 试根据相对密实度的定义推导出相对密实度用有关各类重度表示时的具体形式，即：

$$D_r = \frac{\gamma_{dmax}(\gamma_d - \gamma_{dmin})}{\gamma_d(\gamma_{dmax} - \gamma_{dmin})}$$

11. 某砂土的天然重度为 17.7kN/m³，天然含水量为 9.8%，颗粒相对密度为 2.67，烘干后测定的最小孔隙比为 0.46，最大孔隙比为 0.94，试评定该砂的密实程度。

12. 某壤土用作筑坝材料时，需要将要含水量控制到 15%，而取土坑中土的天然含水量仅为 10%，相应的重度为 18 kN/m³，问每方土中应该加多少水？

13. 试从下列的单位换算表 2-5 中选出你认为常用的 10 个，并对 1kgf/cm² ＝9.81×10kPa 和 1p/ft³ ＝16.02kg/m³ 作出推证。

常用单位换算表   表 2-5

量的名称	换 算 关 系	量的名称	换 算 关 系
长度	1ft＝0.305m 1in＝2.54cm 1km＝1000m 1mi＝1609m 1n mile＝1852m	速度	1cm/s＝0.6m/min 1cm/s＝1034643.3ft/a
		加速度	1Gal＝1cm/s²
		密度	1t/m³＝62.4g/ft³ 1lb/ft³＝16.02kg/m³
面积	1ft²＝0.093m² 1in²＝6.45cm²	力(重量)	1dyn＝10⁻⁵N 1N＝1kg.m/s² 1kgf＝9.81N 1tf＝9.81kN 1tonf＝9.96kN 1lbf＝4.45N
体积	1ft³＝0.028m³ 1in³＝16.4cm³ 1l＝1000cm³		
质量	1t＝1000kg 1Lb＝0.453kg	应力 (压力)	1Pa＝1N/m² 1atm＝101325Pa 1tonf/ft²＝107.3kPa 1 kgf/cm²＝9.81×10⁴Pa 1lbf/ft²＝47.9Pa
时间	1a＝31.6×10⁶s 1d＝86400s		
角度	1°＝π/180		

第3章 影响土变形强度变化的主要因素（二）

——外在因素（环境条件因素）

第1节 概　　述

影响土变形强度变化的外在因素主要有各种力，还有温度与各种自然现象的变化、人为污染的影响等。如果可以将温度、各种自然现象的变化与人为污染的影响视为使土物质结构变化的因素，则在土力学中讨论的外在因素就主要为各种力的作用了。这些力主要有各种加载与卸载引起的作用力，增湿与减湿引起的等效力，渗流引起的渗透力，以及地震、机器、行车、海浪或大风等引起的振动力。

当然，在工程建设的土体开挖与爆破、桩基的成孔与打桩等的施工过程中，土体会受到不同程度的扰动，土会因强度的损伤和变形的增大而使原有的土性发生改变；同样，在为土工试验土样的采取和试样的制备过程中，土也会因设备、操作上的问题或因原有土中应力的解除而受到某种扰动。但这些外在因素的影响，带有很大的随机性，它的影响比较难以作出定量估计。其解决问题的办法一般是尽量避免或减小可能的扰动，或者尽可能设法反映或弥补扰动可能导致的影响。故本章的讨论将着重于加载与卸载引起的作用力，增湿与减湿引起的等效力，渗流引起的渗透力，以及地震、机器、行车、海浪或大风等引起的振动力等方面。

由于在加载与卸载作用下，正应力的变化会引起土的压缩与回弹，剪应力变化会引起剪缩与剪胀，它们均会引起土变形强度的变化，引起土结构的损伤或愈合。由于在增湿与减湿作用下，湿陷性土会因粒间加固黏聚力的损失而引起胶结结构的破坏，发生湿陷变形与强度下降。膨胀性土会因矿物颗粒强烈的亲水性而在增湿时使水膜增厚，发生膨胀变形，或者，在减湿时因水膜变薄，发生收缩变形；即使在一般土中，地下水位的上升会因土的含水量增大而发生变软或软化，地下水位的下降会使水位变化范围内的土密度由原来的浮密度变为湿密度、甚至饱和密度，土的重力增大，发生新的附加变形。由于在渗透力作用下，土会因细颗粒的逐渐被水流带出，导致渗透流速的逐渐增大，和更大颗粒的被逐渐带出，引起管涌现象；或者，因渗透力超过土的有效重力而引起流土现象。由于在动荷载作用下，土会动应力引起动变形而发生振陷变形；或者因动孔隙水压力骤增，使有效应力降低、甚至消失，引起土的液化现象。以上因不同作用力变化可能引起的这些问题，都是土力学中影响土变形与强度变化的重要问题。但本章在讨论这些问题时，将着重于对各种力的特性与其对土作用的全面认识，建立土力学思考问题的基本概念和方法。关于与它们有关的各种规律、计算和应用，将放在后续章节中逐步述及。

第 2 节 加载与卸载及其作用

对于加载与卸载及其作用将从加卸载在土中引起应力的类型、作用和特殊性三个方面来分析。

一、土自重应力与附加应力

如果讨论通常遇到的地基、基础和上部结构体系，则土中作用的应力除了由土本身重力引起的土自重应力 σ_{sz} 外，还有基础底面将它以上部分的各种荷载的作用压力 p 传到其下的地基中时，在地基中引起的附加应力 σ_z。地基中不同深度处竖向作用的土自重应力 σ_{sz} 可以按该处到地表间各土层土重之和来计算，它随深度的增大而逐渐增大，即：

$$\sigma_{sz} = \Sigma \gamma_i h_i \tag{3-1}$$

式中：γ 为土的实际重度，对地下水位以下的土，应取浮重度 γ' 计算。地基不同深度处的附加应力需要由基底附加应力 σ_0 通过一定的计算来确定，即：

$$\sigma_z = k\sigma_0 \tag{3-2}$$

式中：k 称为应力分布系数，其计算方法见后；σ_0 为地基表面的作用应力。

由于可以认为地基土的自重应力因其在土中作用了一个相当漫长的时间，它已不再会引起基础的沉降，因此，基础或建筑物的沉降仅是地基附加应力作用的结果。在基础与地基的接触面处（基础埋深 D_f 处）的附加应力 σ_0 应与基底的附加压力 p_0 相等，并等于基础底面传递的基底压力 p 与该处土自重压力 γD_f 之差，即：

$$\sigma_0 = p_0 = p - \gamma D_f \tag{3-3}$$

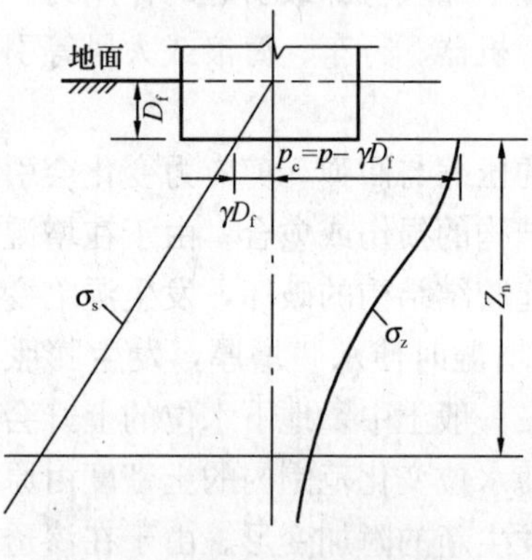

图 3-1 自重应力与附加应力

地基中不同深度处的附加应力正是这个基底附加压力向地基深处传递分布的结果，它随深度的加大而逐渐减小。由于这个变化规律正好与随深度而逐渐增大的土自重应力有相反的变化趋势。如图 3-1 所示，因此，深度愈大，附加应力相对于早已完成了变形过程的土自重应力就愈小，故工程上有兴趣的仅是地层中对变形有影响的深度（受压层深度，一般可取附加应力等于自重应力 1/5 的深度）内的附加应力。只有在更深处有软弱土层分布时，才需考虑这软弱下卧层中附加应力的作用。

通常所说的土中应力应是土自重应力与附加应力之和。它可以采用一般固体力学中常用的方法，表示为该点的各个应力分量，即法向应力 σ_{ij} 和切向应力 τ_{ij}，也可以表示为主应力平面上作用的三个主应力（σ_1，σ_2，σ_3）（图 3-2）。对于平面应变问题，一点的应力状态的应力分量为法向应力 σ_x,σ_y，切向应力为 τ_{xy}，或表示为主应力 σ_1,σ_3。它们之间的关系为：

$$\sigma_1,\sigma_3 = \frac{\sigma_x + \sigma_z}{2} \pm \sqrt{\left(\frac{\sigma_x - \sigma_z}{2}\right)^2 + 4\tau_{xz}^2} \tag{3-4}$$

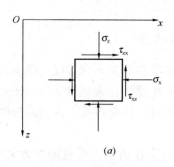 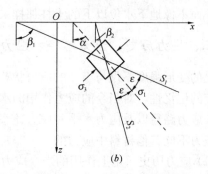

图 3-2 一点上的应力
(a) 应力分量 σ_{ij} 和 τ_{ij}；(b) 主应力 σ_1，σ_2，σ_3

二、总应力、孔隙流体压力和有效应力

由于土是一种多孔、多相、松散介质，由荷载在土中任一点上引起的应力应该由土骨架和土中流体来共同承担，土的变形和强度仅仅与土骨架承担的应力有关，故这一部分应力称为有效应力，而荷载引起的应力称为总应力，流体承担的应力称为孔隙流体应力。如果在饱和土上加荷，则所加荷载将会由土骨架和土孔隙中的水来分担，分别称之为有效应力（对土的变形强度有影响）和孔隙水压力（或成中和压力，不对土的变形强度产生影响）。它们在土受荷后发生的土固结过程中，均要随土中水的逐渐排出而不断变化。在土不容许有水排出或荷载作用上去的瞬间，荷载将全由孔隙水承担，土无压缩（忽略了土粒和水的压缩），有效压力等于零；在土中水的排出达到稳定，即不再有水排出时，土的压缩已完成，荷载全由土骨架承担，孔隙水压力等于零，有效压力等于荷载引起的总压力。饱和土这种在受荷全过程中总应力始终等于有效应力与孔隙水压力之和的这种规律就是土力学中著名的有效应力原理，即：

$$\sigma = \sigma' + u \tag{3-5}$$

对于非饱和土，它的孔隙流体压力包括了孔隙水压力及孔隙气压力，因此，有效应力原理需要在总应力，孔隙水压力及孔隙气压力之间建立关系。目前仍是一个研究中的课题。

由这种特性出发，在研究与水有关的土中应力与土强度变形的关系时，必须把注意力放在有效应力上。首先，在静水条件下，土层任一点上的有效应力应该在水上部分用土层的实际重计算，在水下部分应该用土层的浮重计算（水下部分土层的浮重所引起的应力就是由总饱和重所引起的总应力中减去了孔隙中静水压力之后所得到的有效应力）。其次，在渗流条件下，土层任一点上的有效应力需视渗流方向为向上或向下，从用上述方法计算得到的有效应力中减去或加上一个渗透应力。渗透应力的大小等于该点渗流的水头差与水密度的乘积（如下所述）。这种渗透应力作用在土的骨架上，也是一种有效应力。再次，在有毛细水上升的条件下，因在毛细水上升高度范围内没有水浮力的影响，孔隙中饱和的水被负的孔隙水压力牢牢地吸在土中，故该毛细段的土层向地下水面以下土层任一点上所引起有效应力应该由该毛细段土饱重的土柱来产生，即有效应力的计算需要用土的饱和重度，而不像地下水位以下的土柱那样采用土的浮重度。

三、应力历史、应力路径、应力水平与应力速率

土的变形强度不仅与当今的应力状态和应力的传递特性有关，它对以往的应力过程具有一定的记忆性，对当今的应力作用的水平和快慢具有敏感性，表现出变形与强度与应力历史、应力路径以及应力水平和应力速率等的密切相关性。这是多孔、多相、松散的土介质中应力不同其他材料中应力的一个非常重要的特性。

(1) 应力历史。土上作用的当今应力状态 p 往往与土在历史上受过的应力大小 p_c 不同。如果 $p < p_c$，则称为超固结土；如果 $p > p_c$，则称为欠固结土；如果 $p = p_c$，则称为正常固结土。经过不同应力历史的土，即使在当今相同的应力作用下，仍然会有明显不同的变形强度特性。超固结的土在当今应力下要有较小的变形和较大的强度。这表明了应力历史的影响。

(2) 应力路径。如果土在受荷过程中经历了不同的加载与卸载的路径，即在应力坐标平面内表示为应力变化所经历的不同路径，如等剪应力路径，等球应力路径，等应力比路径等（图3-3），但使土达到了相同的应力状态，则土得到的变形量往往并不相等。或者，按不同的路径加荷使土发生剪切破坏时，得到的抗剪强度值也不同（但一般人可得到接近的强度包线，即接近的法向应力与剪切强度间的关系曲线）。这表明了应力路径的影响。

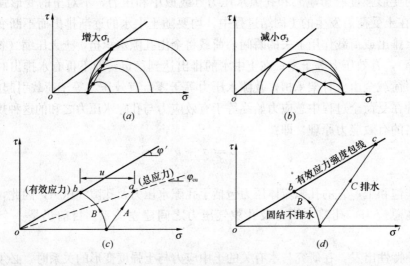

图 3-3 应力路径

(3) 应力水平。一定基本状态（粒度、湿度、密度、构度状态）下的土应该具有一定的抗剪强度，当土承受了某种程度的剪应力作用时，它与破坏剪应力之比就称为应力水平。在作用的剪应力水平不同时，增加相同数量的剪应力所引起的剪应变会有很大的差别。这表明了应力水平的影响。

(4) 应力速率。如果在土上加载的大小相等，但加载的快慢不同，即应力速率不同，则测得的土的变形和强度也不同。快速加荷与慢速加荷相比时，一般视土的类型，或者变形大，强度高（砂土）；或者变形小，强度低（饱和黏土）。这表明了应力速率的影响。

第3节 增、减湿及其作用

一、增减湿的应力等效性

大气降水的入渗、蒸发和地下水位的升降，甚至土中水因其分布的不均匀而发生的薄膜水迁移都会使土的湿度发生变化。一般，湿度的增加会使土在受荷后的变形增大，强度降低。有时，即使荷载不变，仅仅由于湿度的增加，土也会产生增湿变形（对湿陷性黄土）或胀缩变形（对胀缩性土）或明显的湿化、崩解等现象（对分散性土）。也就是说，增、减湿也起到了相似应力的等效作用，因此，它常被人们视作为一种广义的力。这就不难理解，在"多孔、多相、松散"的土介质中，除了增湿状态（增湿的范围、水量等）的不同会引起土的变形外，增湿历史（历史上受到增湿的程度）、增湿路径（达到一定增湿所经历的过程特性，如一次浸湿或间歇性浸湿等）、增湿类型（引起增湿的原因，如大气降水入渗、蒸发和地下水位升降等）、增湿水平（在哪个湿度阶段上进水增湿等）以及增湿速率（大量迅速浸水或逐渐缓慢浸水）等的不同也会对土变形和强度产生的不同影响。

二、增减湿的土体稳定性

由于土湿度变化导致出现的问题层出不穷，下列各种土在不同增、减湿作用下可能发生的各种变形强度特性变化及其对工程和建筑物的影响必须予以高度的重视：

（1）当大气降水入渗或邻处水体外渗转移时，土的湿度增大，一方面是土的变形强度特性弱化，另一方面是土的重度增加，引起下伏软土层变形的增大，或边坡稳定性的降低。

（2）当地下水位或边坡外水位降低时，水位变动范围内土体的重度发生由浮重度到饱和重度的变化，不仅大大增加了下伏土层中的压力和沉降变形，而且也大大增加了边坡土体的滑动力和滑坡的危险性。

（3）当地下水位升高时，土在更大范围内受到水浸。如遇到湿陷性土（具有大孔、粒状架空结构和加固黏聚力的黄土），则地基会发生显著的湿陷变形；如遇到膨胀性土（具有大量高亲水性黏土矿物的胀缩性土），则地基会发生显著的膨胀变形。它们均会导致边坡发生变形或滑移。

（4）当大量抽汲地下水时，相当范围内的土体会失去浮托力而使作用在下伏土层上的压力大大增加，从而引起明显的地面沉降，导致地面上建筑物的开裂或倾倒。

（5）当采用排水固结或其他有效方法使土中的水分减小时，只要无收缩裂缝出现，土的变形将向减小方向变化，土的强度将向增大方向变化，从而可以增大土体的稳定性。反之，则减小土体的稳定性。

第4节 渗透力及其作用

当土中水体的具有水平的自由表面时，水体将为无流动的静水，它只对土骨架起一种浮托作用；但当土中的水有一定水头差的作用时，水将由高水头处向低水头处的渗透

(图3-4),在渗流场内引起渗透力的作用。水头差愈大,渗透流速和渗透力亦愈大,且与水力坡降(水头差与渗径长度之比)成正比例。水头、流速等是渗流场内的水力因素,它们的变化可以用由流线和等势线构成的流网图来表示。

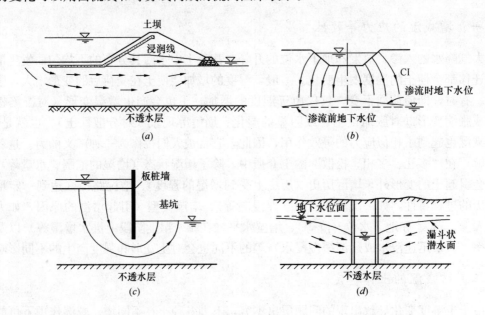

图3-4 水的渗透

(a)坝体及坝基中的渗流;(b)渠道渗流;(c)板桩维护下的基坑渗流;(d)井点渗流

一、渗透力与流网图

(一)渗透力

当一个横截面积为 A、长度为 L 的饱和土在其两端受到的作用水头分别为 H_1(上游)和 H_2(下游),且 $H_1-H_2=h$ 时,土中将发生水由上游到下游的渗流(图3-5)。此时,从一个方面看,土骨架要对水的渗流产生阻力;从另一个方面看,渗流会在土的骨架上产

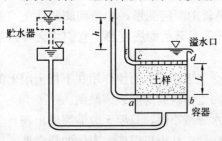

图3-5 渗透与渗透力

生渗透力。这两种力应该等值而反向,其大小与作用水头产生水力坡降(或称水力梯度),即 $i=\dfrac{H_1-H_2}{L}=\dfrac{h}{L}$ 成正比例。由此可以证明,单位体积的土所受到的渗透力 j 为水力梯度 i 与水重度 γ_w 的乘积,即:

$$j = i\gamma_w \tag{3-6}$$

在这里,渗透力同土的重力相似,也是一种体积力。对整个土来说,它是一种内力,是水流与土颗粒之间的作用力。为了对它进行研究,根据需要,可以对孔隙水、或者对土骨架,取分离体来反映水流的作用。对于孔隙水的分离体,它受到的力有孔隙水本身的重力,土粒所受浮力的反力,水流进、出面上的静水压力以及土粒对水流的阻力(反方向的渗透力)。对于土骨架的分离体,它受到的力有土的浮重力,以及水流在土骨架上作用的

渗透力。根据各力的平衡关系即可作出对式（3-6）的推导。

（二）流网图

如果能够作出渗流场内的流网图（在流场中由流线和等势线两组正交的曲线所形成方格网图，如图3-6），则在利用渗透流网求得任意点的水头 H（应该等于通过该点等势线代表的水头数值），并进而考虑一定渗径间的水头损失，求出水力梯度 i 后，该点土中作用的渗透力就不难由渗透力的公式计算得到。一定土体积（如流网的一个小方格）上作用的渗透力等于水流线平均方向上小方格两端处水头的差值与渗径长度计算得到的水力坡降与水重度的乘积。

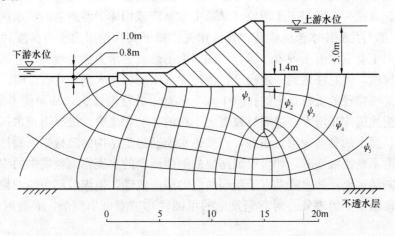

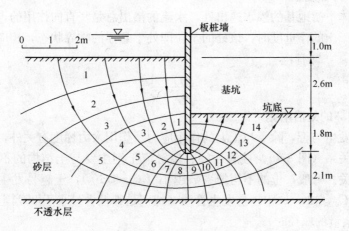

图 3-6　渗透流网图

流网图绘制的理论依据是描述渗流场内水头 h 变化规律的 Laplace 方程，即：

$$\frac{\partial^2 h}{\partial x^2}+\frac{\partial^2 h}{\partial y^2}=0 \tag{3-7}$$

它表明在水的流场（由渗流的边界条件确定）内，水的流线与等势线之间具有彼此正交的特性（为绘制时便于掌握，流网图常尽量绘制成方格的形状）。

对非饱和土，孔隙中的水或气也可以在一定水压差或气压差之下（即一定驱动压力坡降下）发生流动。只是由于非饱和土中的水一般属于结合水，它的运动十分缓慢（迁移），气的运动由于其受到的阻力很小，故一般均不考虑其渗透力的作用。因此，渗透力主要指饱和土中水渗透的作用力。

二、流土、管涌、接触冲刷与接触流土现象

（一）渗透破坏现象

在土发生渗水的范围内，如果土的颗粒级配不当，就可能在渗透力的作用下发生土中的较细的颗粒由土孔隙逐渐被水流带出，并使它的影响区逐渐扩大和延伸的所谓管涌现象；如果土在较大范围内出现渗透力等于和大于土有效重力的情况，则可能出现该范围内的土粒被浮起或流失的所谓流土现象（如通常在基础或坝体下游地基的渗水逸出处出现的流土）。它们都与孔隙中水流的渗透力直接相关。如果实际作用的水力梯度超过土的临界水力梯度，则土会发生流土现象；或者，如果由于渗流的水力梯度较大，它虽没有超过土的临界水力梯度，但它在达到一定程度，使得渗透水的流速大到一定程度时，渗透力的作用会使小于某一粒径的土粒在土的孔隙中发生移动，并逐渐流失，从而使土的孔隙增大，阻力减小，流速进一步增大，进而导致更大土粒的移动和流失，最终出现水与土的混浊水流，形成管状涌出的管涌现象。还有，当渗透水流通过土结构的疏松带或通过土层间、土与结构物间的不良接触面时，如沿粗细两层的触面流动的水流将细粒层中的细粒带走，则出现接触冲刷的现象；如水流垂直于粗细两层的触面流动，使细粒层中的细粒被带入粗粒层，则出现接触流土的现象。对它们发生的可能性均需要做出判断，必要时做出对症的处治。

（二）临界水力梯度

在基础或坝体下游地基的渗水逸出处，水流的渗出总是竖直向作用的，故当某处渗透力的大小正好等于土的浮重度时，该处的土粒即处于悬浮的临界状态，相应的水力梯度称为临界水力梯度 i_c，即有：

$$i_c = \frac{G-1}{1+e} \tag{3-8}$$

（三）渗透破坏的处治措施

流土和管涌发生与否，除了与土上的作用应力、作用水力梯度有关外，还与土的不均匀系数有很大的关系（图3-7）。接触冲刷、接触流土则主要与土结构的不均匀性或土接触的不密合性有关。一般，土的不均匀系数越小（$C_u \leqslant 10$），土越易发生流土，土的不均匀系数越大（$C_u \geqslant 20$），土越易发生管涌（特别是细粒含量小于25%，或孔隙的平均直径超过5%筛余量的粒径时）。

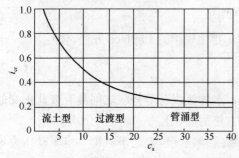

图3-7 临界水力梯度与不均匀系数的关系

对于流土和管涌等渗透破坏现象的处治，其最基本的思路是，或者设法降低作用水力梯度以减小渗透力（增长渗径的如上游铺盖、板桩墙、截水墙，减小水头的如心墙、斜墙等）；或者设法增大土临界水力梯度（用黏性土料，良好级配）以增大土抵抗冲刷的能力，使水流的水力坡降小于土材料的临界坡降，达到容许坡降的要求。土的临界坡降需要通过试验来确

定，容许坡降还要考虑一定的安全系数（一般取 1.5~2.0）。这些方法是主动的防治。此外，对于流土采用反压重，对于管涌采用反滤层，也是工程中增强渗透稳定性行之有效的措施。反压重既要有一定重量，又要能充分排水；反滤层既要不使相邻层间有土颗粒的掺混移动，又要在总体上有足够的排水能力。为了在工程中尽量避免接触冲刷或接触流土，必须注意防止在土体中形成松土带，并保证粗细土料、纵横施工缝以及土与相邻结构物或岩石之间有良好的连接。

第5节 动荷载及其作用

一、动荷载的基本参数与作用效应

（一）动荷载的幅值、波形、频率和持续时间

动荷载是指力幅大小随时间而变的荷载（图 3-8）。它可以由地震动，爆炸，建筑爆破，动力机器基础，大型车辆行驶，波浪，风，甚至大型管中水流的运动引起。对于动荷载，应该由它的力幅、波形、频率和持续时间等基本要素来描述。这些要素会随动荷产生原因的不同而有很大的变化。在各类动荷中，地震引起的动荷载，因其影响最大，成了土工抗震研究首要的动荷载。地震的作用常可以简化为地震惯性力的作用，由参振质量与地震运动加速度的乘积确定。但更合理的方法则是由土体受到输入地震作用的地震反应分析来确定。

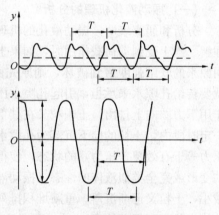

图 3-8 动荷载作用

（二）动荷载作用的速率效应、循环效应和过程效应

动荷载的作用不同于静荷载的作用，虽然动荷载引起的动应变幅值往往远小于静应变，但由于它的速率效应、循环效应和过程效应等方面的不同，仍然会使土体产生许多强度和变形的实际问题。速率效应就是动荷载加、卸变化常以很高的速率进行，循环效应就是动荷载常出现很多次加载与卸载的循环作用，动荷载的过程效应是它引起的变形是动荷载作用全过程中反复多次变形累积发展的结果。这些效应可以使土在小应变的弹性范围内工作，产生弹性变形，引起弹性波的传播；它也可以使土在大应变的弹塑性范围内工作，产生塑性变形，引起土的附加振陷或强度降低，甚至引起饱和土以土内动孔隙水压力迅速增长导致土强度大幅度骤然丧失为特征的振动液化。

二、振动液化的机理与影响因素

土动力学研究的主要内容是关于土在一定粒度、密度、湿度、结构、静力状态与排水条件下，经受某种幅值、波型、频率、持时的动应力作用时土中动变形、动强度和动孔压（对饱和土）发展的特性规律、特性参数，以及在其基础上的土体动力稳定性分析。振动液化问题是一个最具挑战性的重要问题。

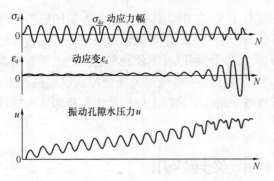

图 3-9 动三轴试验的应力、应变、孔压发展过程

既然饱和土（尤其是饱和、疏松的粉细砂土）的振动液化是土在动荷作用下丧失其原有强度而转变为类似液体状态的现象，那么它在现场水平地面处就会引起喷砂冒水现象，在倾斜地面处会引起土的大距离流动，从而导致与其有关建筑物的严重破坏，是一个为人们所关注的实际问题。动三轴试验中的液化现象表现为试样轴向应变的急速增大和孔隙水压力急剧上升到上覆压力的水平（图 3-9）。由于此时饱和砂土的有效应力或摩擦强度等于零，它本来又没有粘结强度，故土的抗剪强度等于或接近于零。为了确保土体在动荷载下的稳定性，必须揭示液化的机理，分析液化的影响因素。它们是判定液化可能性，预估液化危害性，以及探讨液化预防措施的基础。

（一）振动液化机理的分析

分析和研究表明，振动液化的机理，通常可以由振动的作用下土中受力特性的变化来理解。当土受到动荷载作用时，如果土粒接触点处引起的应力超过一定的数值，使土粒之间原来的联结强度遭到破坏，则原先由砂粒通过它的接触点所传递的压力（有效压力），就要传给孔隙水来承担，引起孔隙水压力的骤然增高。此时，孔隙水在一定超静水压力的作用下力图向上排出，土颗粒又在其重力作用下力图向下沉落，致使在结构破坏的瞬间或一定时段内，土粒的向下沉落为孔隙水的向上排出所阻碍，处于局部或全部悬浮（孔隙水压力等于有效覆盖压力）的状态，使得土的抗剪强度局部地或全部地丧失，出现不同程度的变形或完全类似液体的性态（振动液化）。接着，孔隙水的逐渐挤出使孔隙水压力逐渐减小，土粒又逐渐沉落，重新堆积排列，压力重新由孔隙水传给了土粒，砂土即达到了新的稳定状态（振动压密）。由此可见，饱和砂土发生液化现象必须同时具备两个基本条件，即：一是振动作用足以使土体的结构发生破坏（即振动荷载较大或砂土的结构强度较小）；二是土体结构在发生破坏后，土粒发生移动的趋势不是松胀而是压密。反之，如果砂土较密，它在遭受振动作用结构发生破坏时伴随出现的土粒移动趋向不是压密而是松胀，孔隙水就力图填充胀出的空间，土粒向上胀，孔隙水向下移，完全丧失了土粒受悬浮而发生液化的条件。因此，密实的砂土，一般不易发生振动液化的现象。

（二）影响液化诸因素的分析

分析和研究还表明，影响液化的因素主要有土性条件（土的颗粒特征、密度特征以及结构特征），起始应力条件（动荷施加以前土所承受的法向应力和剪应力以及它们的组合），动荷条件（动荷的波型、振幅、频率、持续时间以及作用方向等），以及排水条件（主要指土的透水程度，排水路径及排渗边界条件）几个方面。其基本的结论是：细的颗粒，均匀的级配，浑圆的土粒形状，光滑的土粒表面，较低的结构强度，低的密度，高的含水量，相对较低的渗透性，较差的排水条件，较高的动荷强度，较长的振动持续时间，较小的法向压力，都是不利于饱和砂土抗液化性能的因素；反之，饱和砂土的抗液化性能较好。这个基本结论应是我们具体判定液化可能性和采取液化防治措施的基础。

第6节 主要公式的推导

为了不使一些主要公式推导的较大篇幅干扰对所论问题的系统分析,在本书中均集中列出一节,讨论主要公式推导。在本节中,渗透力和临界水力梯度的计算公式是非常重要的。但临界水力梯度公式的推导很简单,只需令水流的竖向渗透力等于土的浮重度即可得到,故下面仅以渗透力的计算公式作出推导的对象。

(1) 对图 3-5 所示的情况,当对土骨架进行分析时,由于水流损失的总水压力为 $\gamma_w(H_1-H_2)A$,故水流经过单位体积土所损失的力,即渗透力为 $j = \dfrac{\gamma_w(H_1-H_2)A}{LA} = \gamma_w i$;当对水体进行分析时,水体上的作用力有渗透力的反力、水的重力、浮力的反力以及水流的惯性力。渗透力的反力等于 $-jAL$,水的重力等于 $-\dfrac{e}{1+e}\gamma_w A$,浮力的反力等于 $-\dfrac{1}{1+e}\gamma_w AL$,水流的惯性力等于 $G \approx 0$。所有这些力之和应该与总的外作用力 $(\gamma_w H_1 A - \gamma_w H_2 A)$ 相平衡,列出它们的力平衡方程,则有:

$$(\gamma_w H_1 A - \gamma_w H_2 A) - jAL - \dfrac{e}{1+e}\gamma_w A - \dfrac{1}{1+e}\gamma_w AL - G = 0$$

解之,得:

$$\dfrac{H_1-H_2}{L}\gamma_w - j = 0$$

即有:

$$j = i\gamma_w \qquad\qquad (即证,式3-6)$$

(2) 对更一般的情况,渗流的流线是倾斜的(图 3-10)。此时,对于一个有渗流的土单元体(面积为 F,长度为 ds),其上作用的诸力有:单元体两端面积上的作用力,土骨架对渗透的阻力,孔隙水体的重力与土骨架浮托反力二者在水流方向的分力等。它们的力平衡方程为:

$$p \cdot F - \left(p + \dfrac{\partial p}{\partial s}\right) \cdot F - j \cdot F ds + \left(\dfrac{e}{1+e}\gamma_w F ds + \dfrac{1}{1+e}\gamma_w F ds\right)\cos\alpha = 0$$

即:

$$-\dfrac{\partial p}{\partial s} - j + \gamma_w \cos\alpha = 0$$

故:

$$j = -\left(\dfrac{\partial p}{\partial s} - \gamma_w \cos\alpha\right)$$

又因:

$$\cos\alpha = \dfrac{z - \left(z + \dfrac{\partial z}{\partial s}ds\right)}{ds} = -\dfrac{\partial z}{\partial s}$$

故得:

$$j = -\gamma_w \dfrac{\partial}{\partial s}\left(\dfrac{p}{\gamma_w} + z\right) = -\gamma_w \dfrac{\partial H}{\partial s} = \gamma_w i \qquad\qquad (即证,式3-6)$$

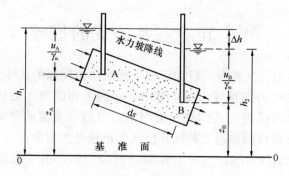

图 3-10 一般情况下土中作用的渗透力

第 7 节 小 结

（1）影响土变形强度变化的外在因素主要有各种力，还有温度与各种自然现象的变化、人为污染的影响等。如果可以将温度、各种自然现象的变化与人为污染的影响视为使土物质结构变化的因素，则在土力学中讨论的外在因素就主要为各种力的作用，包括各种加载与卸载引起的作用力，增湿与减湿引起的等效力，渗流引起的渗透力，以及地震、机器、行车、海浪或大风等引起的振动力。

（2）在一般的静力情况下，土中的应力包括土本身重力引起的土自重应力和工程加、卸载引起的附加应力。土自重应力随着深度的增加而增大，附加应力随着深度的增加而减小。由于土在自重应力下的固结变形已经完成，故附加应力才是引起建筑物地基产生沉降变形的应力。

（3）由基础底面以上建筑的重量及其他有关作用荷载引起、通过基础向其下地基传递的应力，称为基底应力或接触应力。从基底应力中减去基础埋深处的土自重应力 γD_f 则得基底附加应力 p_0 或地基表面的附加应力 σ_0。基础底面以下地基内的附加应是时地基表面附加应力在土中扩散传递的结果，它在垂直方向的附加应力分量 σ_z 随深度的增大而减小。但如地基土层有明显上软下硬或明显上硬下软的变化，则需分别考虑土层中应力的集中现象或应力的分散现象，即需要考虑土层刚度变化的影响。

（4）多孔、多相、松散的土介质的变形与强度特性不仅与当今作用的应力状态有关，而且要受应力历史、应力路径、应力水平以及应力速率等不同的重要影响。对土的应力状态，可以采用一般固体力学中常用的方法来表示；对于土的应力历史，需要区分超固结土、欠固结土或正常固结土等的差异；对于土的应力路径，要注意经过不同路径使土达到相同应力状态时土在变形量与强度值上的差异；对于土的应力类型，必须区分总应力、有效应力与孔隙流体压力的不同特性与其间的关系（有效应力原理）；对于土的应力水平，需要注意不同应力水平下加荷时土的不同变形，对于应力速率，需要考虑等值而不同速率的加荷在变形上引起的差异等。

（5）当考虑到增减湿的应力等效作用时，也需要考虑增减湿状态（增湿的范围、水量等）、增减湿历史（历史上受到增湿的程度）、增减湿路径（达到一定增湿所经历的过程特性，如一次浸湿或间歇性浸湿等）、增减湿类型（引起增湿的原因，如大气降水入渗、蒸发与地下水位升降等）、增、减湿水平（在哪个湿度阶段上进水增湿等）以及增减湿速率（大量迅速浸水或逐渐缓慢浸水）等对土变形强度的影响。

（6）大气降水的入渗、蒸发和地下水位的上升、下降，甚至土中水因其分布不均匀而发生的迁移，都会使土的湿度发生相应的变化。这种不同原因的湿度变化与不同的土质特性相结合会产生多种不同形式的变形问题，如湿度增大时由于土性的弱化，土重度的增加（由浮重度或自然重度到饱和重度）所引起的土体沉降与滑动，黄土的湿陷变形，膨胀性土的膨胀变形问题等；又如湿度降低时土的收缩、裂缝以及大量抽汲地下水时大面积的地面沉降问题等。

（7）渗透水流会在土的骨架上产生渗透力。渗透力是一种体积力。它随水力梯度的增大而增大。如果实际作用的水力梯度超过了土的临界水力梯度，则土或者发生流土，或者发生管涌。流土现象、管涌现象以及结构疏松带、土层间或土与结构物间不良接触面上发生的接触流土现象与接触冲刷现象、甚至集中渗流现象，是土体渗透破坏的典型形式。流土和管涌的发生与否，除了与土上的作用应力和作用水力梯度有关外，还同土的不均匀系数有很大的关系。接触流土与接触冲刷等则主要与土结构的不均匀性或土接触的不密合性有关。对它们进行处治的基本思路，或是设法降低作用水力梯度以减小渗透力（增长渗径的如上游铺盖，板桩墙、截水墙，减小水头的如心墙、斜墙等）；或是设法增大土的临界水力梯度（用黏性土料，良好级配）以增大土抵抗冲刷的能力。对于流土采用反压重，对于管涌采用反滤层，也是工程中增强渗透稳定性行之有效的措施。注意防止在土中出现松土带，并保证粗细料、纵横施工缝以及土与相邻结构物或岩石之间的良好连接，是避免接触破坏的重要途径。

（8）动荷载的特点是它的幅频与时间相关性、快速作用性与往复变化型。由地震动，爆炸，建筑爆破，动力机器基础，大型车辆行驶，波浪，风甚至大型管中水流的运动引起的动荷载，因其力幅、波形、频率和持续时间不同，对土性会产生明显不同的影响。动荷载的速率效应、循环效应和过程效应是影响土变形强度的重要方面。研究一定粒度、密度、湿度（一般在土的饱和条件下研究）、结构并处于一定静应力状态与排水边界条件下的土，在经受某种动应力（波型、波构、频率、持时）作用时所发展的动孔压、动变形和动强度及其特性规律，合理表征它们的特性参数，以及应用这些特性规律与参数来进行土体动力稳定性的分析，是土动力学的基本内容。

（9）振动液化是饱和土（尤其是饱和、疏松的粉细砂土）在动荷作用下丧失其原有的强度而转变为一种类似液体状态的现象。液化的发生必须同时具备两个基本条件：一是振动作用足以使土的结构发生破坏（即振动荷载较大或土的结构强度较小）；二是在土的结构发生破坏后，土粒发生移动的趋势是压密而不是松胀。土发生初始液化的应力条件与土发生变形的实际限制条件密切相关，但动孔隙水压力的发展必须达到能够使土强度全部损失的水平。液化出现的可能性受土性条件（土的颗粒特征、密度特征以及结构特征）、起始应力条件（动荷施加以前土所承受的法向应力和剪应力以及它们的组合）、动荷条件（动荷的波型、振幅、频率、持续时间以及作用方向等）以及排水条件（主要指土的透水程度，排水路径及排渗边界条件）等的综合影响。目前已经得到的一些结论性认识，对于分析饱和砂土振动液化的特性，或采取相应的抗液化增稳措施都具有十分重要的意义。

（10）在土体的开挖与爆破、桩基的成孔与打桩、土样的采取与制样等过程中，土可能受到不同程度的扰动,从而使土的强度降低和变形增大,原有的土性发生某种改变;但由于它带有很大的随机性,定量地作出估计比较困难,故应该尽量设法避免或减小对土的扰动,并尽可能考虑实际扰动对土性的可能影响。

思 考 题

1. 试简要举出加、卸载引起的作用力,增、减湿引起的等效力,渗流引起的渗透力,地震,机器、行车、海浪或大风引起的振动力,以及打桩施工等引起的扰动力在影响土变形强度变化方面的主要表现形式。

2. 试对比土的自重应力和附加应力在其产生原因、随深度增加的变化规律等方面的主要差别。

3. 什么是基底压力和基底附加力(地基表面的附加应力)?它们之间有什么实际联系?

4. 什么是土中应力的集中现象和分散现象?它们会发生在什么样的土层条件下?为什么?

5. 为什么在研究"多孔、多相、松散"的土介质内的应力作用时,不能像一般固体材料那样只注意应力状态,而还需要注意应力历史、应力路径、应力类型、应力水平以及应力速率等的影响?

6. 如何理解增、减湿的应力等效作用?增湿状态、增湿历史、增湿路径、增湿类型、增湿水平以及增湿速率的不同将会如何影响土变形与强度?

7. 在地基及土坡的土体因大气降水的入渗、蒸发和地下水位的上升、下降发生湿度的变化时,土体会出现什么形式的附加变形与破坏?为什么?

8. 什么叫体积力和面积力?渗透力作为一种体积力,渗透压力作为一种面积力,它们在分析渗流对土坡稳定性的影响时有什么不同?

9. 流土、管涌、接触流土、接触冲刷、集中渗流等渗透破坏形式是如何形成的?对它们进行处治时应采取什么样的基本思路与途径?其依据是什么?

10. 土中的振动力常出现在什么情况下?振动力的基本要素有哪些?振动力的特性效应表现在哪些方面?

11. 简述振动液化发生的机理、条件和主要影响因素。

12. 在什么样的土性条件、起始应力条件、动荷条件以及排水条件下容易发生土的振动液化现象?

13. 对于因土体的开挖与爆破、桩基的成孔与打桩、土样的采取与制样等过程中土可能发生的扰动应该做如何的处置?

习 题

1. 试根据图 3-11 确定基底附加应力以及岩面上的自重应力与附加应力。

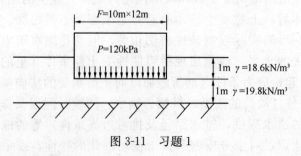

图 3-11 习题 1

2. 如果地基土中竖向附加应力的等值线如图 3-12 所示,你能据以分析得到该应力分布的主要规律吗?

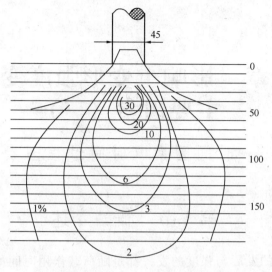

图 3-12 习题 2

3. 如果对图 3-13（a）中 6m 深处采取的土样进行试验，得到的孔隙比—压力间的半对数关系如图 3-13（b）所示，试问该土属于超固结土？欠固结土？还是正常固结土？

4. 你能在实际工程中为图 3-14 的各个应力路径找出对应的实例吗？

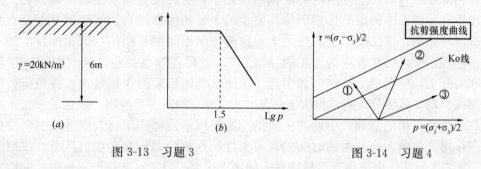

图 3-13 习题 3　　　　　　　　图 3-14 习题 4

5. 在实际中发现，在甲处，当地下水位上升时，地面发生明显的沉降；但是在乙处，当地下水位下降时，地面发生大量沉降。请解释这种现象发生的原因和条件。

6. 试用你关于土性方面的知识分析图 3-15 中土石坝设计方案的合理性。

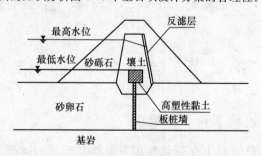

图 3-15 习题 6

第4章 影响土变形强度变化的主要因素（三）
——时间因素（时间过程因素）

第1节 概　　述

　　土在荷载下变形的发展与强度的发挥都是随荷载作用时间的增长过程而变化的。这是因为在荷载作用下，无论土的增密或松胀、土中水的排出、土结构的损伤、愈合或土的触变、陈化等，都是随时间而逐渐发展变化的，而且它们的变化又常是互相影响的。通常，在相对较短时间内土性随时间变化的课题中，土的固结问题是研究的核心；在相对较长时间内土性随时间变化的课题中，土的流变问题是研究的核心。固结是指由于孔隙的流体的逐渐排出而相伴发生的土骨架变形过程，流变则是指没有孔隙流体的向外排出，仅仅由于土的热力学和物理化学原因的长期作用而相伴发生的土骨架变形过程。如果把前者称为"主固结过程"，则后者常也被称之为"次固结过程"。虽然在实际上，引起"主固结"和引起"次固结"诸因素的作用是很难按照荷载作用的短期或长期而截然分开的，但由于引起"次固结"的诸因素发挥作用比较缓慢，主要发生在土受荷作用的后期，引起"主固结"的诸因素发挥作用比较迅速，主要发生在土受荷作用的前期，这就为将时间因素对土性的影响问题简化地加以区分，按照"主固结"和"次固结"两类具有阶段特性的问题来研究提供了可能。严格地讲，它们应该是一个在发展上有某些差别、但统一的过程，通常可以由真正的流变理论来描述。本章将讨论土力学中与时间有关的几个问题，即：土的固结（Consolidation）问题，包括固结理论与固结特性；与土的流变（Rheology）问题，包括蠕变变形、应力松弛与长期强度。

第2节 土 的 固 结

一、固结过程与固结理论

　　通常的土压缩问题是研究土在荷载作用下最终变形量的问题。由于土的变形必须有土中应力的传递、土结构的破坏、土颗粒的移动调整、土中水或气的迁移（尤其是饱和土中水的渗出），它们都需要有一定的时间，故土要达到最终变形必然要经历一个变形发展的过程。可见，固结问题带有研究土变形问题的广泛性，因为由土在某荷载作用下固结完成（固结度达到100%）时的变形量就可以得到该荷载下土的压缩量。

土的固结理论就是描述土在受荷变形全过程中各个时刻土骨架应力和变形发展变化的理论，是对固结过程进行定量描述的理论。为了建立土的固结理论，在一维问题的情况下，对于饱和土，常采用如图 4-1 所示的力学模型。弹簧表示土的骨架，带孔的板表示土的排水，其孔的大小表示土不同的渗透性。描述它的基本条件只是水流的连续条件，即在固结过程中的任意时刻，土的体积变化应该等于该时刻时从土中排出水的体积．而力的平衡条件能够自然得到满足。对于非饱和土，土的固结模型仍然可以借用图 4-1 的方法，只是因为非饱和土在固结过程中，既有水的排出，也有气的排除与压缩，故它在固结过程中的每一个时刻，它必须满足水运动的连续条件和气运动的连续条件。在通常的三维固结情况下，为了建立描述土固结过程的基本理论，除了上述流体运动的连续方程以外，还必须满足力的平衡条件。而且，必须将这些条件通过引入有关的方程，如几何方程，本构方程，渗透方程，有效应力原理等，转换为仅含需求未知量的控制方程组。控制方程组的数目应该与需求未知量的数目相等。饱和土的基本未知量为孔隙水压力和三个位移量，控制方程组有 3 个平衡方程和 1 个水流连续方程；非饱和土的基本未知量为孔隙水压力，孔隙气压力和三个位移量，控制方程组有 3 个平衡方程和 2 个水与气的连续方程。它们均可依据土的定解条件（边界条件，初始条件）求解，得到土固结过程中应力和变形的变化和规律。

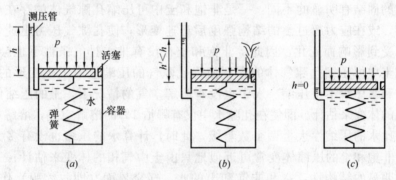

图 4-1 饱和土固结过程的力学模型
(a) $t=0$, $u=p$, $\sigma'=0$; (b) $0<t<\infty$, $u+\sigma'=p$, $u\neq 0$, $\sigma'\neq 0$;
(c) $t=\infty$, $\sigma'=p$, $u=0$

二、饱和土的固结与非饱和土的固结

（一）饱和土的固结

饱和土的固结问题是土力学中一个经典性的理论课题。通常认为，饱和土的固结基本上是一个渗透固结过程，也是一个随土中水的渗出使土所受的荷载由孔隙水承担逐渐向由孔隙水与土骨架分担，再到仅由土骨架承担的应力转移过程。在研究土的固结特性时常只采用一维固结的试验。如前所述，土受荷后，如果没有水的渗出，就没有土骨架的变形，外加的荷载全部只能由孔隙水承担。此时，孔隙水压力等于外加荷载引起的总应力，有效压力等于零，土的固结度等于零；如果孔隙水的渗透和伴随的土骨架变形完全结束，此时，外加的荷载全部由土骨架承担，孔隙水压力等于零，有效压力等于外加荷载引起的总应力，土的固结度等于 100 %；在土孔隙水的渗透和伴随的土骨架变形逐渐发展变化的过程中，逐渐减小的孔隙水压力和逐渐增大的有效压力之和应该始终等于外加荷载引起的总应力,这就是著名的饱和土有效应力原理。这个过程中每个时刻土的固结度不同,固结度随着有效应力的逐渐增大而增大,由零变到100%。可见,只要计算出不同时刻土中的孔隙水压力,就可以利用有效应力原理来研究土在不同时刻的固结度及其固结的发展过程,即固结度为:

$$U_t, \% = \frac{p_t'}{p} = \frac{p-u_t}{p} = 1 - \frac{u_t}{p}, \% \qquad (4-1)$$

式中:p 为荷载引起的总应力;p_t' 和 u_t 分为和时刻 t 的有效应力和孔隙水压力。

(二) 非饱和土的固结

非饱和土的固结不同于饱和土的固结,它在受到瞬间施加的外荷载作用而使土中的应力增长后,即使它没有排水、排气的条件,在土结构遭受破损使土骨架发生变形和伴随的土中气体压缩时,土中的孔隙水和孔隙气也会受压,产生和发展超孔隙水压力和超孔隙气压力,直至达到各种作用力的平衡(这个过程一般很短,基本上是一个压缩问题)。如果有排水、排气的条件,则土要发生固结,此时的超孔隙水压力和超孔隙气压力就是土固结的初始孔隙水压力梯度和初始孔隙气压力梯度。在它们的作用下,土中水和气就会逐渐排出。与此同时,土骨架所受的应力逐渐增大,土发生进一步的逐渐变形,最终达到变形的稳定。由此可以看出,非饱和土的固结至少在下列三个方面与饱和土的固结有明显的不同:一是非饱和土中可压缩孔隙气体的存在可以使土骨架立即受力,或在应力超过土的结构强度后迅速变形,使孔隙气压力迅速增长,也使孔隙水压力受到影响而变化,因此,非饱和土在没有排水排气条件下也会产生变形;二是非饱和土中可压缩孔隙气体的存在使得孔隙气的压缩量成了土变形的主要部分,在一般土粒和水体积不可压缩、水中也没有溶解空气的情况下,土的压缩体变就可只由自由空气的体变来估计。即使在孔隙水中仅有哪怕1%的溶解空气,溶解空气引起的压缩性也要比水的压缩性大上两个数量级,此时,计算水的压缩也没有多大的实际意义。因此,非饱和土的压缩体变常可近似地只由土中气相的体变来估计;三是非饱和土常有比较明显的结构性,它和非饱和土的水、气交界面(即收缩膜)作用相结合,会使非饱和土的有效应力原理复杂化,从而使非饱和土应力状态变量的研究成了当前一个重要的课题。

第3节 土 的 流 变

一、流变特性与流变理论

流变特性指土材料随时间较长的增长而表现出来的特殊性质。它是关系到地基、边坡、洞室等土体工程长期稳定性的重要土性。一般来说,无论黏土和砂土都有一定的流变性质,只是黏土的流变性质较为显著。它表现为建筑物的长期缓慢沉降、开挖临空面的缓慢位移以及地下工程引起的地面缓慢沉降等;也表现为长期强度的显著降低。因此,土的流变特性一般是指土的蠕变变形、土的应力松弛和土的长期强度,有时还包括土的滞后效应性质。土的蠕变变形是土在常应力作用下变形随时间而增大的性质;土的应力松弛是土在恒应变水平下,应力随时间而衰减的性质;土的长期强度是土的强度随破坏历时而减小的性质；土的滞后效应是土的一部分可恢复的变形在加荷后的一定时间内增长，卸荷后的一定时间内恢复的性质。

流变理论是定量描述土各种流变性质的理论。它需要在从土微细观构造的变化来揭示流变机理的基础上，从土宏观所表现出的流变现象与数学、力学的推导解析来建立。这种微观与宏观结合，理性与物性结合的方法是探讨土微细观结构变化与宏观流变特性间内在联系及相关规律的有效途径。

二、蠕变变形曲线

（1）土受荷后长时间内的变形与时间之间的关系称为蠕变变形曲线，它是表示土流变变形特点的基本关系。一条完整的蠕变曲线可以包括减速蠕变阶段、等速蠕变阶段和加速蠕变阶段等三个阶段（图4-2）。但在低应力水平下，它只可出现第一阶段，表示蠕变具有衰减特征，速率最终趋向零，衰减蠕变的变形趋向于与荷载有关的某个有限值；在中等应力水平下，它可能只出现到第二阶段，蠕变在不断地发展；在较高应力水平下，它除一、二、阶段外，还会出现变形加速、发生破坏的第三阶段；最后，在高应力水平下，它可能只出现第三阶段，加荷后迅速破坏。具有上述这类性质的蠕变曲线在压缩应力作用下或剪切的应力作用下均有可能得到，分别可以称之为压缩的蠕变曲线和剪切的蠕变曲线。

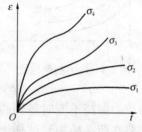

图4-2 蠕变变形曲线

（2）土蠕变特性的出现与土的本质特性密切相关。由于土是一种多相、多孔、松散介质，是由许多颗粒以一定方式的排列与联结而形成的集合体，故当它受到外界荷载作用时，土中的某些部位会出现应力集中，出现个别联结点的超载和破坏，进而使土中内部颗粒的相对位置发生改变，联结遭到破坏的颗粒要寻求新的稳定。在这个过程中，一方面出现"损伤"因素的作用，另一方面也出现"愈合"因素的作用。这种缓慢进行的"愈合"与"损伤"过程就是土的蠕变过程，并视"愈合"占优势还是"损伤"占优势而表现出稳定蠕变与非稳定蠕变特性。在较小荷载下，"愈合"超过"损伤"，蠕变为衰减稳定型，土体内部的破坏数量少、尺寸小，土体仍然比较均匀，表现出线性流变特性；而在外荷增大时，损伤愈来愈大，至某一荷载下，"愈合"与"损伤"大体相当，互相补偿，即出现等速流变的动态平衡状态。当时间的继续增长或荷载继续增大，使得"损伤"胜过"愈合"时，即出现变形剧增的加速蠕变，终于出现破坏。此过程中，土的裂隙量增加，尺寸加大，微裂隙转为宏观裂隙，表现出非线性流变的特性。

（3）由于总的蠕变变形 ε 可写为瞬时变形 ε_0、减速变形 ε_1、等速变形 ε_2 与加速变形 ε_3 之和，但在它们中，有一部分的变形是可以恢复的，有一部分变形是不可恢复的。可以恢复的变形属于黏弹性变形，它可以在卸荷时恢复，使土的变形表现出瞬时弹性和后效弹性性质以及黏性性质；不可恢复的变形属于塑性变形、黏塑性流动变形或黏塑性变形，它们在蠕变曲线的不同阶段有不同的发展，在第一阶段表现为瞬时塑性性质的变形 ε_i^p 和黏塑性流动性质的变形 ε_{vf}^p；在第二阶段表现为瞬时塑性变形 ε_i^p，黏性流动变形 ε_{vf}^p 和黏塑性变形 ε_v^p；在第三阶段同样表现为如上三个部分的变形，但因后二者随时间而有进一步增长，使得总变形更大。对于蠕变变形性质的上述分析常是建立蠕变力学模型的基础。

三、应力松弛曲线

应力松弛曲线是恒应变水平下应力随时间变化的曲线（$\sigma - \log t$ 曲线），如图4-3所示。由它可以看出，应力的变化在开始阶段较大；以后，逐渐变缓；最后保持为常数。应力松弛达到稳定时的应力值随应变水平的增大而增大，应力松弛达到稳定所需的时间随应变水平的提高而略有增加，但它要远远地小于蠕变稳定所需要的时间。

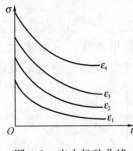

图4-3 应力松弛曲线

四、长期强度曲线

长期强度曲线是不同破坏历时与强度间的关系曲线（图4-4）。它不同于通常强度试验得到的曲线因为通常强度试验时，剪应力作用的总持续时间都较短（几分钟或几小时），由它的剪应力-剪应变曲线得到的峰值强度，或是有应变发展而应力保持不变时得到的残余强度，都属于一般标准强度的范畴。而长期强度的试验，需要在荷载施加到试样上以后维持一段很长的时间，使试样在一定的剪应力下的剪应变有充分发展的条件，从而可以得到剪切的蠕变曲线（图4-5）。这样，如果某一剪应力的作用不会使试样在较短时间内（第Ⅰ阶段内）发生破坏，但它却会因长时间的流变变形，使土进入蠕变的第Ⅱ、第Ⅲ阶段，引起土的破坏。这个剪应力就成为对应于该某一破坏历时的长期强度。图4-4表明，长期强度要随对应破坏历时的增长而减小，最后趋于一个长期强度的极限（τ 或 σ）。图4-4所示的这个曲线是对某一法向应力下固结的试样分别施加不同的剪应力 τ_i，在得到各剪应力的剪切的蠕变曲线，如图4-5后，绘出这些曲线上变形迅速转陡时刻 t_i 与对应的剪应力 τ_i（即长期强度 τ_{fi}）所得的关系曲线，即长期强度曲线。这个曲线向左延伸，可由其与纵坐标轴的交点得到瞬时强度 τ_{f0}；这个曲线向右延伸，可由它的渐近线得到长期强度极限 $\tau_{f\infty}$。如果可以对不同法向应力下固结的试样分别做出长期强度曲线，则也可以通过不同破坏历时法向应力与长期强度间的关系曲线，由它的直线形式得到不同破坏历时下土长期强度的内摩擦角（直线的倾角）和黏聚力（直线的纵截距）。

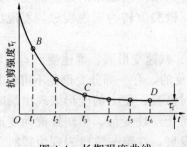

图4-4 长期强度曲线

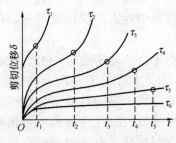

图4-5 剪切蠕变曲线

第 4 节　小　结

（1）土在受荷作用下的变形与强度是要随荷载作用时间过程（历时）的增长而逐渐变化的。通常，固结问题是研究相对较短时间内土性随时间变化的课题；流变问题是研究相对较长时间内土性随时间变化的课题，因此，固结是指由于孔隙流体排出相伴随的土骨架压密变形过程；而流变是指没有孔隙流体排出，仅与土的热力学和物理化学原因的长期作用相伴随的土骨架变形过程。通常，它们分别称之为"主固结过程"和"次固结过程"。其实，在土的受荷变形过程中，很难将二者截然分开，只是由于孔隙流体的排出引起的变形进行得较快，而热力学和物理化学等原因引起的变形进行得很慢，从而将土的固结变形过程简化地分为主固结和次固结（或流变）两个阶段来研究提供了可能。

（2）土的固结问题除了可以得到土的变形过程外，固结完成时土的变形也就是通常土压缩问题研究的最终变形量。因此，固结问题涵盖了压缩，带有研究土变形问题的广泛性，亦即它包括了通常研究土最终变形量的压缩问题和研究土变形随时间变化过程的固结问题。

（3）土的固结理论要解决计算任意时刻变形量的问题，它需要建立既满足力平衡条件，又满足水、气运动连续条件的基本方程组，用它们来求解要求的基本未知量。如饱和土的孔隙水压力和三个位移量和非饱和土的孔隙水压力、孔隙气压力和三个位移量。

（4）饱和土的固结问题基本上是一个渗透固结过程问题，它由有效应力原理贯穿其全过程；非饱和土的固结与饱和土的固结有明显的不同，主要表现在它因气相的存在而表现出来的差异上。但从有利方面看，非饱和土的压缩体变就可只由自由空气的体变来估计；从不利方面看，非饱和土的有效应力原理或固结理论的建立会要有较大复杂性。

（5）土的流变特性指土材料受荷后随时间较长的增长而表现出来的特殊性质。它是土结构在力作用下一种缓慢进行的"愈合"因素与"损伤"因素间不断调整的过程中所表现出来的黏弹性与粘塑性复合性质。土的流变理论研究蠕变变形、应力松弛和长期强度以及滞后效应等问题。在流变问题的研究上，将土微细观结构与宏观流变的力学特性相结合是一种有效的途径。

（6）土的蠕变变形特性是应力不变条件下土的变形随长时间延续而增长变化的特性。它可以由土受荷（压力或剪力）后长历时内变形（压缩变形或剪切变形）发展过程的曲线（即蠕变曲线）来表示。蠕变变形曲线可视其不同应力下的不同特性可以分为衰减型（变形发展趋向于稳定）和非衰减型（变形发展趋向于等速或加速）。一条完整的蠕变曲线可包括减速蠕变阶段，等速蠕变阶段和加速蠕变阶段等三个阶段。压缩的蠕变曲线和剪切的蠕变曲线都具有这种性质。

（7）土的应力松弛特性是应变不变条件下土的应力随长时间延续而降低变化的特性。它可以由土的应变达到某一个应变水平后长时间内的应力变化过程曲线（即松弛曲线）来表示。这种应力松弛使土的应力达到稳定所需的时间远小于蠕变使土的变形达到稳定或出现破坏所需的时间。

（8）如果把通常在几分钟或几小时内使土发生剪切破坏的试验所确定的强度称为土的标准强度，则在剪切荷载施加到试样上并维持很长时间以后出现剪切破坏的试验所确定的强度称为土的长期强度。破坏出现所需经历的时间愈长，对应的土强度愈低。长期强度曲线是一个随时间递减的曲线。它延伸到历时为零和历时为无穷大时的强度分别称为瞬时强度和长期强度极限。

思 考 题

1. 通常所说的压缩、固结和流变各研究土的什么问题？什么是主固结和次固结？它们和流变是什么关系？
2. 土的固结理论应该要解决什么样的问题？饱和土的固结特性和非饱和土的固结特性有哪些不同？它们在固结特性上的差异是什么原因造成的？
3. 土流变特性发生的机理是什么？流变研究的主要问题一般有哪些问题？土流变现象在实际工程中有些什么表现？
4. 土的压缩蠕变曲线与剪切蠕变曲线在变化规律上有什么异同？蠕变曲线的不同阶段各出现在什么情况下？
5. 土的蠕变变形问题和应力松弛问题所研究的特性有什么不同？研究它们有什么实际意义？
6. 什么是土的长期强度？试述试验确定土长期强度的方法。

习 题

1. 试定性地绘出土质地基在受到的应力很低、低、中、高和很高等不同情况下对应的压缩变形随时间长期增长而变化的过程曲线，说明它们在根本上的差异性。
2. 如果说"复杂的土流变特性实质反映了土的黏弹性质与黏塑性质不同的复合结果"，你觉得有根据吗？为什么？
3. 除了本节讨论的固结和流变以外，你还能举出土性随时间增长而发生变化的例子来吗？
4. 如果需要在土体稳定性分析问题中考虑实际荷载长时间作用的影响，土流变特性的研究应该提供哪些最主要的力学关系或力学指标？

第5章 土变形强度特性变化的主要规律（一）

——压缩性、剪切性、渗透性、击实性的特性规律

第1节 概　述

本章将着重介绍土变形强度特性变化的主要规律，即土的力学性规律。它包括法向应力与压缩变形之间的关系，即土压缩特性的规律；剪应力与抗剪强度之间的关系，即土抗剪特性的规律；渗透流速与水力梯度之间的关系，即土渗透特性的规律；击实功与压实密度之间的关系，即土压实特性的规律。在下一章内将进一步讨论土的其他一些力学特性规律，如固结变形量与时间之间的关系，即土渗压固结特性的规律；静三轴应力与应变之间的关系，即土静应力应变特性的规律；和动三轴应力与应变之间的关系，即土动应力应变特性的规律等。这些土在压缩、剪切、渗透、击实、固结等各个重要特性，涉及法向应力、切向应力、静、动三轴应力等不同应力条件的诸多方面，是土力学另一个实质性的重要内容。它们是在分析不同条件下土体的变形强度稳定性时使土性和应力联系起来的重要纽带。在掌握了它们之后，不同条件下土体的变形强度稳定性分析就基本上变成了一个纯粹的力学问题。

由于上述问题的涉及面较广，对它们的讨论将分为两章。本章讨论土的压缩特性规律、土的抗剪特性规律、土的渗透特性规律以及土的压实特性规律，称为"土变形强度特性变化的主要规律（一）"；下一章讨论土的渗压固结特性规律、土的静应力应变特性规律和土的动应力应变特性规律。称为"土变形强度特性变化的主要规律（二）"。

在讨论与分析中，由于考虑到土工试验在土力学中的重要作用，采用了如下一条清晰而合理的线索，即：从土工试验开始，由试验得到的基本变化关系总结出相应的规律或模型，再分析这些规律或模型中所必需的特性参数以及它们的求取方法。

第2节 法向应力与变形之间的关系

——土的压缩特性规律

一、土的压缩试验

土的压缩试验要揭示法向应力与变形之间的关系，即土的压缩特性规律。压缩试验是将一定尺寸（面积为A，高为h_0）的圆饼状土试样（初始孔隙比为e_0，初始含水量为w_0）安放在侧向变形完全受限、上下都可以经过透水石进行排水的压缩仪（单轴压缩仪，K_0条件）内，

如图5-1；然后在其上由小到大分级施加竖向压力 p_i，在每一级压力下都使土达到要求的压缩变形稳定标准（如24小时不超过0.005mm或其他，按试验规程）、并测记了试样的变形量 ΔS_i 后，再施加下一级压力（图5-2），直至完成试验要求的最后一级压力为止。压缩试验的目的就是要对初始条件（e_0, w_0）的试样计算出各级压力 p_i（对应的压缩变形量 ΔS_i，计算时应由测值中扣除由仪器标定得到的仪器变形量）下压缩得到的各级孔隙比 e_i，最后作出它们之间的关系曲线。可以证明，各级压力下试样的孔隙比为（h_S 为固相高度）：

$$e_i = e_0 - \frac{h_0 - h_i}{h_s} = e_0 - \frac{h_0 - h_i}{\frac{h_0}{1+e_0}} = e_0 - \frac{\Delta h_i}{h_0}(1+e_0) \tag{5-1}$$

或写为：

$$e_i = e_0 - \frac{\Delta S_i}{h_0}(1+e_0)$$

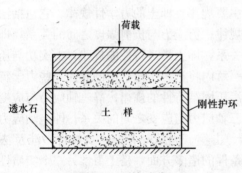

图5-1 压缩试验

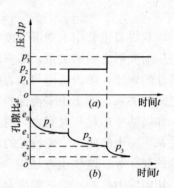

图5-2 压缩试验的分级加荷

二、土的压缩曲线

（一）$e-p$ 曲线 与 $e-\lg p$ 曲线

土的压缩曲线是土在上述无侧胀条件（或完全侧限条件）下不同法向压力（侧向压力为法向压力与侧压力系数 K_0 的乘积）的作用与对应压力下土孔隙比之间关系的试验曲线。它可由压缩试验得到的各对 p_i，e_i 值点绘在 $e-p$ 坐标平面内、或 $e-\lg p$ 坐标平面内得到，分别为 $e-p$ 曲线和 $e-\lg p$ 曲线，如图5-3所示。图中所示出的是一条完整的压缩特性曲

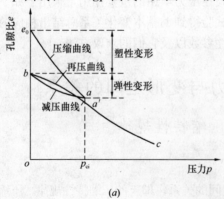

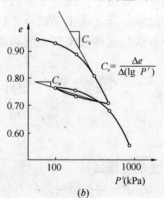

图5-3 压缩曲线

(a) $e-p$ 曲线；(b) $e-\lg p$ 曲线

线，它除有压缩段外，还包括了回弹段，再压缩段和继续压缩段。

（二）压缩曲线形态与土的压缩特性

如果分析土不同形态的压缩曲线（图 5-4），则可以揭示出土不同的压缩特性：

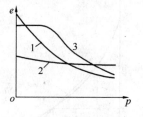

图 5-4 不同的形态的压缩曲线

（1）压缩曲线的压缩段越陡，土的压缩性越大，或压缩模量（产生单位压缩应变所需的应力）越小。

（2）压缩曲线一般随压力的增大而变缓，即压缩曲线的斜率（称为压缩系数）随压力的增大而变小。

（3）压缩段的曲线可能在某一个压力时出现由缓变陡的明显转折。这个转折点的压力表明土曾经受到过等于这个压力的作用（称为先期固结压力），或土的结构具有能抵抗这个压力的强度（称为土的结构强度或准先期固结压力）。

（4）压缩曲线的卸荷回弹段均低于压缩段，表明土的回弹模量要大于压缩模量。压缩后再回弹时，土总要残留下一定的非弹性变形（即塑性变形），或者说土的压缩变形中包括了弹性变形和塑性变形两部分。

（5）压缩曲线的再压缩段一般介于压缩段与回弹段之间，在再压缩段与再回弹段之间仍然有类似于压缩段与回弹段之间的变化规律，只是残留的塑性变形部分会愈来愈小，而弹性变形部分变化不大。因此，多次的加、卸荷循环会最终分离出土的弹性变形，由弹性变形可以分析得到土的弹性模量。

（6）如果在某一个压力下保持压力不变，但使土浸水或增湿，土仍会有一定的变形发生，则在变形不大时表示了土湿度变化对变形的一般影响；在变形很大时，则表示土的湿度变化导致了土结构联结的破坏，它和土存在的大孔隙相结合，引起了湿陷变形，称为湿陷性土。湿陷变形的落差愈大，土的湿陷性愈强。

（7）如果压缩曲线从一开始就一直下降，则表明此压缩曲线为正常固结土的压缩曲线；先平后陡时则为由超固结土到正常固结土的压缩曲线，或结构强度由保持到丧失的压缩曲线。

（8）表示土压缩性的 $e-\lg p$ 曲线常在绝大部分的段内可表示为一条斜直线，此直线的斜率称为土的压缩指数。同样，如为回弹段，则直线的斜率称为土的回弹指数。它们要比常规变斜率的 $e-p$ 压缩曲线更便于在实际中应用。

（9）对比天然原状样与其扰动重塑样的压缩曲线时，一般是后者具较陡的压缩曲线，反映了原状样的结构连接在重塑时遭到破坏的影响。

（10）上述传统的压缩试验是一种"分级加荷"的压缩试验，它需要在每一级荷载下使土试样达到变形稳定，试验需要很长的时间。后来发展了一种"连续加荷"的压缩试验，它可以大大地缩短试验时间。必要时可参阅有关资料。

三、土的压缩性定理

土的压缩性定理描述了土压缩曲线的基本特性。它可表述为：在压力变化不大时，孔隙比减小的变化与压力增大的变化成正比，即：$\Delta e = -a\Delta p$，其比例常数称为土的压缩系数，如图 5-5，它等于：

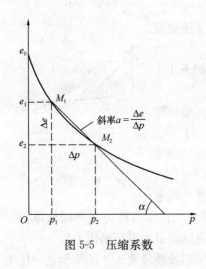

图 5-5 压缩系数

$$a = \frac{e_1 - e_2}{p_2 - p_1} \tag{5-2}$$

故土的压缩定理可写为：

$$e_1 - e_2 = a(p_2 - p_1) \tag{5-3}$$

由于压缩系数对不同的压力变化段是不同的，故通常按照压力段为 100~200kPa 时的压缩系数 a_{1-2}，可以将土划分为高压缩性（$a_{1-2} \geqslant 0.5\text{MPa}^{-1}$）、中压缩性（$0.1\text{MPa}^{-1} \leqslant a_{1-2} < 0.5\text{MPa}^{-1}$）和低压缩性（$a_{1-2} < 0.1\text{MPa}^{-1}$）三个等级。

如果将式（5-1）和式（5-3）结合，则可将土的压缩量写为：

$$s = \Delta S = \frac{a}{1+e_0} p h_0 \tag{5-4}$$

此式为计算土压缩变形量的基本关系式。

四、压缩性指标

土的压缩性指标通常有上面已经提到的压缩系数，压缩模量，压缩指数，分别表示为 a，E_s，C_c，还有体积压缩系数 m_v 和变形模量 E_0。对于压缩曲线的回弹段，还有回弹模量 E_u 和回弹指数 C_e。土的体积压缩系数 m_v 定义为：

$$m_v = \frac{a}{1+e_1} \tag{5-5}$$

土的变形模量则是将土视为直线变形体的一个指标，尽管土并非弹性介质，但它在一个较小的应力变化范围内仍常用直线关系来描述，在原则上符合虎克定理，故在土力学中应用弹性理论时，常引入一个类似弹性模量的材料参数，称为变形模量 E_0。其所以将它称之为变形模量，是因为它的变形不只是弹性变形，还包含了塑性变形部分，视土材料为直线变形体。但直线变形体的变形模量，在物理含义上，与弹性体虎克定理的弹性模量完全相同。变形模量 E_0 可以由压缩试验得到的压缩模量按如下关系换算，但最好由如下现场载荷试验的曲线确定。

这样，在上述各土的压缩性指标之间，可以写出如下的基本定义与关系，即：

$$a = -\frac{\Delta e}{\Delta p} = -\mathrm{tg}\alpha = \frac{e_1 - e_2}{p_2 - p_1} = \frac{e_1 - e_2}{p} \tag{5-6}$$

$$C_c = \frac{e_1 - e_2}{\lg \frac{p_2}{p_1}} \tag{5-7}$$

$$E_s = \frac{1+e_1}{a} = \frac{1}{m_v} \tag{5-8}$$

$$E_0 = \beta E_s = \frac{1+e_1}{a}\left[1 - \frac{2\mu^2}{1-\mu}\right] = \beta \frac{1+e_1}{a}$$

$$= \frac{1}{m_v}\beta = \frac{1+e_1}{0.435 C_c}\beta \tag{5-9}$$

式中：e_1，e_2 为 p_1，p_2 对应的孔隙比；μ 为泊松比；β 为与 μ 有关的系数。

五、载荷试验曲线与变形模量

载荷试验是在现场确定地基土变形模量或地基承载力的一种方法。它要求在整平的地表或基础深度上放置一个载荷板（尺寸有大小，一般为 70.7cm×70.7cm），通过它向板下的地基土逐级施加压力（对较松软的土和较硬的土一级荷载分别为 10～25kPa 和 50～100kPa），并使其达到变形稳定（每小时的沉降量不超过 0.1mm）后，记下相应的变形量，直至荷载板周围的土有明显挤出或发生裂纹；或 24 小时内沉降速率不能达到稳定；或增荷后沉降急剧增大；或沉降量已超过荷载板宽度或直径的 0.06 倍时，终止试验。载荷试验曲线即各级压力与变形量之间的关系曲线（图 5-6）。

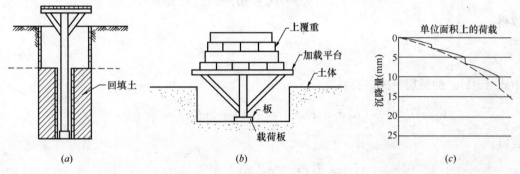

图 5-6 载荷试验的应力—沉降曲线

由于载荷试验曲线一般可以分为直线段（压缩阶段）、变形渐增段（剪切阶段）和迅速变形段（破坏阶段）三个阶段。三个阶段的两个转点压力分别称之为比例界限荷载 p_c 和极限荷载 p_u。利用比例界限荷载以前直线段上的压力 p 和对应的变形量 s 以及弹性力学的下列关系：

$$s = \frac{\omega b (1-\mu^2)}{E_0} p, \quad \text{或} \quad E_0 = \omega b (1-\mu^2) \frac{p}{s} \tag{5-10}$$

即可在已知载荷板宽度 b，地基土泊松比 μ，荷载板刚度与形状修正系数 ω（对刚性板，方形为 0.88，圆形为 0.79）的情况下，计算得到地基土的变形模量 E_0。以后将要提到，在确定地基的承载力时，曲线第一个转点的压力可以作为地基的比例界限荷载 p_c（曲线的转点不明显时，按变形量与荷载板宽度之比为 0.01～0.015 作为比例界限荷载 p_c）；曲线第二个转点的压力（或终止试验条件对应的前一级荷载）可以作为地基的极限荷载 p_u。

应该指出，上述的载荷试验一般适宜于在浅土层上进行，其影响深度可达 1.5～2.0 倍的荷载板宽度。类似的载荷试验也可在深层进行，以测定地基深部土层或大直径桩端以下土层的变形模量或承载力。此时，荷载板的直径为 0.8m；其周围外侧的土层高度不小于 80cm；终止试验条件中的沉降比为 0.04 或在沉降量很小时的最大加荷量不小于设计荷载值的 2 倍。而且变形模量的计算公式右端需再乘一个埋深 z 的修正系数 I（当埋深大于荷载板直径时，修正系数为 $I = 0.5 + 0.23 d/z$）。

六、主要压缩性公式的推导

在土压缩性的主要公式（5-5）到式（5-9）中，有些是由它的定义显而易见的，本节将以式（5-8）和式（5-9）的推导说明有关的基本概念。

假定土的应力与应变间有类似虎克（Hook）定理的直线关系，即：

$$\varepsilon_x = \frac{\sigma_x}{E_0} - \frac{\mu}{E_0}(\sigma_y + \sigma_z)$$

$$\varepsilon_y = \frac{\sigma_y}{E_0} - \frac{\mu}{E_0}(\sigma_z + \sigma_x)$$

$$\varepsilon_z = \frac{\sigma_z}{E_0} - \frac{\mu}{E_0}(\sigma_x + \sigma_y) \tag{5-11}$$

由式（5-11）的前两式，在侧限变形条件（$\varepsilon_x = \varepsilon_y = 0, \sigma_x = \sigma_y$）下，有：

$$\sigma_x - \mu\sigma_x - \mu\sigma_z = 0$$

故得：

$$\frac{\sigma_x}{\sigma_z} = \frac{\sigma_y}{\sigma_z} = \frac{\mu}{1-\mu} = K_0 \tag{5-12}$$

由式（5-11）的最后一式，有：

$$\varepsilon_z = \frac{\sigma_z}{E_0} - \frac{\mu}{E_0}(K_0\sigma_z + K_0\sigma_z) = \frac{\sigma_z}{E_0}(1 - 2\mu K_0) = \frac{\sigma_z}{E_0}\left(1 - \frac{2\mu^2}{1-\mu}\right)$$

故得：

$$E_0 = \frac{\sigma_z}{\varepsilon_z}\left(1 - \frac{2\mu^2}{1-\mu}\right) = \beta\frac{\sigma_z}{\varepsilon_z} = \beta E_s \qquad 式(5-9) 即证$$

又由上述变形条件下的压缩试验得到：

$$\varepsilon_z = \frac{\Delta S}{h_1} = \frac{e_1 - e_2}{1 + e_1} = \frac{a(p_2 - p_1)}{1 + e_1} = \frac{a}{1 + e_1}p = \frac{a}{1 + e_1}\sigma_z$$

或写为：

$$E_s = \frac{\sigma_z}{\varepsilon_z} = \frac{1 + e_1}{a} = \frac{1}{m_v} \qquad 式(5-8) 即证$$

第3节 剪应力与抗剪强度之间的关系

——土的抗剪特性规律

一、土的抗剪强度试验

土的抗剪强度就是土能够承受而不发生剪切破坏的最大剪应力。抗剪强度试验要揭示剪应力与土抗剪强度之间的关系，即土的抗剪特性规律。土的抗剪强度可以通过直接剪切试验或三轴剪切试验来测定。由于三轴试验的重要性，将在以后作专门的讨论，本节只涉及直接剪切试验。

（1）直接剪切试验通常分为应力抠制式或应变控制式。图 5-7 所示的是应力控制式直接剪切试验的示意图（也可有应变控制式）。试验时需将一定尺寸（面积为 A，高为 h_0）的圆形土试样（初始孔隙比为 e_0，初始含水量为 w_0）安放在剪切盒内（剪切盒由彼此间可以相对滑动的上盒与下盒组成）；再在试样上施加一定的法向应力 σ_i，并使土达到变形稳定

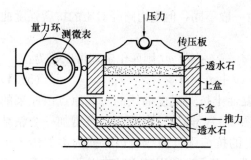

图 5-7 直接剪切试验（应力控制式）

的标准；然后，逐级增大作用的剪应力 τ_i，并测记上下盒错动的剪切位移，直至土出现剪切破坏为止，破坏由剪位移达到规定破坏位移量的标准确定。试样破坏所对应的剪应力 τ_{fi} 即为该法向应力 σ_i 下土的抗剪强度。这样，可以用多个初始条件相同、但法向应力不同的几个试样测得的抗剪强度 τ_{fi} 值，作出 $\tau_f - \sigma$ 二者的关系曲线，即得土的抗剪强度曲线。

由于土的固结程度和剪切速率不同时测得的抗剪强度并不相等，故抗剪强度试验可以作不固结、快速剪切的快剪试验；也可以作固结、快速剪切的固结快剪试验；还可以作固结、慢速剪切的慢剪试验（分别表示为：q、s 和 cq 试验），以便适应不同实际情况下计算的要求。

这类应力控制式的直接剪切试验具有直观、清晰的优点，但它只能得到应变硬化的破坏，不能得到实际上可能出现的应变软化破坏。因此，常可采用应变控制式的直接剪切试验。

（2）应变控制式的直接剪切试验可以逐级增大剪位移，量测出它们对应的剪应力，则当某乙位移下剪应力达到土的抗剪强度（峰值强度）后，剪位移的继续增大，即可对应测得小于峰值强度的剪应力，得到软化曲线，最终在相当大的剪位移下，可以得到一个稳定不变的低值剪应力，即土的残余强度值。

二、土的抗剪强度曲线

不管上述的那一种试验方法，其试验的结果都是一条抗剪强度曲线。土在不同固结程度、不同剪切速率条件下，将不同法向压力 p_i（或 σ_{fi}）和对应抗剪强度 τ_{fi} 点绘在 $\tau - p$ 坐标平面（或 $\tau - \sigma$ 坐标平面）内，即可得到抗剪强度曲线，对黏土和砂土具有如图 5-8 所示的形式。分析各种情况下的土抗剪强度曲线，可以得到如下结论性的认识：

（1）抗剪强度曲线一般可以近似地拟合为一条直线。它对砂土要通过坐标原点，对黏土要出现一个纵截距。直线在纵坐标轴上的截距和直线的倾斜角分别称之为土的黏聚力 c 和内摩擦角 φ，由它描述的抗剪强度关系式常写为：

$$\tau_f = \sigma \cdot \tan\varphi + c \quad (5-13)$$

图 5-8 抗剪强度曲线

式中：黏聚力 c 和内摩擦角 φ 是土两个基本的抗剪强度参数，称之为土的抗剪强度指标。

（2）初始条件和法向应力相同时，抗剪强度曲线或它对应的强度指标，在快剪试验时最低，慢件试验时最高，固结快剪试验时居中。但它们的内摩擦角差异较小，它们的差异主要表现在黏聚力值的变化上。

（3）土的抗剪强度曲线实际上是非线性的，它随着法向应力的增大而逐渐变缓。对于结构强度较高或超固结的土，抗剪强度曲线可能会在法向应力小于结构强度时偏离直线而有所偏高，且变化较小，即在较低法向应力段出现平缓变化的形态。

(4) 在不同的应力路径下得到的抗剪强度值一般不同，但应力路径对土的抗剪强度曲线或抗剪强度指标的影响不会太大。

(5) 如果把黏聚力 c 转换为粘结应力 σ_c，令 $\sigma_c = c \cdot \cot \varphi$，则库伦定理可以写为：
$$\tau_f = \sigma \cdot \tan\varphi + c = (\sigma + \sigma_c) \tan \varphi \tag{5-14}$$

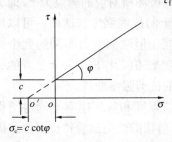

图 5-9　粘结应力与粘结强度

它表明，如果将黏性土抗剪强度曲线的坐标原点由原来的 o 点移至 o' 点（图 5-9），即给法向应力 σ 再增加一个粘结应力 σ_c，则黏性土的抗剪强度曲线可以转换为类似砂土抗剪强度曲线的形式，从而为利用砂土的有关强度关系式解决黏土的强度问题创造了条件。

(6) 对于砾石土等粗颗粒土，抗剪强度试验仍然可以得到不通过坐标原点的强度曲线，此时，把它的纵截距再称为黏聚力就显得不太合理了。其实，这个纵截距是粗粒土中颗粒间排列所产生的嵌固力。因此，通常所称的黏聚力只是一种曲线拟合包含的几何参数，并不一定要给它赋予黏聚力的内涵。

(7) 砂土也只在干燥时没有黏聚力的作用。潮湿的砂土也会因土中水气间的收缩膜作用而产生一种"假黏聚力"，因此，它的强度曲线也会不通过坐标原点。

(8) 正常固结土的强度曲线总是通过坐标原点的。

(9) 当土在出现破坏后继续增大它的剪切位移，使试样发生慢速大位移的剪切试验时，最后仍然会表现出一种较低、但确实存在的抵抗力，并稳定在一个与不同法向作用力相应的水平上，从而作出土的残余强度曲线。残余强度曲线也只会通过坐标原点，而且不再与随土湿密状态的变化而变化，它仅与土的粒度和矿物成分有关。

(10) 达到了液化状态的饱和砂土仍然会有一定、但较小的抗剪强度，类似于土的残余强度，常称为稳态强度。

综上可见，土的强度参数（指标）包括内摩擦角 φ 和黏聚力 c，已如前述。它们要受土的粒度、湿度、密度、结构状态、固结程度、剪切速率、应力状态、应力历史，应力路径、累积剪切位移、破坏标准、仪器类型、时间长短以及试验方法等一系列因素的影响。准确的强度指标既需要区别条件，尽量采用能够模拟实际条件的试验方案，又需要进行仔细的数据量测和资料整理。通常提供土的抗剪强度指标时，需要明确给出这些强度指标对应的土性条件和剪切试验条件，否则，指标将一文不值。

三、土抗剪强度的库伦定理

虽然，试验表明，土的抗剪强度曲线一般并非直线，但通常情况下，仍然可用一条直线来表示。法国学者库伦（Coulomb）早在 1887 年就提出了如式（5-13）所示的表达式，因此，这种表达式常被称之为抗剪强度的库伦定理，或称为莫尔—库伦（Mohr-Coulomb）强度准则。尽管后来也发展了多种的强度准则，如 Tresca 准则，Mises 准则，Zenkoviz 准则、松冈元（Matsuoka）准则，俞茂鋐准则等等，但莫尔—库伦强度准则因其既可描述土的摩擦材料特性，又能基本上接近于土的实际强度，而且多偏于保守方面，故仍然得到了广泛的应用，并且将它推广到有效应力形式和非饱和土情况。

(1) 如果能够在饱和土的剪切试验中同时测得剪切破坏时发展的孔隙水压力，则库伦定理即可推广到有效应力条件，抗剪强度的有效应力形式为：
$$\tau_f = \sigma' \tan\varphi' + c' = (\sigma - u_w)\tan\varphi' + c' \tag{5-15}$$
式中：c'、φ' 分别称之为有效应力的黏聚力和有效应力的内摩擦角。

（2）这个由有效应力表示的库伦定理，已被 Bishop 推广到表示非饱和土的强度关系，得到的非饱和土的有效应力为：
$$\sigma' = (\sigma - u_a) + \chi(u_a - u_w) \tag{5-16}$$
故式（5-15）可写为：
$$\tau_f = [(\sigma - u_a) + \chi(u_a - u_w)]\tan\varphi' + c' \tag{5-17}$$
式中：u_a，u_w 分别为非饱和土的孔隙气压力和孔隙水压力；σ 为总应力；χ 为有效应力系数。有效应力系数 χ 随土饱和度的增长由 0（干土）变到 1（饱和土）。可见，在饱和时，式（5-17）与式（5-15）是一致的；不同饱和度下试验得到的强度曲线基本上相互平行，即非饱和土与饱和土的有效内摩擦角基本一致，比较简便，故尽管对它还有所争议，但仍然得到了广泛的应用。

（3）另一种关于非饱和土强度的公式，即 Fredlund 的公式，目前也得到了广泛的传播。它的表达式为：
$$\tau_f = (\sigma - u_a)\tan\varphi' + c' + (u_a - u_w)\text{tg}\varphi^b \tag{5-18}$$
式中：最后一项为基质吸力的贡献项；φ^b 为土性系数，表示吸力作用的附加内摩擦角。对比式（5-17）和式（5-18），有：$\tan\varphi^b = \chi\tan\varphi'$。可见，Bishop 公式和 Fredlund 公式二者并无实质性的区别，但后者的 φ^b 有比 χ 便于测试的优点。

四、主要抗剪性公式的推导

在上述有关抗剪强度的不同公式，即式（5-13）、式（5-14）、式（5-14）、式（5-17）、式（5-18）中，库伦公式（5-13）属于试验曲线的拟合；引入粘结应力的形式（5-14）和引入孔隙水压力的式（5-14）均比较直观；Fredlund 非饱和土强度公式中关于吸附强度部分的公式也是一种在控制（$\sigma - u_a$）时由（$u_a - u_w$）与 τ_f 间关系得到的试验结果。只有对 Bishop 非饱和土强度公式方括号中关于有效应力的公式，即式（5-16），有必要作出理论推导。

为了证明有效应力式（5-16），可以先写出非饱和土面积 A 上的力的平衡关系，即：总应力等于土粒承担的应力、孔隙水承担的应力和孔隙气承担的应力之和，得：
$$\sigma \cdot A = \sigma_s \cdot A_s + u_w A_w + u_a A_a \tag{5-19}$$
或改写为：
$$\sigma = \sigma_s \cdot A_s/A + u_w A_w/A + u_a A_a/A \tag{5-20}$$
再假定土颗粒所承担的应力可以表示为土骨架承担的应力（有效应力 σ'，即令 $\sigma_s \cdot A_s = \sigma' \cdot A$，并由 χ 表示孔隙水的面积比 A_w/A，因而气的面积比为 $A_a/A = 1 - \chi$ 的情况下，将式（5-20）写为：
$$\sigma = \sigma' + u_a(1 - \chi) + u_w\chi$$
它经过整理后，即可得到：Bishop 非饱和土的有效应力公式，即有：

$$\sigma' = (\sigma - u_a) + \chi(u_a - u_w) \quad \text{即证，式(5-16)}$$

第4节 渗透流速与水力梯度之间的关系
——土的渗透特性规律

饱和土的渗透特性与非饱和土的渗透特性有所不同，对于饱和土，渗透特性应研究渗水流速与水力梯度之间的关系，它是本节讨论的对象。对于非饱和土，它的渗透特性既应研究渗水，也应研究渗气以及其他，它在必要时可以参见有关论著。

一、土的渗透试验

土的渗透试验要揭示饱和土中水的渗透流速与水力梯度之间的关系，即土的渗透特性规律。渗透试验是将一定尺寸（面积为 A，高为 L）的圆饼形土试样（初始孔隙比为 e_0，初始含水量为 w_0）安放在渗透仪内，试样上下端的透水石分别与不同的水头相连通，形成一定的水力梯度 i，造成水自上而下或自下而上发生渗流的条件，如图 5-10；然后，逐级增大作用的水力梯度，并测记不同渗流历时 t 时流经试样渗出的水量 V，直至在某一级水力梯度下土出现渗透破坏（流量迅速增大）为止。由于渗透试验往往要受到土中封闭气的影响，试验的测值常有较大的波动，故不同水力坡降的试验需要连续地进行若干次，以便求取对应流量或流速的平均值。在渗透试验时形成水力梯度的方法，对于无黏性土，一般采用定水头，并直接用量筒接取渗出的水量；对于黏性土，因其渗水很慢，为了不使渗水受蒸发等因素的影响，一般采用变水头，试验历时内的作用水头由积分的方法取均值；渗透过去的水量由一根细径玻璃管（面积为 a）内水头高度的变化来求取。

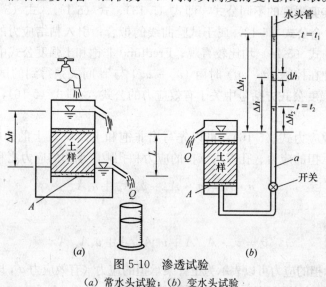

图 5-10 渗透试验
(a) 常水头试验；(b) 变水头试验

二、土的渗透曲线

土的渗透曲线是指渗透流速与水力梯度之间的关系曲线。它需要计算出不同水力梯度 i 下渗水流经土试样的渗透流速 v。然后，利用每一个水头与在其作用下不同时刻得到的平均流速（去掉有明显误差的）点绘在流速－水力坡降的坐标平面内，即可得到渗透曲线，如图 5-11 所示。

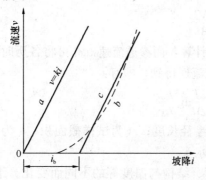
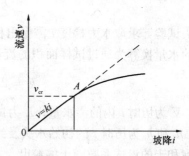

图 5-11 Darcy 渗透定理

通过大量的土渗透试验可以对土渗透性得到如下的基本认识：

（1）砂土的渗透曲线一般较陡，它可以较好地用一条过原点的直线来描述；

（2）黏土的渗透曲线一般不经过坐标原点，而有一个起始渗流的水力坡降 i_0，它表现出在水力坡降较小时渗流受到黏滞力阻碍的特性，但因曲线比较平缓（图 5-11），如果考虑到黏土很小的渗透性而忽略起始水力坡降的存在对渗流的影响时，则它常仍可用过原点的直线来描述；

（3）大粒径土的渗透曲线常为指数曲线，它表现出在水力坡降较大时渗流的惯性力占具优势的紊流或层、紊流过渡的特性。当需要考虑这种影响时，应做出专门的测定；

（4）当土上作用的水力梯度达到一定数值后，土中会出现流土或管涌现象，此时，水力梯度的增大会使对应的水流量或水流速明显变大，因此，可以用渗透曲线上流速明显转陡上升处对应的水力梯度确定出土的临界水力梯度。

三、土渗透的达西（Darcy）定理

由于土中水的渗透流速很小，一般符合层流的条件，故对于一般的粗粒土、砂土和黏土均可有渗透流速与水力坡降成正比例的关系，称为达西（Darcy）渗透定理，即：

$$v = ki \tag{5-21}$$

这个关系的比例常数 k 称为土的渗透系数。虽然，对于粗土，在水力梯度太大时，渗透曲线会偏离直线关系；对于黏性土，在水力梯度太小时，渗透曲线会出现起始水力梯度，如图 5-11，但一般仍常采用 Darcy 定理这个描述渗透流速与水力坡降间关系的基本定理，它是对土体渗流进行分析的基础。

四、渗透性指标

（1）渗透系数是土渗透性的重要指标。利用渗透系数可以将土的渗透性分为强透水（部分中砂，粗砂以及砾、卵、漂石，渗透系数大于 $10^{-2}\,\mathrm{cm/s}$）、中透水（部分中砂，细、粉砂，以及部分粉土，渗透系数 $10^{-3}\sim10^{-4}\,\mathrm{cm/s}$）、弱透水（部分粉土，大部分粉质黏土，渗透系数 $10^{-5}\sim10^{-6}\,\mathrm{cm/s}$）和相对不透水（部分粉质黏土，黏土，渗透系数小于 $10^{-6}\,\mathrm{cm/s}$）等不同等级。

（2）对于定水头试验，水力梯度 $i=H/L$ 系一个控制量，渗透流速 v 可将测到的水量 V 除以试样面积 A 与历时 t 得到，即：

$$k = \frac{VL}{Aht} \tag{5-22}$$

对于变水头试验，求取水力梯度 i 需做出积分计算，而渗透流速 v 亦可将各历时由细径玻璃管测到的水量换算为通过试样面积的流量或流速得到，即有：

$$k = 2.31\frac{aL}{At}\lg\frac{h_0}{h_1} \tag{5-23}$$

式中：V 为历时 t 内的渗水量；L 为试样渗径长度；A 为试样截面积；a 为变水头管的截面积；h_1 和 h_2 为历时 t 的初始水头及终结水头。

（3）饱和土的渗透系数随土的粒度、密度、结构与温度等的不同而变化。细粒越多，密度越大，孔隙水通道越复杂，温度越低，土的渗透系数将越低。通常土的渗透系数以 20℃ 的温度为标准（也有取 10℃ 的，因为地下水的温度在常年均接近于 10℃），可将试验测定值按不同温度下渗透系数动黏滞系数成反比例的关系进行校正。

（4）对于饱和的多层土，水流通过它的渗透系数要受到各层土的渗透系数 k_i 与厚度 h_i 的共同影响。如各层土的渗透性相差不太大，则在厚度为 H 的土层中，其渗透系数可用一个以各土层厚度为权的加权平均值来反映（图 5-13）。这样，对于垂直层面的渗流，其加权平均的渗透系数为：

$$k_V = \frac{\sum h_i}{\sum \frac{h_i}{k_i}} = \frac{H}{\sum \frac{h_i}{k_i}} \tag{5-24}$$

对于平行层面的渗流，其加权平均的渗透系数为：

$$k_H = \frac{\sum k_i h_i}{\sum h_i} = \frac{\sum k_i h_i}{H} \tag{5-25}$$

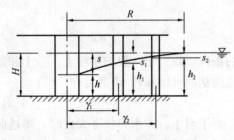

图 5-12 抽水试验

（5）对均匀的粗粒土层，土的渗透系数指标可以更可靠地用现场抽水试验得到（图 5-12）。抽水试验需要在现场打上一个抽水井和两个观测井（观测井距抽水井轴的距离分别为 r_1、r_2，与地下水的天然流向垂直或平行）。当从试验的抽水井内连续等速率抽水，直至在一定时间内所抽出的水量达到稳定（抽水流量为 q）时，即表明在井的周围已经形成了一个以抽水井孔为中心的、漏斗状的、稳定的降落地下水面。如果在试验的粗粒土层下为相对不透水的土层，则试验井可视为完整井。如此时在相邻两个观测孔内测得的水位高度分别为 h_1、h_2，则土的渗透系数可由达西定律推导得出，即由 $q = 2\pi r h \cdot k \frac{dh}{dr}$ 对距离 r 和水头 h 的积分得到计算公式为：

$$k = 2.3\frac{q}{\pi}\frac{\lg(r_1/r_2)}{(h_2^2 - h_1^2)} = \frac{q}{\pi}\frac{\ln(r_1/r_2)}{(h_2^2 - h_1^2)} \tag{5-26}$$

（6）对于非饱和土，水和气的渗透均可用达西定理来描述，但由于土中气相和液相的相互影响，确定渗水系数和渗气系数的方法要复杂得多，需要作专门的讨论。非饱和土的渗透系数除与前述因素有同样关系外,主要应考虑土不同湿度的影响,含水量越高,渗水系数越大,渗气系数越小。

五、主要渗透性公式的推导

在上述关于土渗透性的主要公式中,达西定理是试验曲线的拟合。本节需要推导的主要公式为:定水头试验和变水头试验计算渗透系数的关系式,即式(5-22)和式(5-23);垂直层面渗流和平行层面渗流时计算渗透系数的公式,即式(5-24)和式(5-25);还要推导抽水试验计算渗透系数的公式,即式(5-26)。

(一) 渗透试验计算渗透系数的公式

(1) 定(常)水头试验计算渗透系数的公式

因

$$i = \frac{h_1 - h_2}{L} = \frac{h}{L}, \quad v = \frac{V}{At}$$

故由达西 (Darcy) 渗透定理得:

$$k = \frac{v}{i} = \frac{VL}{Aht} \qquad 即证,式(5-22)$$

(2) 变水头试验计算渗透系数的公式

由达西 (Darcy) 渗透定理得:

$$k \frac{h}{L} A = -a \frac{dh}{dt}$$

或写为:

$$-a \int_{h_0}^{h_1} \frac{dh}{h} = \frac{kA}{L} \int_0^{t_1} dt$$

故得:

$$k = \frac{aL}{At_1} \ln \frac{h_0}{h_1} = 2.31 \frac{aL}{At_1} \lg \frac{h_0}{h_1} \qquad 即证,式(5-23)$$

(二) 成层土计算渗透系数的公式

令各层土的厚度为 h_i,总的土层厚度为 H;各层土的渗透系数为 k_i;渗流垂直于层面和平行于层面的渗透系数为 k_V 和 k_H (图5-13)。如假定这些土层中没有渗透性强弱差异过大的土层(否则,渗流将主要在高透水的土层中进行),则有:

(1) 在垂直层面渗流时,各层土的流速相等,总的水头损失等于各层土中水头损失之

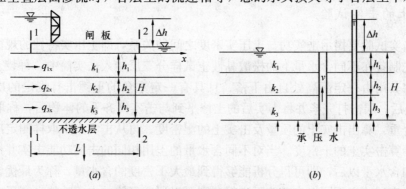

图 5-13 成层土的平均渗透系数

和，即：
$$v_1 = v_2 = \cdots = v_i = v \quad 和 \quad \Delta H = \Sigma \Delta h_i$$

故：
$$v = k_V i = k_V \frac{\Delta H}{H} = \frac{k_V}{H} \Sigma \Delta h_i = \frac{k_V}{H} \Sigma \frac{v_i h_i}{k_i} = \frac{k_V}{H} \cdot v \cdot \Sigma \frac{h_i}{k_i}$$

或写为：
$$k_V = \frac{H}{\Sigma \dfrac{h_i}{k_i}} \qquad 即证，式(5-24)$$

（2）在平行层面渗流时，各层土的水力梯度相等，总的流量等于各层土中流量之和，即：
$$i_1 = i_2 = \cdots = i_i = i \quad 和 \quad Q = \Sigma Q_i$$

故：
$$k_H i H = \Sigma k_i \cdot i \cdot h_i = i \Sigma k_i h_i$$

或写为：
$$k_H = \frac{\Sigma k_i h_i}{H} \qquad 即证，式(5-25)$$

（三）抽水试验计算渗透系数的公式

由达西定律得（图5-12）：
$$q = 2\pi r h \cdot k \frac{dh}{dr}$$

或写为：
$$\int_{r_1}^{r_2} q \frac{dr}{r} = \int_{h_1}^{h_2} 2\pi k \cdot h \, dh$$

$$k = \frac{q}{\pi} \frac{\ln(r_1/r_2)}{(h_2^2 - h_1^2)} = 2.31 \frac{q}{\pi} \frac{\lg(r_1/r_2)}{(h_1^2 - h_2^2)} \qquad 即证，式(5-26)$$

第5节　击实功与压实密度之间的关系
——土的压实特性规律

一、土的击实试验

土的击实试验要揭示击实功与土压实密度之间的关系，即土压实特性的规律。击实试验是将预先制备在不同含水量下的松散黏性土试样分三层装入击实筒中，每装入一层并铺平后，即将其用由一定落高处自由下落、且具有一定重量的重锤击打规定的次数，如图5-14。在最后一层击打完毕并将击实后的土修平到与击实筒齐平的体积后，称取击实筒与击实土的合重，算出击实土的质量及击实土的湿密度。再从击实土中取样测定准确的含水量，据以计算击实土的干密度。当对不同含水量的土用相同的击实功能击实并得到其相应的干密度和含水量以后，即可得分析能够得到最大干密度的含水量，称为最优含水量。如果将这种击实试验在不同击实功能下进行，则可以研究经济的击实功能，高于它的功能下所得到的最大干密度已经不会有多大的增加。

击实试验依据所采用击实功能的不同分为轻型击实试验和重型击实试验，分别对应于普氏（Proctor）标准和修正的普氏（Proctor R R）标准。由于轻型击实试验或普氏（Proctor）标准下的试验是常用以研究土击实性能的击实试验，故常也称为标准击实试验。它的锤重为 2.5kg，落高为 46cm，击次为 27 次，分层数为 3 层，击实筒的容积为 1000cm³。如果将锤重、落高、击数三者的乘积除以击实土的体积得到平均的单位击实功，则标准击实试验的单位击实功为 8.63kg－cm/cm³（596kJ/m³）。通常所谓的普氏（Proctor）标准，其锤重、落高、击实筒容、层数、击数依次为 2.51kg、30.48cm、943.9cm³、3、25，单位击实功为 6.04kg－cm/cm³（或 594kJ/m³）。我国《土工试验规程》（SL 237—1999）的轻型击实标准采用的锤重、落高、击实筒容、层数、击数依次为 2.5kg（ϕ5.10cm），30.5cm，947.4cm³（ϕ10.2×11.6），3，$N=25$，故单位击实功为 E_c 为 592.2kJ/m³。它们属于一个档次，它可用以作为一般压实地基土和大中型堤坝填土的粒径小于 5mm 时的压实标准。

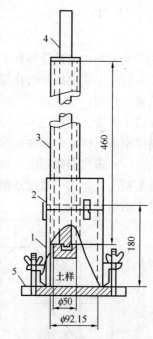

图 5-14 击实试验
1—击实筒；2—护筒；3—导筒；4—击锤；5—底板

另外，对重型击实试验，我国《土工试验规程》（SL 237—1999）采用的锤重、落高、击实筒容、层数、击数依次为 4.5kg（ϕ5.10cm），45.7cm，2103.9cm³（ϕ15.2×11.6），5，56，故单位击实功为 E_c =2486.9kJ/m³；所谓的修正普氏（Proctor R R）标准，其锤重、落高、击实筒容、层数、击数依次依次为 5.54kg、41.56cm、943.9cm³、5、25），其单位击实功为 27.5kg－cm/cm³（2671kJ/m³）。它们属于另一个档次，适用于对需要压实到较高压实密度的工程或粒径小于 20mm 的土进行击实试验。

二、土的击实曲线

土的击实曲线是指土在一定标准的击实功能下所得到的干密度－含水量关系曲线，如图 5-15。图中还示出了不同干密度对应的饱和含水量曲线，计算饱和含水量 w_b 时可

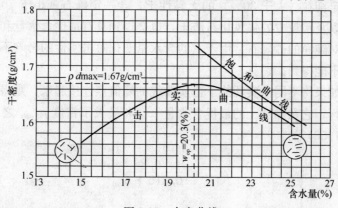

图 5-15 击实曲线

采用：

$$w_b = \left(\frac{\rho_w}{\rho_d} - \frac{1}{G}\right)100\% \tag{5-27}$$

大量的击实试验得到了如下关于土击实特性的认识：

(1) 击实曲线常会在某一个含水量时得到一个峰值干密度。因为含水量更低时缺乏水的滑润作用，含水量更大时水分又不易挤出，故均不能得到更高的干重度。这一含水量与峰值干密度分别称之为该标准击实功能下土的最优含水量 w_{op} 和最大干密度 ρ_{dmax}。它们是描述土击实性能的重要指标。

(2) 击实曲线随击实功能的增大将向坐标的左上部移动（图 5-16），表明最优含水量逐渐减小，最大干重度逐渐增大，击实曲线逐渐向饱和曲线接近。但击实曲线始终不能超过土的饱和曲线。

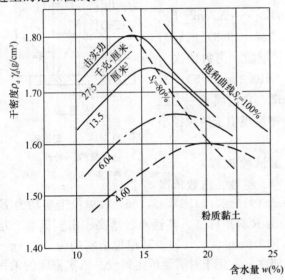

图 5-16 不同击实功能下的击实曲线

(3) 黏性土击实曲线的最优含水量一般大于塑限约 2%，对应的饱和度约为 80%。但最大干密度受土类及级配的影响很大。愈粗或级配愈好的土，最大干密度愈高；塑、液限愈高的土，最优含水量亦愈高，但最大干密度愈低。

(4) 如果把低于和高于最优含水量的土分别称之为偏干的土和偏湿的土，则偏干的土在破坏时可受较大的应力，但多呈明显的脆性；而偏湿的土在破坏时所受的应力较小，但它有较弱的脆性，即它有较好的塑性，较能适应于土的变形。

(5) 击实曲线在最优含水量前后可能比较平缓，也可能比较陡峻。因此，对于要求有高密度的填土，曲线比较陡峻时控制填筑含水量更重要；对于要求有良好塑性的填土，曲线比较平缓时更适宜。

(6) 对含一定细粒（大于 30%）的无黏性土，含一定砾石（小于 70%～75%）的细粒土（砾石砂）以及粗粒少的强风化石渣土，也会得到具有最优含水量和最大干密度特性的击实曲线。但对纯净的砂砾石，由于它的含水量变化对击实性的影响不太显著，故如上特性的击实曲线不能得到。

(7) 通常，如果将不同击实功能下击实曲线的峰值点连接起来，则得到的曲线大体上与饱和曲线相平行。它在黏性土的最优含水量 w_{op} 和最大干密度 $\rho_{d,max}$ 之间给出的经验关系为（李君纯，1958）为：

$$\rho_{dmax} = \frac{0.86}{0.316 + w_{op}} \tag{5-28}$$

其实，因有：

$$\rho_d = \frac{G}{1+e}\rho_w = \frac{G}{1+\frac{wG}{S_r}}\rho_w = \frac{\rho_w}{\frac{1}{G}+\frac{w}{S_r}} = \frac{S_r\rho_w}{\frac{S_r}{G}+w} \tag{5-29}$$

故如取击实后黏性土的饱和度为80%～90%，取黏性土的颗粒相对密度为 $G \approx 2.70 \sim 2.72$，则式（5-29）在击实干密度与最优含水量时计算得到的常数值将与式（5-28）中的经验数值基本一致。

三、工程填土的压实性指标

（1）如前所述，试验得到的土击实性指标有最优含水量和最大干密度。在工程中，控制填土压实的指标常用压实度，即要求填土控制的干密度与击实试验的最大干密度之比要达到工程重要性要求的压实度标准。由于考虑到工地与试验室在压实之间的差异，常于填土压实之前在现场作类似室内击实试验的铺土压实试验，确定出实际压实施工控制的参数，如机具、铺土厚度、碾压遍数等。碾压后湿密状态的检验，可用现场取土直接试验（大粒径时可用灌砂、灌水法），亦可才用间接方法（湿度密度仪或核子密度仪）。

（2）对于用击实试验得不到最大干密度，即得不到上述形态击压实曲线的土类，如纯净的砂砾石、含少量细粒的无黏性土等，控制填土压实的指标常用相对密度 D_r 或压实性指标 F。有时，在工程上也按一个适宜的含水量来控制，要求含水量略高于控制功能对应的最优含水量，如增加塑性指数的10%～20%。在这种情况下，由控制饱和度或者含气量的方法来确定土压实程度的干密度指标。如要求饱和度等于0.8～0.9；或者，要求含气量为3%（对砂壤土），4%（壤土）和5%（黏土）等。这些饱和度或含气量所对应的干密度可分别用下式求得，即：

$$\rho_d = \frac{GS_r}{S_r + Gw}\rho_w \tag{5-30}$$

或

$$\rho_d = \frac{G(1-V_a)}{1+Gw}\rho_w \tag{5-31}$$

压实性指标 F 由下列的公式确定，即：

$$F = \frac{e_{max} - e_{min}}{e_{min}} \tag{5-32}$$

用干密度表示的相对密度为：

$$D_r = \frac{\rho_d}{\rho_{d,max}} \cdot \frac{\rho_{d,max} - \rho_{d,min}}{\rho_d - \rho_{d,min}} \tag{5-33}$$

（3）对于粗、细粒混杂的土，当土中的粗粒含量 p_s 在30%以下时，粗粒还不足以形成稳定骨架，粗粒含量 p_s 大于70%～75%时，粗粒土能形成稳定骨架，含水量对压实无明显的影响。此时，如粗粒含量小于3%，则它的击实试验仍可用标准的击实方法；如粗粒含量 p_s 大于30%，则需采用重型击实试验；如粗粒含量为 $p_s = 3\sim 30\%$，则可以从土中筛去粗粒后，再采用标准的击实方法进行试验，而对于土中粗粒含量的影响可采取修正试验结果的方法处理，用修正的最优含水量 w'_{op} 与修正的最大干密度 γ'_{dmax} 作为含粗粒土的压实性指标。修正后的公式为：

$$\rho'_{dmax} = \frac{1}{\frac{1-p_s}{\rho_{dmax}} + \frac{p_s}{G_2\rho_w}} \tag{5-34}$$

和
$$w'_{op} = (1-p_s)w_{op} + p_s w_2 \tag{5-35}$$

式中：ρ_{dmax}，w_{op} 为细粒部分土的最大干密度与最优含水量；ρ'_{dmax}，w'_{op} 为对粗粒部分修正后土的最大干密度与最优含水量；p_s 为粗粒的含量百分数；G_2，w_2 为粗粒部分土粒的干比重与吸附含水量。

四、主要击实性公式的推导

本节的计算公式中，下面只对粗粒含量为 $p_s = 3\% \sim 30\%$ 的含粗粒土，以细粒土击实性指标为基础计算含粗粒土的修正最优含水量 w'_{op} 与修正最大干密度 ρ'_{dmax} 的公式进行推导。

如取单位体积的含粗粒土，即 $V=1$，并令：粗粒部分的含量百分数为 p_s，则细粒部分的含量百分数为 $(1-p_s)$。如前所述，细粒部分土的最大干密度与最优含水量为 γ_{dmax} 与 w'_{op}；粗粒部分土粒的干比重与吸附含水量为 G_2 与 w_2，则可由含粗粒土中粗、细颗粒的体积与总体积的关系，写出：

$$\frac{(1-p_s)\rho'_{dmax}}{\rho_{dmax}} + \frac{p_s \rho'_{dmax}}{G_2 \rho_w} = 1 \tag{5-36}$$

故得含粗粒土的最大干密度为：

$$\rho'_{dmax} = \frac{1}{\dfrac{1-p_s}{\rho_{dmax}} + \dfrac{p_s}{G_2 \rho_w}} \qquad 即证，式(5-34)$$

它也可以写为：

$$\rho'_{dmax} = \frac{\rho_{dmax} G_2}{(1-p_s)G_2 \rho_w + p_s \rho_{dmax}} \tag{5-37}$$

含粗粒土的最优含水量为：

$$w'_{op} = (1-p_s)w_{op} + p_s w_2 \qquad 即证，式(5-35)$$

第6节 小 结

(1) 土变形强度特性变化的主要规律包括法向应力与压缩变形之间的关系（压缩特性规律）；剪应力与抗剪强度之间的关系（抗剪特性规律）；渗透流速与水力梯度之间的关系（渗透特性规律）；击实功与压实密度之间的关系（压实特性规律）；固结变形量与时间之间的关系（渗压固结特性规律）；静三轴应力与应变之间的关系（静应力应变特性规律）；和动三轴应力与应变之间的关系（动应力应变特性规律）。土工试验是为揭示和分析这些特性规律提供依据的基础。本章讨论了压缩特性规律，抗剪特性规律，渗透特性规律，压实特性规律。

(2) 土的压缩特性规律由压缩试验（通常为单向压缩试验）测定；压缩曲线（孔隙比与压力的关系，$e-p$ 曲线，或 $e-\lg p$ 曲线）是描述土压缩特性规律的基本曲线，不同形态的压缩曲线反映了土不同的压缩特性。土的压缩特性规律也可用压缩定理（在压力变化不大时，孔隙比的减小与压力的增大成正比例，即 $\Delta e = -a\Delta p$）来概括。土压缩特性的主要特性指标有：反映加荷压缩段特性的压缩系数 a、压缩模量 E_s、压缩指数 C_c、体积压缩系数 m_v 和反映卸荷回弹段特性的回弹模量 E_u、回弹指数 C_e，还有反映现场土加荷变形特性的变形模量 E_0。它们之间有内在的联系，可以互相推算。

(3) 土的抗剪特性规律由剪切试验（通常为直接剪切试验）测定；抗剪强度曲线（抗剪强度与法向应力的关系，$\tau_f - p$ 曲线，或 $\tau_f - \sigma$ 曲线）是描述土剪切特性规律的基本曲线。土的剪切特性规律也可用库仑定理（$\tau_f = \sigma \cdot \tan\varphi + c$）来概括。它的有效应力形式为 $\tau_f = (\sigma - u_w)\tan\varphi' + c'$；非饱和土形式为 $\tau_f = [(\sigma - u_a) + \chi \cdot (u_a - u_w)] \cdot \tan\varphi' + c'$；转换粘结应力形式为 $\tau_f = \sigma \cdot \tan\varphi + c = (\sigma + \sigma_c)\tan\varphi$。土剪切特性的主要特性指标有：总应力的内摩擦角 φ 和黏聚力 c，或有效应力的内摩擦角 φ' 和黏聚力 c'。它们除了与土性有关外，还随试验方法等一系列因素的变化而不同。因此，为了模拟不同固结程度和剪切速率，可以采用直剪试验的快剪、慢剪和固结快剪等方法，或三轴试验的不排水剪（UU 试验）、固结不排水剪（CU 试验）和排水剪（CD 试验）等方法；为了模拟大幅剪切位移的条件，可以采用残余强度试验方法；为了模拟长荷载时间作用的影响，可以采用长期强度试验方法。由于它们测得的抗剪强度指标必然会有明显的不同，故没有具体条件的强度指标是毫无实际用处的；模拟的试验条件与实际条件相差过大时的强度指标也是没有价值的。

(4) 土的渗透特性规律由渗透试验（通常为定水头渗透试验和变水头渗透试验）测定；渗透曲线（渗透流速与水力梯度之间关系曲线，$v - i$ 曲线）是描述土渗透特性规律的基本曲线。土的渗透特性规律可以用达西（Darcy）渗透定理（一般的粗粒土、砂土和黏土的渗透流速与水力坡降成正比例，$v = ki$）来概括。土渗透特性的主要特性指标为渗透系数 k。对饱和土为渗水系数，它要随土的粒度、密度、结构与温度等变化；对非饱和土为渗水系数与渗气系数，它们除与土的粒度、密度、结构与温度等有关外，渗水系数要随含水量的增大而增大；渗气系数要随含水量的增大而减小成层土的渗透系数需要考虑土层的厚度和水流的方向作出分析计算。

(5) 土的击实特性规律由击实试验（通常为轻型击实试验和重型击实试验）测定；击实曲线（一定击实功下含水量与击实干密度的关系，$\gamma_d - w$ 曲线）是描述土击实特性规律的基本曲线。土只有在对应击实功能的最优含水量下才可以击实到最大的干密度；土击实特性的指标是它的击实功能所对应的最优含水量和最大干密度；随着击实功能的增大，最优含水量逐渐减小，最大干密度逐渐增大，击实曲线逐渐向饱和曲线接近。工程填土时，常按设计要求的压实度控制填土压实的质量；也可按设计要求的饱和度或含气量对应的干密度作控制。对于纯净的砂砾石、含少量细粒的无黏性土等击实曲线无峰值的土，常用压实性指标或相对密度来控制。如果土为含粗粒的土，而且它的粗粒含量为 $p_s = 3\% \sim 30\%$，则它可采用修正后的最优含水量 w'_{op} 与修正后的最大干密度 γ_{dmax}，确定控制填土压实性的指标。对粗粒含量更小或更大的土，则需分别用各自的土试样在通用型的或大型的击实设备进行击实试验。

思 考 题

1. 土变形强度特性变化的主要规律通常是指哪些规律？为什么说它们是分析不同条件下土体变形强

度稳定性时将土性和应力联系起来的重要纽带？为什么说土工试验是揭示和分析这些特性规律的基础？

2. 当由压缩试验得到土样在不同压力下的竖向变形量之后，如何计算出土在该压力下的孔隙比？你能推导出它的计算公式吗？

3. 当将压缩曲线表示为 $e-p$ 曲线或 $e-\lg p$ 曲线的形态时，如何据以确定出土的压缩系数 a、压缩模量 E_s、压缩指数 C_c、体积压缩系数 m_v、回弹模量 E_u、回弹指数 C_e 以及变形模量 E_0 等压缩性指标的值？

4. 试勾绘出低压缩性土、高压缩性土、超固结土、正常固结土、湿陷性土等土压缩曲线的形态，比较它们的差异。

5. 如果说"土的压缩定理为：土孔隙比的变化与压力的变化成正比例"，这种说法对吗？为什么？

6. 试写出抗剪强度曲线的基本形式，有效应力形式、非饱和土形式，以及转换粘结应力形式。

7. 土剪切特性的指标有哪些？试比较不同试验方法（快剪、慢剪和固结快剪；不排水剪、固结不排水剪和排水剪）确定的指标值间差异变化的趋向，并对这种差异的原因作出解释。

8. 标准强度试验、长期强度试验和残余强度试验的基本不同点在何处？由它们得到的强度在大小上有什么关系？

9. 试比较砂土、黏土、堆石等土的渗透曲线，解释其不同形式出现的原因。

10. 测定土渗透系数 k 的定水头试验法和变水头试验法各适用于什么土类？为什么？

11. 你能说出饱和土的渗透性随土的粒度、密度、结构与温度变化的总趋向和它的原因吗？

12. 非饱和土的渗水系数与渗气系数是如何随含水量的增大而变化的？请对其予以解释。

13. 土的击实曲线为什么会出现峰值？这种形态的击实曲线可以出现在哪些土类中？不出现在哪些土类中？

14. 击实土所用的"平均单位击实功能"是如何计算出来的？击实功逐级增大时，击实曲线将如何逐渐变化？最优含水量与最大干密度将是逐渐增大？还是逐渐减小？

15. 土工填筑时，通常是用什么指标来控制填土质量的？你认为哪种方法最好？为什么？

习　题

1. 类似于室内的压缩、剪切、渗透和击实等试验，在现场常进行载荷试验、十字板试验、抽水试验和铺土试验，这些现场试验与各自对应的室内试验有什么异同点？它们有什么用处和优点？

2. 试写出计算土层压缩量的基本公式及其引入压缩系数、压缩模量、变形模量以后的形式。

3. 请从直剪试验和三轴试验的各类方法中选出你认为适合于下列各类分析所需抗剪强度指标的试验测定方法，并说出选择它的理由。

(1) 土坝黏性填土快速施工时的稳定性分析。

(2) 上游坝坡在水位骤降期和下游坝坡在稳定渗流期的坝坡稳定性分析。

(3) 深层饱和黏土地基上快速修建上部结构时地基的稳定分析。

(4) 土坝分层碾压（施工较慢）至竣工期时坝坡的稳定分析。

(5) 黄土高边坡的长期稳定分析。

(6) 老滑坡体复活可能性的分析。

4. 如果用干密度为 1.65g/cm^3 的饱和击实土试样进行三轴固结不排水试验（CU 试验），它在试样达到破坏标准时得到的最大主应力 σ_1、最小主应力 σ_3 和孔隙水压力 u 如下表所示，试确定该土样的抗剪强度指标 $c_{cu}\phi_{cu}$ 和 $c'\phi'$。

习　题　4　　　　　　　　　　表 5-1

σ_1 (kPa)	145	223	320	412
σ_3 (kPa)	60	100	150	200
u (kPa)	41	59	76	92

5. 下列两种应力应变关系的图形，对砂土和黏土各可能在什么条件下发生？此时土的抗剪强度值应如何确定？

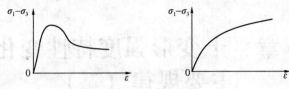

图 5-17 习题 5

6. 已知：某黏性土直剪试验所得到的内摩擦角指标为 $\varphi_q, \varphi_{cq}, \varphi_s$，试问那个指标接近于土的有效应力指标，各个指标间的大小关系应该如何？

第6章 土变形强度特性变化的主要规律（二）

——固结、静三轴、动三轴试验的规律

第1节 概 述

本章为"土变形强度特性变化的主要规律（二）"，它将讨论土的渗压固结特性规律、土的静应力应变特性规律和土的动应力应变特性规律。它不仅要进一步深化已有的知识，而且要更多地注意联系实际的一些基本问题。

第2节 变形量与时间之间的关系
——土的渗压固结特性规律

（一）土的固结试验

土的固结试验要揭示土的固结变形量与时间之间的关系，即土的渗压固结特性规律。固结试验与压缩试验的设备、控制条件与方法步骤基本相同（用压缩仪，完全侧限，圆饼状试样，分级加荷，稳定标准），它只是单向排水（双面排水时，试样厚度按 $H/2$ 计算），且需要在每一级压力 p_i 施加后，测定出不同时刻对应的竖向变形量 ΔS_{ti}，研究土变形随时间变化的过程。由于土的变形过程总是在初期较快，逐渐变缓，故测记变形的间隔时刻总是在初期较短，后期较长。例如，试验规程要求的时刻依次为：$6''$，$15''$，$1'$，$2'15''$，$4'$，$6'15''$，$9'$，$12'15''$，$16'$，$20'15''$，$25'$，$30'15''$，$36'$，$42'15''$，$49'54''$，$100'$，$200'$，$400'$，23hr，24hr 等。它在绘制固结过程曲线时还可以使试验的测点沿曲线有较为均匀的分布。

土的固结试验通常对饱和试样进行，必要时也可作非饱和土的固结试验。由于饱和土的固结总是和水的渗出、土的压缩相结合的；非饱和土的固结总是和水与气的渗出、土的压缩相结合的，故通常称之为渗压固结。又由于土固结时不同的边界条件会使固结变形发展的过程完全不同，故通常研究土材料的固结特性时的固结试验常在一维固结条件下进行。自然，为了解决实际问题，可以针对具体的情况，建立渗压固结理论。例如，对大基础、薄土层的地基固结情况，仍可采用一维固结理论，这种渗压固结的边界条件与研究土固结特性的基本试验条件相同；对砂井预压时地基的固结，需要将这种一维固结与轴对称固结相结合来描述；对实际情况下更复杂的情况，可以建立二维固结（对坝体）或三维固结（一般情况）、甚至动力固结的理论。

二、土的固结曲线

(一) S_t-t 型和 U_t-T_v 型的固结曲线

土的固结曲线按理应该是指固结过程中的变形量与时间之间的关系曲线（图 6-1），它可表示为 S_t-t 曲线、$S_t-\sqrt{t}$ 曲线和 $S_t-\lg t$ 曲线等不同的形式，但是通常也多表示为固结度 U_t 与时间因数 T_v 之间的关系，如图 6-2，它同样可有类似如上曲线的不同形式，即：U_t-T_v 曲线、$U_t-\sqrt{T_v}$ 曲线和 $U_t-\lg T_v$ 曲线等不同形式。可以看出，这两类方法表示的曲线具有完全相似的变化规律。

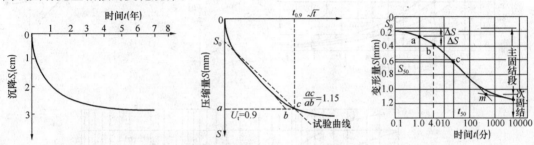

图 6-1 固结过程曲线（S_t-t 曲线，$S_t-\sqrt{t}$ 曲线和 $S_t-\lg t$ 曲线）

在这里，U_t 定义为固结度，它是某一时刻 t 的变形量对固结完成时刻变形量（最终变形量）之比，即：

$$U_t = \frac{S_t}{S_\infty} \tag{6-1}$$

在理论上，它与式（4-1）用有效应力的定义的固结度是一致的，但实际上仍会有一定的差异，故有人将式（4-1）表示的固结度称为应力固结度，将式（6-1）表示的固结度称之为变形（体积）固结度，以示其区别。

在这里，T_v 称为时间因数，它是一个与固结时间有关的参数：

$$T_v = \frac{C_v \cdot t}{H^2} \tag{6-2}$$

可以由固结理论的推导得出（见后）。式中：H 为土层渗透经过的厚度（对饱和土单面排水的一维渗透固结为土样的厚度，双面排水时为土样厚度的一半）。

在这里，C_v 称为土的固结系数，是表示土固结特性的一个指标。它在理论上等于：

$$C_v = \frac{k(1+e_1)}{a\gamma_w} \tag{6-3}$$

亦可由固结理论的推导得出（见后）。它随渗透系数的增大而增大，随压缩系数的增大而减小，反映了土固结发展的快慢。

(二) 固结曲线的特性

大量的固结试验表明，对于土的固结特性可以有如下基本认识：

(1) 砂土的固结曲线（S_t-t 曲线）可以迅速达到稳定，粘土的固结曲线（S_t-t 曲线）可以在延续很长时间后才能达到稳定，如图 6-3，故通常可以不考虑砂土等无黏性土的固结问题，认为它不会对地基上建筑物的变形有重要影响。

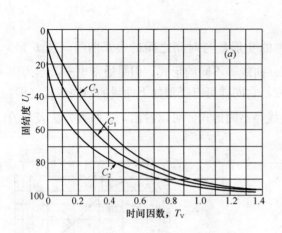
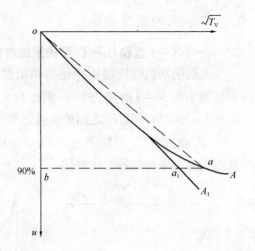

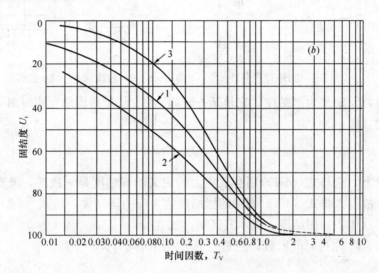

图 6-2 理论固结曲线（$U_t - T_v$ 曲线，$U_t - \sqrt{T_v}$ 曲线和 $U_t - \lg T_v$ 曲线）

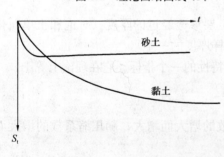

图 6-3 砂土与黏土的固结曲线

(2) 土固结的快慢除与土的厚度、固结时间长短、应力大小、排水条件等有关外，沿土厚度上的应力分布会有很大的影响。在固结试验时，因试样较薄，沿土厚度上的应力为均匀分布（矩形），而实际地基中附加应力的分布可能为倒梯形或三角形，填土本身固结时的应力分布可为梯形。在图 6-2 中，曲线旁标记的不同数字反映了各自在应力分布和边界条件上的差别。1 对应于应力均匀分布、双面排水；2 对应于应力倒三角形分布、顶面排水；3 对应于应力三角形分布、顶面排水。

(3) 固结系数 C_v 虽然要随渗透系数的增大而增大，随压缩系数的增大而减小，但在固结试验过程中，土的固结使得土的渗透系数（分子）和压缩系数（分母）同时减小，其比值的变化往往并不很大。因此，固结系数在固结试验过程中的变化也不大，一般可以取其平均值，并将其视为一个只与土固结特性有关的土性指标。

(4) 现场实测的固结曲线往往与渗压固结理论的固结曲线有所出入，其发展或者较快（土渗透性较大时），或者较慢（对某些软黏土）。它反映了渗压固结理论的缺陷（没有考虑土结构性、溶解或封闭气体、起始水力梯度等的影响）。因此，用经验公式来估算土的固结过程也为实际中的计算所采用。如尼奇泊诺维奇的公式为：

$$S_t = S_\infty(1 - e^{-\alpha t}) \tag{6-4}$$

或

$$S_t = S_\infty \frac{t}{\alpha - t} \tag{6-5}$$

式中：α 为经验常数。

三、土的渗透固结理论

(一) Terzaghi 渗透固结理论

如前在第 4 章所述，通常的 Terzaghi 的一维渗透固结理论需要满足力的平衡方程和渗流的连续方程。对于固结试验的一维固结情况，力的平衡方程自然满足。此时，只需建立渗流的连续方程。如果假定土为均匀一致、各向同性、饱和状态、单面排水、土粒与水均不可压缩、荷载瞬时一次施加，则在此饱和土的固结过程中（图 6-4），任意深度 z 上点微元体孔隙体积的变化量（服从压缩定理及有效应力原理）应该等于水从土中的排出量（服从达西定理），即得渗流的连续方程为：

$$\frac{\partial V_v}{\partial t} dt = \frac{\partial q}{\partial z} dz dt \tag{6-6}$$

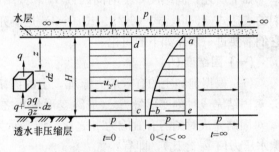

图 6-4 固结过程中的应力变化

因

$$\frac{\partial V_v}{\partial t} dt = \frac{dz}{1+e} \frac{\partial e}{\partial t} dt$$

$$\frac{\partial e}{\partial t} = -a \frac{\partial \sigma_z}{\partial t} = a \frac{\partial u}{\partial t} \text{（压缩定理）}$$

$$q = ki = \frac{k}{\gamma_w} \frac{\partial u}{\partial z} \text{（达西定理）}$$

故如将这些关系代入渗流连续条件式 (6-6)，则可以推导出一维渗透固结的基本微分方程式为：

$$\frac{\partial u}{\partial t} = \frac{k(1+e)}{a\gamma_w} \frac{\partial^2 u}{\partial z^2} = \frac{k}{m_v \gamma_w} \frac{\partial^2 u}{\partial z^2} \tag{6-7}$$

或

$$C_v \frac{\partial^2 u}{\partial z^2} = \frac{\partial u}{\partial t} \tag{6-8}$$

即得土一维渗透固结的基本方程式。式中：C_v 称为固结系数，如式 (6-3) 所示，等于：

$$C_v = \frac{k(1+e_1)}{a\gamma_w} \tag{6-9}$$

如果利用土固结的初始条件及边界条件对渗透固结的基本微分方程式 (6-8) 求解，就可以得到渗透固结过程中任意时刻 t、任意点 z 上的孔隙水压力 $u_{z,t}$。因固结试验时的初始条件及边界条件为：

$t=0$ 和 $0\leqslant z\leqslant H$ 时, $u=u_0=p$;

$0<t\leqslant \infty$ 和 $z=0$ 时, $u=0$;

$0\leqslant t\leqslant \infty$ 和 $z=H$ 时, $\dfrac{\partial u}{\partial z}=0$;

$t=\infty$ 和 $0\leqslant z\leqslant H$ 时, $u=0$。 (6-10)

故求解得到的 $u_{z,t}$, 即任意时刻 t、任意点 z 上的孔隙水压力为:

$$u_{z,t}=\frac{4p}{\pi}\sum\frac{1}{m}\sin\frac{m\pi z}{2H}e^{-m^2\left(\frac{\pi^2}{4}\right)T_v} \qquad (6\text{-}11)$$

式中: m 为奇数正整数 (1, 3, 5, ……); T_v 为时间因数, 如式 (6-2) 所示

$$T_v=\frac{C_v\cdot t}{H^2} \qquad (6\text{-}12)$$

(二) Biot 固结理论

上述关于一维固结的 Terzaghi 渗透固结理论也被推广到二维、三维情况, 称为 Terzaghi—Rendulic 固结理论。但它仍然考虑固结过程中总应力保持为常数。Biot (1940) 在建立渗透固结理论时, 除考虑了土在固结过程中渗流连续方程外, 在建立平衡方程时考虑了作用荷载变化引起应力变化, 从而发展了比较完整的三维固结理论。需要详细了解时可参见有关文献。

四、土的固结特性指标

如上所述, 固结度 U_t、时间因数 T_v 和固结系数 C_v 是描述土固结特性的基本指标。它们的表达式 (6-1)、式 (6-2)、式 (6-3) 是研究土固结特性时的重要关系式。因此, 对于它们需要进一步作如下的讨论:

(一) 固结度 U_t

(1) 根据饱和土的有效应力原理, 土的固结度 U_t 既可以定义为某一时刻 t 的变形量 S_t 对固结完成时刻变形量 S_∞ (最终变形量) 之比, 也可以定义为某一时刻 t 的有效应力 σ_{zt} 对固结完成时刻的有效应力 p 之比, 或表示为孔隙水压力的消散值 (u_0-u_{zt}) 与初始孔隙水压力值 u_0 之比), 即有:

$$U_t,\%=\frac{S_t}{S_\infty}=\frac{p'_t}{p}=\frac{p-u_t}{p}=\frac{u_0-u_t}{u_0}=1-\frac{u_t}{p},\% \qquad (6\text{-}13)$$

(2) 土层的平均固结度。如果考虑到沿固结土层的深度上有不同的有效应力 σ_{zt} 或孔隙水压力 $u_{z,t}$, 则由任意时刻任意点上的固结度

$$U_{zt}=\frac{\sigma_{zt}}{p}=\frac{u_0-u_{z,t}}{u_0}$$

可以得到厚度为 H 土层的平均固结度为:

$$\overline{U}_t=\frac{\int_0^H u_0 \mathrm{d}z-\int_0^H u_{z,t}\mathrm{d}z}{\int_0^H u_0 \mathrm{d}z}=1-\frac{\int_0^H u_{z,t}\mathrm{d}z}{\int_0^H u_0 \mathrm{d}z} \qquad (6\text{-}14)$$

或在引入式 (6-12) 时写为:

$$\overline{U}_t=1-\frac{8}{\pi^2}\sum_{m=1}^\infty \frac{1}{m^2}e^{-m^2\left(\frac{\pi^2}{4}\right)T_v}=1-\frac{8}{\pi^2}\left(e^{-\left(\frac{\pi^2}{4}\right)T_v}+\frac{1}{9}e^{-9\left(\frac{\pi^2}{4}\right)T_v}+\cdots\right) \qquad (6\text{-}15)$$

或

$$\overline{U}_t \approx 1 - \frac{8}{\pi^2} e^{-(\frac{\pi^2}{4})T_v} \tag{6-16}$$

（3）荷载非瞬时施加时固结度的修正。如果土层上的荷载是逐步均匀施加的（不是一次瞬时施加的），它在经过时间 t_1 至 p 后才保持不变，则在按前述施加瞬时荷载的理论进行固结度的计算时，对于时间 t_1 以前的固结度应按经过时间为 $t_1/2$ 时的固结度用实际作用的压力进行折减，即有：

$$U_t = U_{1/2} \cdot \frac{p'}{p} \tag{6-17}$$

对于达到恒载以后的固结度应按经过时间为 $(t-t_1/2)$ 来计算，即有：

$$U_t = U_{(t-t_1/2)} \tag{6-18}$$

（4）二维、三维固结系数。如果在二维、三维情况下考虑渗透固结，它们的渗流连续方程仍然可利用"任意土单元体的体积变化率等于流经该单元体表面的水量"这一基本关系，对应得到相应的固结系数 C_{v2} 和 C_{v3}，但它们与前述一维情况下的固结系数 C_{v1} 不同。根据 Terzaghi-Rendulic 的推导，它们之间的关系为：

$$C_{v1} = 2(1-\mu) \cdot C_{v2} = \frac{3(1-\mu)}{1+\mu} \cdot C_{v3} \tag{6-19}$$

（二）时间因数 T_v

时间因数是在式（6-11）推导中综合反映土性、土层厚度和时间影响的一个参数，如式（6-2）。对于土性和土层厚度一定的渗透固结情况，它就是一个表示时间的指标。由式（6-14）可见，固结度与时间因数之间的关系可以有一条理论固结曲线表示。它的 $U_t - \lg T_v$ 型曲线在初始段近似于抛物线，接着为较陡的直线，最后变缓为另一条平缓的直线；它的 $U_t - \sqrt{T_v}$ 型曲线在初始段可为一条直线，固结度为90%点与坐标原点连接的直线，其横坐标值近似等于初始段直线对应值的1.15倍。理论固结曲线的这些特点可用以确定土的固结系数值。

（三）固结系数 C_v

固结曲线是求取固结系数的基础。但由于实测的固结曲线在初始段常难于准确测定，故它与理论固结曲线常有一定的差异，因此，在确定土的固结系数时，需要将实测的固结曲线与理论的固结曲线的特点相结合。常用的方法有时间对数比拟法和时间平方根比拟法。

（1）时间对数比拟法。当利用理论 $U_t - \lg T_v$ 曲线的特点（初始段近似于抛物线，接着为较陡的直线，最后变缓为另一条平缓的直线）由实测曲线确定固结系数时，可以在实测的 $U_t - \lg t$ 固结曲线的初始段选取两点 A 与 B，如图6-5，其对应时间应为 $t_B = 4t_A$，它们的变形差值为 ΔS，然后，将 A 点以上有变形差值为 ΔS 处在坐标轴上的点作为零点，同时将两段直线的交点作为固结度为100%的点，即可由它们对应求出固结度为50%的时间 t_{50}。将它和理论曲线上固结度为50%的时间因数 T_{50}（=0.197）一起代入时间因数的表达式 $T_v = \dfrac{C_v \cdot t}{H^2}$，即可计算出土的固结系数 C_v 值。

（2）时间平方根比拟法。当利用理论 $U_t - \sqrt{T_v}$ 曲线的特点（初始段可为一条直线，固结度为90%点与坐标原点连接的直线，其横坐标值近似等于初始段直线对应值的1.15倍）由实测 $U_t - \sqrt{t}$ 曲线确定固结系数时，可以作另一条直线，使其横坐标 $\sqrt{t}$ 值为实测固结曲线初始直线的1.15倍，如图6-6，由此直线与实测曲线的交点定出固结度为90%的点，得到它对应的时间，即得固结度为90%的时间 t_{90}。同样，将它和理论曲线上固结度为90%的时间因数 T_{90}（＝0.848）一起代入时间因数的表达式 $T_v = \dfrac{C_v \cdot t}{H^2}$，亦可计算出土的固结系数 C_v 值。

上述两种方法是求取固结系数 C_v 值常用的方法。土固结系数 C_v 的计算式为：

$$C_v = \frac{T_v H^2}{t} = \frac{0.197 H^2}{t_{50}} = \frac{0.848 H^2}{t_{90}} \tag{6-20}$$

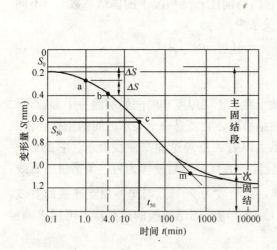

图6-5 时间对数曲线（$U_t - \lg t$ 曲线）

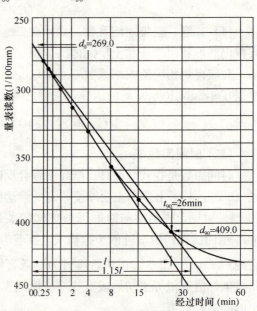

图6-6 时间平方根曲线（$U_t - \sqrt{T}$ 曲线）

第3节 静力三轴（常规）应力与应变之间的关系

——土静力三轴应力应变的特性规律

一、土的静力三轴试验

土的静力三轴试验要揭示土在静力三轴条件下应力与应变之间的关系，即土静力三轴应力应变的特性规律。静力三轴的常规试验需要将削制（黏性土）或模制（无黏性土）而成、并包有橡皮膜的土试样安装在一个三轴容器中（图6-7），使试样顶盖上很小直径的加压活塞杆伸出到容器之外。此时，当向容器中的水或气加压时，试样会在径向和轴向受到各向均等的压力（忽略活塞杆的影响），即有 $\sigma_r = \sigma_z$ 或 $\sigma_3 = \sigma_1$。当受到某一均等压力 σ_3

的试样在其变形达到要求的固结标准时，保持径向压力不变（$\Delta\sigma_3 = 0$），但逐级增大轴向压力（$\Delta\sigma_1 > 0$），并测记试样在各级压力下变形达到稳定时的轴向应变 ε_1（有时还需测体应变 ε_v）。这样的逐级加压与测试，直至试样出现破坏为止。这种常规三轴试验的方法以逐级加大作用的轴向应力和保持不变的径向应力为特点，为常规的三轴试验。通常，三轴试验还可以有试样上作用三个主应力的真三轴试验；有中间主应变为零（应力不为零）、试样上

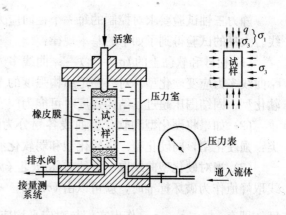

图 6-7 静力三轴试验

仅作用大、小主应力的平面应变三轴试验；有更复杂应力或应力路径（等球应力，等偏应力，等应力比条件）下的应力路径三轴试验；有空心圆筒形试样上施加轴向应力和内、外径向应力以及扭转应力的扭剪三轴试验（可以实现主应力轴旋转）；还有可以实现静力、动力耦合作用的动力三轴试验等。它们可以根据研究或工程计算的需要选用。本节的讨论仅限于常规三轴试验，因为它不仅简单实用，而且能够反映静力三轴试验的基本实质与内容。

二、土的静应力应变曲线

土静力三轴试验的结果一般有 $(\sigma_1-\sigma_3)-\varepsilon_1$ 曲线与 $\varepsilon_v-\varepsilon_1$ 曲线，如图 6-8。尽管在试验中由于轴向应力作用后是否固结，剪应力施加是快是慢，试验过程中是否测定孔隙水压力等的不同，常规三轴试验仍然有不排水剪、固结不排水剪（测孔压与不测孔压）和排水剪的不同，但它们的试验结果都需要做成 $(\sigma_1-\sigma_3)-\varepsilon_1$ 曲线与 $\varepsilon_v-\varepsilon_1$ 曲线来进行分析。不过，通常在研究土的应力应变关系时，需要进行排水的三轴试验，即当试样在径向压力下达到排水固结后，再逐级增大轴向应力（也相当于逐级施加剪应力），并在各级应力下测定出达到变形稳定的轴向应变和体积应变，直至试样破坏为止。

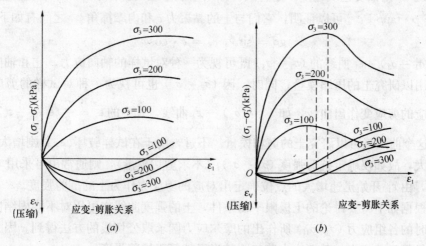

图 6-8 静应力应变曲线
(a) 应变硬化型；(b) 应变软化型

静力三轴试验要求对控制的每一个径向应力 σ_3 都作出 $(\sigma_1-\sigma_3)-\varepsilon_1$ 曲线和 $\varepsilon_v-\varepsilon_1$ 曲线。大量的试验得到了如下的基本规律：

(1) 松砂和软黏土的 $(\sigma_1-\sigma_3)-\varepsilon_1$ 曲线多为应变硬化型；密砂和硬黏土的 $(\sigma_1-\sigma_3)-\varepsilon_1$ 曲线多为应变软化型。对有一定结构强度的土，固结围压未超过结构强度时可能为应变软化型；固结围压超过了结构强度时可能为应变硬化型。

(2) 如果将硬化型和软化型曲线各划分为强和弱两类，则土的应力应变曲线将有四类：强硬化型，弱硬化型，强软化型和弱软化型。

(3) 当对硬化型曲线取一定的破坏应变（如 $\varepsilon_1=15\%$）作为破坏标准；对软化型曲线取峰值作为破坏标准时，就可以由 $(\sigma_1-\sigma_3)-\varepsilon_1$ 曲线得到相应于各固结应力 σ_3 的抗剪强度，即有：$q_f=\sigma_{1f}-\sigma_{3f}$。作出它们与对应平均应力 $p=\frac{1}{3}(\sigma_1+2\sigma_3)$ 间的关系曲线，即可得到复杂应力条件下的强度曲线（q_f-p 曲线）。这里，p 和 q 的一般表达式为：

$$p=\frac{\sigma_1+\sigma_2+\sigma_3}{3} \tag{6-21}$$

$$q=\frac{1}{\sqrt{2}}\left[(\sigma_1-\sigma_2)^2+(\sigma_2-\sigma_3)^2+(\sigma_3-\sigma_1)^2\right]^{\frac{1}{2}} \tag{6-22}$$

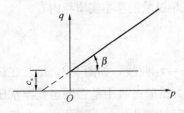

图 6-9 复杂应力条件下的强度曲线（$q-p$ 曲线）

故对于常规三轴试验的情况，$p=\frac{1}{3}(\sigma_1+2\sigma_3)$，$q=\sigma_1-\sigma_3$，它的强度包线（图 6-9）可写为：

$$q=p\cdot\tan\beta+c_s \tag{6-23}$$

可以证明，式中的参数 $\tan\beta$ 与 c_s 与土的黏聚力 c 和内摩擦角 φ 之间有如下的关系：

$$\tan\beta=\frac{6\sin\varphi}{3-\sin\varphi},\ c_s=\frac{6c\cdot\cos\varphi}{3-\sin\varphi} \tag{6-24}$$

如用 $p=\frac{1}{2}(\sigma_1+\sigma_3)$，$q=\frac{1}{2}(\sigma_1-\sigma_3)$ 表示常规三轴试验的抗剪强度曲线（也是常用的一种形式），则强度包线也是一条直线，如用 $\bar{c}_s$ 表示它的纵截距，用 $\tan\bar{\beta}$ 表示它的斜率，则有：$q=p\cdot\tan\bar{\beta}+\bar{c}_s$。可以证明，它们与土的黏聚力 c 和内摩擦角 φ 之间有如下的关系：

$$\text{tg}\bar{\beta}=\sin\phi,\ \bar{c}_s=c\cdot\cos\varphi \tag{6-25}$$

(4) $(\sigma_1-\sigma_3)-\varepsilon_1$ 曲线的 $(\sigma_1-\sigma_3)$ 既可视为一种对试样的轴向应力，它和轴向应变间的曲线可用以研究土的压缩模量；同时，因 $(\sigma_1-\sigma_3)$ 也可视为一种对试样的剪应力，它如果和对应的剪应变作出曲线，如 $(\sigma_1-\sigma_3)-\varepsilon_s$ 曲线，式中的 $\varepsilon_s=\frac{2}{3}(\varepsilon_1-\frac{1}{3}\varepsilon_v)$，$\varepsilon_v=\varepsilon_1+2\varepsilon_3$，则这个曲线就可以研究土的剪切模量。不过，由于在试样破坏、ε_s 急剧增大时，ε_1 也会急剧增大，故如仅确定抗剪强度 $(\sigma_1-\sigma_3)_f$（不求剪切模量），则通常也可采用 $(\sigma_1-\sigma_3)-\varepsilon_1$ 曲线，由 ε_1 开始迅速增大的点位确定出对应的剪应力作为土的抗剪强度。

(5) 根据如下将要讨论的土极限平衡条件，土的强度曲线亦可用对不同固结应力下土发生破坏时的各组应力 $(\sigma_{3f},\sigma_{1f})$ 所作出的摩尔应力圆求取公切线的方法得到。因为摩尔应力圆的半径等于剪应力，破坏应力莫尔圆的半径就等于抗剪强度。

(6) 强度曲线与三轴试验的方法有密切关系。UU 试验（不固结、不排水）、CU 试验

(固结、不排水)、CD试验（固结、排水）得到的强度包线具有如表 6-1 所示的特性规律。

不同试验方法的强度包线　　　　　　　　　　　　　表 6-1

排水条件	土的状态	总 应 力	有效应力	备 注
不固结不排水剪（UU）	饱和	$\varphi_u=0$，c_u 图示	φ' 图示	如果用有效应力表示，只能绘出一个应力圆
	不饱和	φ_u，c_u 图示	φ'，c' 图示	c_u、φ_u 与 σ 的范围有关，σ 增大及土饱和时 $\varphi_u=0$
固结不排水剪（CU）	饱和不饱和	φ_{cu}，c_u 图示	φ'，c' 图示	
固结排水剪（CD）	饱和不饱和	φ_d，c_{cu} 图示		对于黏性土 $c_d \approx c$ $\varphi_d \approx \varphi$

（7）由于土试样受剪切条件的不同，强度曲线也将有所不同。如以边坡为例，在滑动面的不同部位处，其剪切特性会有所不同（图 6-10）。因此，试验时应考虑各处的应力特点选择相应的试验路径或方法。

（8）对 $(\sigma_1-\sigma_3)-\varepsilon_1$ 曲线和 $\varepsilon_3-\varepsilon_1$ 曲线（由 $\varepsilon_v-\varepsilon_1$ 曲线得到）进行曲线拟合即可得到土的应力应变关系式，或进一步建立土的本构模型（如下面将要介绍的邓肯-张（Duncan-Chang）非线性弹性模型）。

三、静力三轴试验的土变形、强度指标

静力三轴条件下土的变形指标一般为土材料的模量与泊松比 μ。静力三轴条件下的强度指标仍然是内摩擦角 φ 和黏聚力 c。土的模量有所谓压缩模量 E、剪切模量 G、体积模量 K 等，利用它们可形成 $E-\mu$ 模型、$E-B$ 模型、$K-G$ 模型等关于应力应变关系的本构模型。三轴试验得到的强度指标更加接近土的实际应力条件，而且可以测定剪切引起的孔隙水压力，得到有效应力的强度指标，这是它的优点。常用的邓肯-张（Duncan-Chang）非线性弹性模型属于 $E-\mu$ 模型，它的 8 个参数反映了土的变形和强度特性，可以由静力三轴排水剪试验条件下的常规三轴试验得到（见后）。

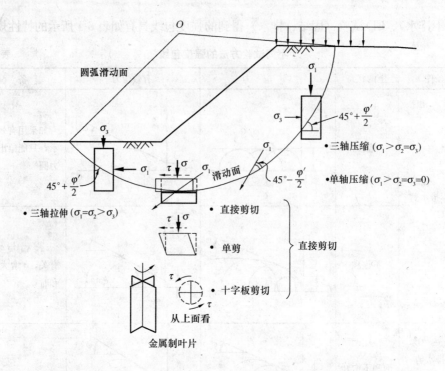

图 6-10 滑动面上不同部位的剪切特点与试验方法

四、邓肯-张（Duncan-Chang）的土非线性弹性模型

邓肯-张模型是目前应用较广的土非线性弹性本构模型。它确定了土的切线模量和切线泊松比。由于在建立这个模型时，将 $(\sigma_1-\sigma_3)-\varepsilon_1$ 曲线和 $\varepsilon_3-\varepsilon_1$ 曲线均用双曲线来拟合，故它在 $(\sigma_1-\sigma_3)-\varepsilon_1$ 曲线为软化型，或 $\varepsilon_v-\varepsilon_1$ 曲线与双曲线偏离太大时不太适用。

（一）土的切线模量

由 $(\sigma_1-\sigma_3)-\varepsilon_1$ 的双曲线，按切线模量的定义，可以求得土的切线模量为：

$$E_t = \frac{d(\sigma_1-\sigma_3)}{d\varepsilon_1} = E_i\left[1-\frac{R_f(1-\sin\varphi)(\sigma_1-\sigma_3)}{2c\cos\varphi+2\sigma_3\sin\varphi}\right]^2 \tag{6-26}$$

式中：R_f 称为破坏比，它被定义为破坏强度 $(\sigma_1-\sigma_3)_f$ 与极限强度 $(\sigma_1-\sigma_3)_{ult}$ 之比，因其值随 σ_3 的变化不大，故常可取试验的平均值；E_i 为初始模量，它随径向固结应力的不同会有明显的变化，但它和径向固结应力间的双对数关系基本上为一条直线，即有 $E_i = kp_a\left(\frac{\sigma_3}{p_a}\right)^n$，故最终得到的切线模量表达式为：

$$E_t = kp_a\left(\frac{\sigma_3}{p_a}\right)^n\left[1-\frac{R_f(1-\sin\varphi)(\sigma_1-\sigma_3)}{2c\cos\varphi+2\sigma_3\sin\varphi}\right]^2 \tag{6-27}$$

（二）土的切线泊松比

土的切线泊松比 $\mu_t = \frac{d\varepsilon_3}{d\varepsilon_1}$ 可由 $\varepsilon_3-\varepsilon_1$ 曲线拟合得到的双曲线求得，再考虑径向固结应力对其中初始切线泊松比 μ_i 的影响，得到初始切线泊松比的关系式 $\mu_i = G-F\lg(\sigma_3/p_a)$，最后将切线泊松比的表达式写为：

$$\mu_\text{t} = \frac{G - F\lg(\sigma_3/p_\text{a})}{(1-\varepsilon_1 D)^2} \tag{6-28}$$

可见，在这个邓肯－张模型中，有 $k, n, c, \varphi, R_\text{f}, D, F, G$ 等八个模型参数，其中，k, n 由 $E_i = kp_\text{a}\left(\dfrac{\sigma_3}{p_\text{a}}\right)^n$ 的直线得到；c, φ 为有效应力指标，由试验的强度曲线得到；D 由 $\varepsilon_3-\varepsilon_1$ 双曲线转换的 $\dfrac{\varepsilon_3}{\varepsilon_1}-\varepsilon_3$ 直线关系斜率得到（对不同的 σ_3 可取均值）；G, F 由初始泊松比与 σ_3 的试验关系 $\mu_i = G - F\lg(\sigma_3/p_\text{a})$ 得到；R_f 由试验或经验得到。也就是说，它们均可由常规三轴试验的资料整理得到。

应该指出，土的应力应变曲线还可以用不同的方法拟合，邓肯－张模型也还有不同的改进形式，甚至用土的应力应变曲线也可以建立更为复杂的弹塑性本构模型。

五、土的极限平衡条件

土的极限平衡条件是三轴试验下土发生强度破坏的基本条件。虽然库仑公式 $\tau_\text{f} = \sigma \cdot \tan\varphi + c$ 是极限平衡条件的基本形态。但在复杂应力条件下，它还可以写成不同的形式，以适应不同计算的需要。尤其是它的几何表示形态（莫尔应力圆的公切线形态），可以为三轴试验资料的整理提供很大的便利。

（一）莫尔应力圆

通过土体中的一个点可以作出无数个应力平面，其中，只有其上应力能够满足极限平衡条件的面才是这个点处土发生破裂的面。对于工程上常遇到的平面应变条件，如果一点的应力状态用它的最大、最小主应力 σ_1, σ_3 来表示，过该点与最大主应力面成 α 角的任一平面上有法向应力 σ_α 与切向应力 τ_α，则由一点上力的平衡条件可以证明，在法向应力 σ_α、切向应力 τ_α 与该点上作用的最大、最小主应力 σ_1, σ_3 之间应该有如下关系，即：

$$\sigma_\alpha = \frac{\sigma_1+\sigma_3}{2} + \frac{\sigma_1-\sigma_3}{2}\cos2\alpha, \quad \tau_\alpha = \frac{\sigma_1-\sigma_3}{2}\sin2\alpha \tag{6-29}$$

由它们可以写出：

$$\left(\sigma_\alpha - \frac{\sigma_1+\sigma_3}{2}\right)^2 + \tau^2\alpha = \left(\frac{\sigma_1-\sigma_3}{2}\right)^2 \tag{6-30}$$

它是一个圆的方程，表明一点上无数个平面上的法向应力 σ_α 与切向应力 τ_α 可以用一个应力圆来描述。圆心在法向应力轴上的 $\left(0, \dfrac{\sigma_1+\sigma_3}{2}\right)$ 点上，圆的半径等于 $\dfrac{\sigma_1-\sigma_3}{2}$。这个圆就是通常所说的"莫尔应力圆"（图6-11）。

（二）土的极限平衡条件

1. 极限平衡条件的几何描述

"作用的剪应力正好等于土的抗剪强度"这个条件称之为极限平衡条件。应力能够满足极限平衡条件的面称为破裂面。当一点上作用的剪应力由莫尔应力圆表示，土的抗剪强度由抗剪强度曲线表示时，这个极限平衡条件可以由"莫尔圆与抗剪强度曲线相切"这个条件来描述，称为极限平衡条件的几何描述。切线的切点所代表的应力面就是破裂面。破裂面与大主应力面的夹角为 $\alpha_\text{f} = 45° + \dfrac{\varphi}{2}$，或者它与小主应力面的夹角为 $45° - \dfrac{\varphi}{2}$。

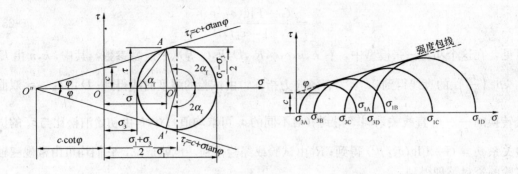

图 6-11 莫尔应力圆与强度包线

自然,对于更复杂的应力条件,应力圆还有由 σ_1,σ_2 和 σ_2,σ_3 作出的另外两个摩尔应力圆,只是由于它们都比由 σ_1,σ_3 得到的应力圆为小,故极限平衡条件仍然受上述莫尔圆的控制。但是,试验表明,在考虑中间主应力的影响时,土的强度指标(内摩擦角和黏聚力)会较无中间主应力的影响时有一定提高。采用一般常规三轴试验的指标要偏于保守。

2. 极限平衡条件的数学描述

根据极限平衡条件的几何描述,不难推导出如下极限平衡条件的数学描述形式(它们在土力学中都得到广泛的应用),即:

$$\frac{\sigma_1-\sigma_3}{2}\sin2\alpha_f = \left[\frac{\sigma_1+\sigma_3}{2}+\frac{\sigma_1-\sigma_3}{2}\cos2\alpha_f\right]\tan\varphi+c \tag{6-31}$$

或

$$\sigma_1 = \sigma_3\frac{1+\sin\varphi}{1-\sin\varphi}+2c\frac{\cos\varphi}{1-\sin\varphi} \tag{6-32}$$

或

$$\sigma_3 = \sigma_1\frac{1-\sin\varphi}{1+\sin\varphi}-2c\frac{\cos\varphi}{1+\sin\varphi} \tag{6-33}$$

或

$$\sigma_1 = \sigma_3\tan^2\left(45°+\frac{\varphi}{2}\right)+2c\tan\left(45°+\frac{\varphi}{2}\right) \tag{6-34}$$

或

$$\sigma_3 = \sigma_1\tan^2\left(45°-\frac{\varphi}{2}\right)-2c\tan\left(45°-\frac{\varphi}{2}\right) \tag{6-35}$$

或

$$\sin\varphi = \frac{\sigma_1-\sigma_3}{\sigma_1+\sigma_3+2c\cdot\cot\varphi} \tag{6-36}$$

由此可见,在无侧限抗压强度的试验中,可将 $\sigma_3=0$,$\sigma_1=q_u$ 的条件代入任何一个极限平衡条件式,得到一个方程,这个方程与试样破裂面与大主应力面(水平面)间的关系式 $\alpha_f=45°+\dfrac{\varphi}{2}$ 一起(倾角 α_f 可由试验时试样的破裂面方向直接量得),即可建立两个方程式，从而可以求得土的两个强度指标值 c 与 φ。例如，在利用式（6-33）时，有：

$$q_u = \sigma_1 = \sigma_3 \cdot \tan^2\left(45° + \frac{\varphi}{2}\right) + 2c \cdot \tan\left(45° + \frac{\varphi}{2}\right) = 2c \cdot \tan\left(45° + \frac{\varphi}{2}\right)$$

和

$$\alpha_{cr} = 45° + \frac{\varphi}{2}$$

故得：

$$\varphi = 2\alpha_f - 90° \; ; \; c = \frac{q_u}{2}\tan\left(45° + \frac{\varphi}{2}\right) \tag{6-37}$$

六、主要计算公式的推导

本节的主要计算公式包括了邓肯-张模型的切线模量与切线泊松比的公式、极限平衡条件的数学表达式与复杂应力条件下强度包线的表达式等。由于极限平衡条件的数学表达式基本上是几何推证，故下面只需推导邓肯-张模型的切线模量与切线泊松比公式，以及复杂应力条件下强度包线的表达式。

（一）切线模量的公式

将 $(\sigma_1 - \sigma_3) - \varepsilon_1$ 曲线用双曲线拟合，如图 6-12 (a)，它的表达式为：

$$\sigma_1 - \sigma_3 = \frac{\varepsilon_1}{a + b\varepsilon_1} \tag{6-38}$$

如将其或转换为：

$$\frac{\varepsilon_1}{\sigma_1 - \sigma_3} = a + b\varepsilon_1 \tag{6-39}$$

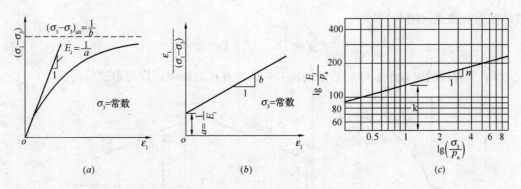

图 6-12 $(\sigma_1 - \sigma_3) - \varepsilon_1$ 的双曲线及其转换

则双曲线在转换的新坐标系内为一条直线（图 6-12b），参数 a, b 即可确定：$a = \frac{1}{E_i}$，$b = \frac{1}{(\sigma_1 - \sigma_3)_{ult}}$。如引入破坏比 R_f，即 $R_f = \frac{(\sigma_1 - \sigma_3)_f}{(\sigma_1 - \sigma_3)_{ult}}$，即 $b = \frac{R_f}{(\sigma_1 - \sigma_3)_f}$，则在将如上 a, b 之值代入式（6-37）后，可得：

$$\sigma_1 - \sigma_3 = \frac{\varepsilon_1}{\dfrac{1}{E_i} + \dfrac{R_f}{(\sigma_1 - \sigma_3)_f}\varepsilon_1} \tag{6-40}$$

因切线模量可写为：

$$E_t = \frac{\partial}{\partial \varepsilon_1}(\sigma_1 - \sigma_3) = \frac{\dfrac{1}{E_i}}{\left[\dfrac{1}{E_i} + \dfrac{R_f \varepsilon_1}{(\sigma_1 - \sigma_3)_f}\right]^2} = E_i \left[1 - \frac{R_f(\sigma_1 - \sigma_3)}{(\sigma_1 - \sigma_3)_f}\right]^2$$

再由摩尔库伦定理，有：

$$(\sigma_1 - \sigma_3)_f = \frac{2c \cdot \cos\varphi + 2\sigma_3 \sin\varphi}{1 - \sin\varphi}$$

故得：

$$E_t = E_i \left[1 - \frac{R_f(1 - \sin\varphi)(\sigma_1 - \sigma_3)}{2c\cos\varphi + 2\sigma_3\sin\varphi}\right]^2 \tag{6-41}$$

为了考虑不同径向固结应力的影响，试验表明，R_f 值随 σ_3 的变化不大，常可取平均值，而初始模量 E_i 随径向固结应力的增大而增大，它和径向固结应力的双对数关系基本上为一条直线，如图 6-12c：

$$E_i = kp_a \left(\frac{\sigma_3}{p_a}\right)^n \tag{6-42}$$

故最终得到的切线模量表达式为：

$$E_t = kp_a \left(\frac{\sigma_3}{p_a}\right)^n \left[1 - \frac{R_f(1-\sin\varphi)(\sigma_1-\sigma_3)}{2c\cos\varphi + 2\sigma_3\sin\varphi}\right]^2 \quad 即证，式 (6-27)$$

(二) 切线泊松比的公式

将 $\varepsilon_3 - \varepsilon_1$ 曲线拟合为双曲线（图 6-13a），即：

$$\varepsilon_1 = \frac{\varepsilon_3}{f + D\varepsilon_3} \tag{6-43}$$

或转换为直线式（图 6-13b）：

$$\mu = \frac{\varepsilon_3}{\varepsilon_1} = f + D\varepsilon_3 \tag{6-44}$$

式中：f 为直线的纵截距，即初始泊松比 μ_i；D 为直线的斜率，均可由试验得到。

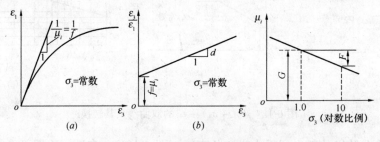

图 6-13 $\varepsilon_3 - \varepsilon_1$ 曲线的双曲线拟合

故切线泊松比为：

$$\mu_t = \frac{\partial \varepsilon_3}{\partial \varepsilon_1} = \frac{f}{(1 - D\varepsilon_1)^2} = \mu_i \frac{1}{(1 - D\varepsilon_1)^2} \tag{6-45}$$

再考虑径向固结应力 σ_3 的影响，因试验表明，D 值随 σ_3 的变化不大，常可取平均值，而初始泊松比 μ_i 随径向固结应力的增大而减小，它和径向固结应力的半对数关系基本上为一条直线（图 6-13c），即：

$$\mu_i = G - F\lg\left(\frac{\sigma_3}{p_a}\right) \tag{6-46}$$

故最终得到的切线模量表达式为：

$$\mu_t = \frac{G - F\lg(\sigma_3/p_a)}{(1-\varepsilon_1 D)^2} \qquad 即证，式 (6-28)$$

(三) 复杂应力条件下强度包线的表达式

1. 对于常规三轴的情况，即：$p = \frac{1}{3}(\sigma_1 + 2\sigma_3), q = \sigma_1 - \sigma_3$ 的情况，因有：

$$\sin\varphi = \frac{\sigma_1 - \sigma_3}{\sigma_1 + \sigma_3 + 2c \cdot \cot\varphi} \tag{6-47}$$

故：

$$q = 2c \cdot \cos\varphi + (\sigma_1 + \sigma_3)\sin\varphi = 2c\cos\varphi + \frac{\sigma_1 + 2\sigma_3}{3}\sin\varphi + \frac{(2\sigma_1 + \sigma_3)}{3}\sin\varphi$$

或写为：

$$3q = 6c\cos\varphi + 3p\sin\varphi + (2\sigma_1 + \sigma_3)\sin\varphi$$
$$3q - q\sin\varphi = 6c\cos\varphi + 3p\sin\varphi + [(2\sigma_1 + \sigma_3) - (\sigma_1 - \sigma_3)]\sin\varphi$$
$$q = \frac{6c\cos\varphi}{3-\sin\varphi} + p \cdot \frac{6\sin\varphi}{3-\sin\varphi} = c_s + p \cdot \tan\beta$$
$$q(3-\sin\varphi)6c\cos\varphi + 3p\sin\varphi + 3p\sin\varphi = 5c\cos\varphi + 6p\sin\varphi \tag{6-48}$$

即：

$$\tan\beta = \frac{6\sin\varphi}{3-\sin\varphi}, \quad c_s = \frac{6c \cdot \cos\varphi}{3-\sin\varphi} \qquad 即证，式 (6-24)$$

2. 对于 $p = \frac{1}{2}(\sigma_1 + \sigma_3), q = \frac{1}{2}(\sigma_1 - \sigma_3)$ 的情况，因有：

$$\sin\varphi = \frac{\sigma_1 - \sigma_3}{\sigma_1 + \sigma_3 + 2c \cdot \text{ctg}\varphi} \tag{6-49}$$

故：

$$\frac{1}{2}(\sigma_1 - \sigma_3) = c \cdot \cos\varphi + \frac{1}{2}(\sigma_1 + \sigma_3)\sin\varphi \tag{6-50}$$

即：

$$q = c_s + p \cdot \sin\varphi$$

或在写为 $q = \bar{c}_s + p\tan\bar{\beta}$ 时，有：

$$\tan\bar{\beta} = \sin\phi, \quad \bar{c}_s = c \cdot \cos\varphi \qquad 即证，式 (6-25)$$

第 4 节 动力三轴应力与应变之间的关系

——动三轴应力应变的特性规律

一、土的动力三轴试验

土的动力三轴试验要揭示三轴条件下动应力与动应变之间的关系，即动三轴应力应变的特性规律。动力三轴试验需要先使试样在要求的固结应力（均压固结 $K_c = \dfrac{\sigma_{1c}}{\sigma_{3c}} = 1$ 或偏压固结 $K_c = \dfrac{\sigma_{1c}}{\sigma_{3c}} > 1$）下进行固结，以模拟动荷作用前土的静应力状态。它所用试样的削制（黏性土）或模制（无黏性土）、饱和、橡皮膜、三轴容器等均与静力三轴试验相同。只是，为了施加偏压，并使径向与轴向的固结应力能够独立地施加，仪器顶部活塞的面积应该与试样的面积相等。然后，向试样施加动荷载（一般为电磁式激振，如图 6-14，它的力幅和频率可调），测记动荷作用下土的动应力、动应变、动孔压等随时间（等幅循环荷载时可测振次）的变化过程，直至试样出现破坏（饱和样时，动孔压应等于径向固结应力）为止。这类试验可以在试样的不同密度、含水量、径向固结应力、固结应力比以及动

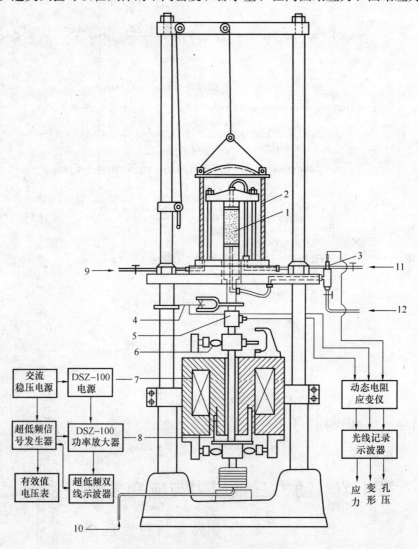

图 6-14 电磁式振动三轴仪示意图

1—试样；2—压力室；3—孔隙压力传感器；4—变形传感器；5—拉压力传感器；6—导轮；7—励磁线圈（定圈）；8—激振线圈（动圈）；9—接侧压力稳压罐系统；10—接垂直压力稳压罐系统；11—接反压力饱和及排水系统；12—接静孔隙压力测量系统

应力的不同幅值、频率、振次或波型下进行,以研究各因素影响的规律。其试验的基本成果均表示为动应力、动应变、动孔压等的时程变化。这就是常规的动力三轴试验,它属于"多样单级加荷"的试验方法,是动三轴试验的基本方法。为了简化试验、减少试验工作量,试验也常用"单样多级加荷"的试验方法,它可以研究动应力动应变关系,但它不能确定土的动强度。

(1) "多样单级加荷"的试验方法是分别对多个相同的试样施加不同大小的动应力,使振动一直进行到试样破坏(按要求的破坏标准)为止,记录动应力、动应变和动孔压的全过程。

(2) "单样多级加荷"的试验方法是在一个试样上逐级施加由小到大的不同动应力,每级应力下保持振动一定的次数(一般取10次以下),测记其相应的动应变过程。为了不使每一级动应力施加前的振动影响后来动应力下的反应,试验过程中发展的动孔压不能过大;或者,加大动应力施加的级差,使前一级加荷下的变形所占后一级加荷下变形的影响比重减小。

二、土的动变形强度曲线

由土动力三轴试验的结果,即动应力、动应变和动孔压变化的三个时程,可以进一步研究土的动变形强度特性规律。对动变形,最基本的关系曲线应是骨干曲线和滞回曲线;对动强度,最基本的关系曲线应是动强度曲线和动孔压曲线。

(一) 骨干曲线与滞回曲线

由于动应力的大小不仅与动应力的最大幅值有关,而且也与动应力的频率和持续时间有关,故如动应力为频率一定的等幅应力时程,则动应力的大小可以由应力幅值和振动循环次数来确定。此时,不同振动循环次数下相同动应力的作用将产生不同的动应变,故动应力与动应变关系应该对一定的振动循环次数作出。它既包括幅值应力与对应幅值应变的关系,称为骨干曲线,多为双曲线型;又包括各该应力循环次数内各时刻的应力与对应应变间的关系称为滞回曲线,一般为滞回圈型。骨干曲线与滞回曲线共同描述了土的动应力与动应变关系(对应于某一定的振动循环次数)。典型的这类曲线如图6-15所示。此外,试样塑性变形引起的累积残余变形与振动次数之间的关系也是土动变形特性的一个重要关系。

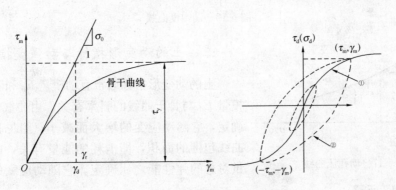

图6-15 骨干曲线与滞回曲线

（二）动强度曲线与动孔压曲线

通常，土的动强度是指土在一定动荷作用次数 N_f 下达到某一破坏标准所需动应力 σ_d 的大小。它通常表示为 $\sigma_d - \lg N_f$ 曲线的形式。或者，由于可以证明，在均压固结的动三轴试验时，土试样 $45°$ 平面上的动剪应力 $\tau_d = \pm\dfrac{\sigma_d}{2}$ 可以用来模拟由基岩水平向上传递的地震动在水平面上产生的动剪应力，故动强度曲线还可表示为 $\sigma_d/2\sigma_{3c} - \lg N_f$ 曲线（亦即 $\tau_{df}/\sigma_{3c} - \lg N_f$ 曲线的形式（图 6-16）。动三轴试验常用的破坏标准常有破坏应变标准（如均压固结时取双幅动应变为 5%，偏压固结时取总应变为 10% 等）、液化标准（如动孔压等于径向固结应力）、极限平衡标准（如动孔压能满足动力的极限平衡条件）和屈服破坏标准（如取动应力-动应变曲线开始出现明显转折时对应的动应力）等。当以液化标准作为破坏标准时，得到的动强度即为抗液化强度（$\tau_l/\sigma_{3c} - \lg N_l$）。对于任何一条动强度曲线，均应标明它的破坏标准、土性条件（如密度、湿度和结构）和不同的起始静应力状态（如固结应力 σ_{1c}、σ_{3c}，固结应力比 $K_c = \sigma_{1c}/\sigma_{3c}$ 或起始剪应力比 τ_0/σ_{3c}）。动孔压曲线通常表示为试样达到破坏标准时刻的动孔压与动应力之间的关系曲线，即 $\dfrac{u_{df}}{\sigma_{3c}} - \dfrac{\sigma_{df}}{\sigma_{3c}}$ 曲线（图 6-17），它可由不同动应力下试验得到的孔压过程和试验的破坏标准得到。

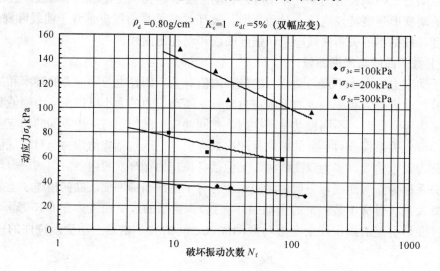

图 6-16 动强度曲线

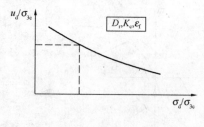

图 6-17 动孔压曲线

三、土的动变形指标与动强度指标

土的动变形指标通常有动模量 E_d 和阻尼比 λ。动模量 E_d 与骨干曲线的斜率有关，由曲线的割线模量确定，它随动应变的增大而减小；阻尼比 λ 与滞回曲线包围的面积，即消耗的能量有关，由消耗的能量对总的弹性能之比确定。它随动应变的增大而增大，如图 6-18 所示。

土的动强度指标有动黏聚力与动内摩擦角。它们可以表示为总应力形式的 c_d 和 φ_d，或

有效应力形式的 c'_d 与 φ'_d。总应力的动强度参数与振次有关，随振次的增加而减小。但有效应力动强度参数的动内摩擦角基本上仍等于有效应力的静内摩擦角 φ'_s，即使有速率效应的影响，静、动力有效内摩擦角相等的结论仍然有效，只是动黏聚力要随应变速率的增大而有所增大。总应力的动力强

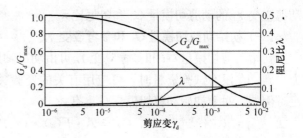

图 6-18 动剪模量和阻尼比与动应变的关系

度指标可以根据不同动应力下的动强度曲线、由动应力条件下应力（$\sigma_{1d} = \sigma_{1c} \pm \sigma_d, \sigma_{3d} = \sigma_{3c}$）的各莫尔圆求取的公切线得到（图 6-19）；有效应力的动力强度指标，则需要根据不同动应力下的动强度曲线与动孔压曲线一起，由动应力条件下有效应力（$\sigma'_{1d} = \sigma_{1c} \pm \sigma_d - u_d, \sigma'_{3d} = \sigma_{3c} - u_d$）的各莫尔圆求取的公切线得到。

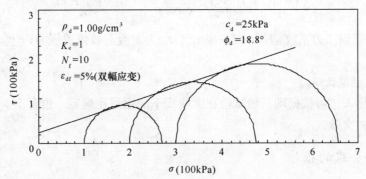

图 6-19 动应力条件下各莫尔圆的公切线

四、Hardin-Drenevich 等效线性黏弹性模型

等效线性黏弹性模型是最常用的一个土的动力本构模型。它将土的动应力动应变曲线用一种线性黏弹性材料的特性来等效，由随动应变而变化的动模量（割线模量）来反映骨干曲线的特性，由随动应变而变化的阻尼比来反映滞回曲线的特性（图 6-18）。同时，将骨干曲线视为双曲线型，将滞回曲线视为椭圆曲线型，从而得到了如下关于动模量和阻尼比的表达式，即：

$$G_d = G_0 \frac{1}{1 + \dfrac{\gamma_d}{\gamma_r}} \tag{6-51}$$

和

$$\lambda = \lambda_{max} \frac{\dfrac{\gamma_d}{\gamma_r}}{1 + \dfrac{\gamma_d}{\gamma_r}} = \gamma_{max}\left(1 - \frac{G_d}{G_0}\right) \tag{6-52}$$

式中：G_0 和 G_d 为初始的动剪模量和不同动应变 γ_d 时的动剪模量；γ_r 为参考应变，它是骨干曲线初始的动剪模量 G_0 的坡度线与最大动剪应力 τ_y 水平线的交点所对应的横坐标称，即 $\gamma_r = \tau_y/G_0$；λ_{max} 为最大阻尼比。可见，只要确定了 G_0、λ_{max} 和 γ_r，即可求得相应于任意

动剪应变 γ_d 的动剪切模量 G_d 和阻尼比 λ。

(一) 初始动剪切模量 G_0 和参考应变 γ_r

初始动剪切模量 G_0 和参考应变 γ_r 可由动三轴试验骨干曲线的初始模量和最大动剪应力得到。在没有试验资料时，可应用有关的经验关系式、曲线、参考有关的经验公式确定。例如，对于初始动剪切模量 G_0，有：

$$G_0 = A \cdot F(e) \cdot (\sigma'_0)^n \quad (砂性土) \tag{6-53}$$

和

$$G_0 = A \cdot F(e) \cdot (OCR)^k \cdot (\sigma'_0)^n \quad (黏性土) \tag{6-54}$$

式中：A 和 n 为与土类和剪应变幅的大小有关的系数，剪应变幅愈小，其 A 值愈大。

又如，对于参考应变 γ_r，因 $\gamma_r = \tau_y/G_0$，故只要确定出其中的最大动剪应力 τ_y 即可算出。最大动剪应力 τ_y 可以近似地根据莫尔-库仑理论导出，有：

$$\tau_y = \left\{ \left[\frac{(1+K_0)}{2}\sigma'_v \sin\varphi' + c'\cos\varphi' \right]^2 - \left[\frac{(1+K_0)}{2}\sigma'_v \right]^2 \right\}^{\frac{1}{2}} \tag{6-55}$$

式中：K_0 为静止侧压力系数，$K_0 = 1 - \sin\varphi'$；σ'_v 为垂直有效覆盖压力；$c'\varphi'$ 为土的有效强度指标。

(二) 最大阻尼比 λ_{max}

最大阻尼比 λ_{max} 可根据动三轴试验在大应变下的阻尼比确定。也有不少经验关系，必要时可参考有关文献。

五、主要公式的推导

本节的主要公式有等效线性黏弹性模型关于动剪模量的公式（6-50）与关于阻尼比的公式随动剪应变变化的公式（6-51）。

(一) 动剪模量的公式

因动剪应力与动剪应变间的关系有双曲线关系，即：

$$\tau_d = \frac{\gamma_d}{a + b\gamma_d}$$

它可以转换为直线关系，即：$\dfrac{\gamma_d}{\tau_d} = \dfrac{1}{G_d} = a + b\gamma_d$，其中的参数 $a = 1/G_0, b = 1/\tau_y$，故得：

$$\tau_d = \frac{\gamma_d}{1/G_o + \gamma_d/\tau_y}$$

或写为：

$$G_d = \frac{1}{1 + \dfrac{\gamma_d}{\gamma_r}} \cdot G_0 \quad 与 \quad \frac{G_d}{G_0} = \frac{1}{1 + \dfrac{\gamma_d}{\gamma_r}} \qquad 即证，式 (6-51)$$

式中：G_0 为初始剪切模量；τ_y 为最大动剪应力；γ_r 为参考应变。

由于动三轴试验的 $\sigma_d - \varepsilon_d$ 曲线也符合双曲线关系，故上述关系式可写为：

$$\sigma_d = \frac{\varepsilon_d}{\dfrac{1}{E_0} + \dfrac{\varepsilon_d}{\sigma_y}}$$

或

$$E_d = \frac{\varepsilon_d}{1+\frac{\varepsilon_d}{\varepsilon_r}} \cdot E_0 \ \text{与} \ \frac{E_d}{E_0} = \frac{1}{1+\frac{\varepsilon_d}{\varepsilon_r}} \tag{6-56}$$

(二) 阻尼比的公式

阻尼比 λ 为实际的阻尼系数 c 与临界阻尼系数 c_{cr} 之比。由于它可以由下式计算得到，即：

$$\lambda = \frac{1}{4\pi}\frac{\Delta W}{W} = \lambda = \frac{1}{4\pi}\frac{A_0}{A_r} \tag{6-57}$$

式中：ΔW 为损耗的能量，等于滞回曲线的面积 A_0；W 为作用的能量，等于 oAA' 的面积 A_r（图 6-20）。

Hartin 等人根据试验资料对应力应变滞回圈的几何特征进行了对比分析，发现（图 6-21）卸荷曲线的起始坡度总是等于或接近等于 G_0，而与应变幅大小无关；而且，图中影线部分面积与三角形 $\triangle abc$ 面积之比的变化也很小，可以假定其等于一个常数 α。据此，他导出：

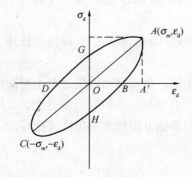

图 6-20 阻尼比 λ　　　　图 6-21 应力应变滞回圈的几何特征

$$\alpha = \frac{\frac{1}{2}\cdot 4\pi\lambda A_T}{\triangle acd - \triangle bcd} = \frac{\frac{1}{2}4\pi\lambda \cdot \frac{1}{2}\tau_d\gamma_d}{\frac{1}{2}\cdot 2\gamma_d \cdot 2\tau_d - \frac{1}{2}\cdot\frac{2\tau_d}{G_0}\cdot 2G_d\gamma_d}$$

整理后可得：

$$a = \frac{\pi G_0 \lambda}{2(G_0 - G_d)} \tag{6-58}$$

故有：

$$\lambda = \frac{2a}{\pi}\left(1 - \frac{G_d}{G_0}\right) \tag{6-59}$$

当 $\gamma \to \infty$ 时，$G_d \to 0$，$\lambda \to \lambda_{max}$，将其代入式（6-58），可得 $\frac{2a}{\pi} = \lambda_{max}$，故有：

$$\lambda = \lambda_{max}\left(1 - \frac{G_d}{G_0}\right)$$

或写为：

$$\lambda = \lambda_{max}\frac{\gamma_d/\gamma_r}{1+\gamma_d/\gamma_r} \qquad \text{即证，式 (6-52)}$$

式中：λ_{max} 为最大阻尼比，应根据试验确定。有时，在括号外再引入一个指数 n，它会有更好的适用性，即：

$$\lambda = \lambda_{max}\left(1 - \frac{G_d}{G_0}\right)^n \tag{6-60}$$

第5节 小 结

一、关于固结特性规律

(1) 土的渗压固结特性规律由固结试验测定，它可表示为土的固结曲线，即变形量与时间之间的关系曲线（$S_t - t$ 曲线），或固结度 U_t 与时间因数 T_v 之间的关系（$U_t - T_v$ 曲线）。土的渗压固结特性可以用土的一维渗压固结理论描述。根据土的压缩定理、达西定理，即可在有效应力原理的基础上建立渗流连续方程，再利用固结试验的初始条件及边界条件对它求解，得到任意时刻 t、任意点 z 上的孔隙水压力 $u_{z,t}$，进而可以计算出不同时刻的固结度 U_t。

(2) 渗压固结理论中引进的固结系数 C_v、时间因数 T_v 和固结度 U_t 可视为描述土固结特性的基本指标。

(3) 在与上述一维固结方程的推导条件（均质土层，单面排水，压力沿土层高度为均匀分布等）不同的其他实际情况下，如双面排水、应力分布为非均匀、多层土、二维、三维、径向固结等时，应在已有一维固结理论及其解的基础上作出新的扩展或推导。

二、关于静力三轴特性规律

(1) 土静力三轴应力应变的特性规律由静力三轴试验测定。常规三轴试验包括不排水剪、固结不排水剪和排水剪。它的试验条件为均等固结，剪切时保持径向压力不变（$\Delta\sigma_3 = 0$），只逐级增大轴向压力（$\Delta\sigma_1 > 0$），并测记试样在各级压力下变形达到稳定时的轴向变形 ε_1（有时还测体变 ε_v），直至试样出现破坏为止。

(2) 三轴试验的方法除了常规三轴试验以外，还有真三轴试验、平面应变三轴试验、应力路径三轴试验、扭剪三轴试验和动力三轴试验等。它们可以根据研究或工程计算的需要选择采用。

(3) 静力三轴试验的基本成果为控制径向固结应力下得到的 $(\sigma_1 - \sigma_3) - \varepsilon_1$ 曲线与 $\varepsilon_v - \varepsilon_1$ 曲线。如对硬化型曲线取一定的破坏应变作为破坏标准，对软化型曲线取曲线出现的峰值作为破坏标准，并求出相应于各径向固结应力 σ_3 时的抗剪强度 $q_f = (\sigma_1 - \sigma_3)_f$，即可作出它们与对应平均应力 $p = \frac{1}{3}(\sigma_1 + 2\sigma_3)$ 间的关系曲线，即强度曲线（$q_f - p$ 曲线）。如果对 $(\sigma_1 - \sigma_3) - \varepsilon_1$ 曲线和 $\varepsilon_3 - \varepsilon_1$ 曲线（由 $\varepsilon_v - \varepsilon_1$ 曲线得到）进行曲线拟合时，则可以得到土应力与应变之间的关系式；或者进而建立土的邓肯－张（Duncan-Chang）非线性弹性模型。必要时建立各种土的本构模型：$E - \mu$ 模型、$E - B$ 模型、$K - G$ 模型等。

(4) 静力三轴条件下的变形指标一般为土应力应变关系本构模型中的模量（压缩模量 E、剪切模量 G、体积模量 K）与泊松比 μ。静力三轴条件下的强度指标为更能接近土实际应力条件的内摩擦角 φ 和黏聚力 c（它也可以测定剪切引起的孔隙水压力，从而得到有效应力的强度指标）。

(5) 极限平衡条件是三轴试验下土强度破坏理论的基本条件。库仑公式 $\tau_f = \sigma \cdot \tan\varphi + c$ 是极限平衡条件的基本形态。对不同固结应力下破坏应力的莫尔圆所作出的公切线是极限平衡条件的几何表示形态。此外，土力学中，极限平衡条件还有多种常用的数学表示形态。破裂面与大主应力面的夹角等于 $45° + \dfrac{\varphi}{2}$，或者与小主应力面的夹角为 $45° - \dfrac{\varphi}{2}$。

三、关于动力三轴特性规律

(1) 动三轴应力应变的特性规律由动力三轴试验测定。动力三轴试验需要先使试样固结（均压固结或偏压固结），然后向试样施加动荷载，测记动荷作用过程中的动应力、动应变、动孔压等随时间的变化过程。尽管这类试验可以改变试样的密度、含水量、固结应力、固结应力比以及动应力的幅值、频率、振次或波型，以研究各因素的影响规律，但它们试验的基本成果均常表示为动应力、动应变、动孔压等的时间过程曲线。

(2) 土在动力三轴应力条件下的变形曲线主要有表示变形规律的骨干曲线、滞回曲线。骨干曲线为幅值应力与对应幅值应变的关系；滞回曲线为各该应力循环次数内各时刻的动应力与对应动应变间的关系。累积残余应变与振动次数之间的关系也是在有塑性变形时的重要曲线。

(3) 土的动力三轴强度曲线主要有表示强度规律的动强度曲线和动孔压曲线。动强度曲线为土达到破坏标准时的动应力与动荷作用次数间的关系；动孔压曲线为试样达到一定破坏标准时动应力与动孔压之间的关系。动强度常用的破坏标准有破坏应变标准、孔压标准或液化标准，极限平衡标准，屈服破坏标准等。当以液化标准作为破坏标准时，得到的动强度即为抗液化强度 $(\tau_l/\sigma_{3c} - \lg N_l)$。任何一条动强度曲线，均应该明确它的破坏标准、土性条件（如密度、湿度和结构）和不同的起始静应力状态。

(4) 土的动力三轴变形指标通常有表示骨干曲线特性的动模量和表示滞回曲线特性的阻尼比。Hardin-Drenevich 的等效线性黏弹性模型将土用一种线性黏弹性材料的特性来等效，由随动应变变化的动模量（割线模量）来反映骨干曲线，由随动应变变化的阻尼比来反映滞回曲线。并且，它将骨干曲线视为双曲线型，将滞回曲线视为椭圆形，推导了求取不同动应变下计算动剪模量和阻尼比的表达式。

(5) 土的动力强度指标有总应力表示的动黏聚力与动内摩擦角，还有有效应力表示的动有效黏聚力与动有效内摩擦角。总应力的动强度参数与振次有关，随振次的增加而减小。但有效应力动有效内摩擦角，却基本上等于土的静有效应力内摩擦角，只是动黏聚力要随应变速率的增大而增大。

思 考 题

1. 关于固结特性规律

(1) 试述饱和土渗压固结试验的基本条件。

(2) 试说明采用 $S_t - t$ 曲线和 $U_t - T_v$ 曲线形式，或 $U_t - \lg T_v$ 曲线和 $S_t - \lg T_v$ 曲线形式，以及 $U_t - $

$\sqrt{T_v}$曲线和$S_t-\sqrt{T_v}$曲线形式等表示土固结曲线时的优缺点或用途。

(3) 饱和土的一维渗压固结理论是在什么假定条件下建立的？它是如何根据压缩定理、渗透的达西定理以及有效应力原理得到渗流连续方程的？

(4) 试说明计算任意时刻t、任意点z上孔隙水压力$u_{z,t}$公式中各符号的含义并写出确定有关参数的表达式。

(5) 试利用渗压固结理论关于固结系数C_v、时间因数T_v、固结曲线$U_t=f(T_v)$和固结度U_t等一组表达式说明计算一个土层在时刻t时变形量S_t的方法步骤。

(6) 如果已知土在竖向固结和轴对称固结时计算土固结度的关系式，你将如何计算砂井预压地基的固结度？

2. 关于静力三轴特性规律

(1) 什么是常规三轴试验？它的不排水剪、固结不排水剪和排水剪等试验应如何进行？

(2) 你能说出真三轴试验、平面应变三轴试验、应力路径三轴试验、扭剪三轴试验和动力三轴试验等不同三轴试验方法的基本点和用处吗？

(3) 静力三轴试验最基本的成果通常表示为什么关系曲线？对它应该从哪些方面说明其对应的相关条件？

(4) 如何对硬化型曲线和软化型曲线确定其破坏时的抗剪强度并作出土的强度曲线（q_f-p曲线）？

(5) 如何用静力三轴试验确定土的有效内摩擦角和有效黏聚力c？CU试验与CD试验是否均可用以测定土的有效强度指标？它们会得出相同的结果吗？为什么？

(6) 静力三轴试验测定的土变形指标一般有哪些？什么样的试验可以直接测定出它们各自的数值？

(7) 为什么一点的平面应力可以用一个应力摩尔圆来表示？此时土的极限平衡条件如何反映？你能利用它推导出极限平衡条件的数学表示形态吗？

(8) 土在一点上发生剪切破坏时，它的破裂面与大主应力面间的夹角应该如何计算？这种计算土材料破坏面方向的公式与其他固体材料计算破坏面方向的公式有什么不同？为什么？

3. 关于动力三轴特性规律

(1) 动三轴试验的静应力和动应力应如何控制和施加？动力三轴试验需要测出哪些方面的时程变化？动三轴试验时试样的初始密度、初始含水量、固结应力、固结应力比以及动应力的幅值、频率、振次或波型等应该如何确定？

(2) 什么是描述土动力三轴变形规律的骨干曲线、滞回曲线和描述土动力三轴强度规律的动强度曲线、动孔压曲线？

(3) 土动力三轴试验时可以采用的破坏标准有哪些？它们的不同必然会导致试验结果的差异，那么，你认为这些破坏标准该如何选用？

(4) 动强度一般是如何定义的？这样定义动强度的必要性何在？土的动强度与抗液化强度有什么异同？

(5) 试比较动强度指标与静强度指标在其定义与数值上的差异。

(6) 土的动力等效线性黏弹性模型描述土动力变形特性的基本思路是什么？它在确定动剪模量和阻尼比时采用了些什么假定？

习 题

1. 关于固结特性规律

(1) 请绘出饱和土一维渗透固结的理论固结曲线的不同表示形式，并对它们所能揭示的固结特性规律进行必要的讨论。

(2) 目前对于土的固结特性已经得出了哪些有重要意义的结论性认识？

(3) 为什么土的固结系数可以作为一个土在固结过程中只与土性有关的特性指标？

(4) 请说出影响土固结程度的主要因素。如何在通常饱和土一维固结条件下所建理论关系的基础上，在计算中考虑它们影响？

2. 关于静力三轴特性规律

(1) 请利用一个常规静力三轴试验得到的 $(\sigma_1-\sigma_3) - \varepsilon_1$ 曲线与 $\varepsilon_v - \varepsilon_1$ 曲线作出剪应力与剪应变间的关系曲线，即 $(\sigma_1-\sigma_3) - \varepsilon_s$ 曲线。然后模仿邓肯—张模型的推导方法求出计算土切线剪切模量的公式。

(2) 试对常用的邓肯—张模型作出其关于优、缺点的评论。你能设想或给出一些改进它们的途径吗？

(3) 试写出在压缩模量、剪切模量、体积模量间进行换算常用的关系式。

(4) 请选取两个表述极限平衡条件的关系式，然后进行它们由此及彼的数学推导。

(5) 图 6-22 示出了某土试样在无侧限抗压强度试验时的破坏面图形，试确定该土的强度指标 c 与 φ 的值。

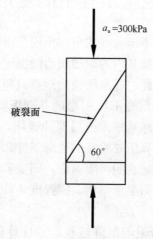

图 6-22 习题 2 中 (5)

3. 关于动力三轴特性规律

(1) 试根据描述土动力三轴强度规律的动强度曲线（$\tau_{df}/\sigma_{3c} - \lg N_f$ 曲线）说明求某一破坏振次 N_f 下总应力型动力强度指标的方法与步骤。

(2) 试根据描述土动力三轴强度规律的动强度曲线（$\tau_{df}/\sigma_{3c} - \lg N_f$ 曲线）与动孔压曲线 $\left(\dfrac{u_{df}}{\sigma_{3c}} - \dfrac{\sigma_d}{\sigma_{3c}} \text{曲线}\right)$ 说明求某一破坏振次 N_f 下有效应力型动力强度指标的方法与步骤。

(3) 请在加、卸荷骨干曲线的不同点处绘出黏弹性材料的滞回曲线，并说明它们随动应变增大而有不同形态的原因。

(4) 如果土可以视为一种黏弹塑性材料，试绘出它在施加等幅循环作用的动荷载过程中动应力动应变曲线型态变化的趋势？

第7章 土的静力变形强度特性参数与规律在工程计算分析中的应用（一）

——地基工程问题

第1节 地基工程中的变形强度问题

地基是承受由上部结构基础下传荷载的全部土层。由于基底附加应力作用于地基土表面上时，应力的扩散作用会使得地基内的附加应力随深度和水平距离的增大而减小，直至变到可以忽略其影响的程度，因此，通常所说的地基只包括基底附加压力有影响的地层范围。地基工程要求这个范围内土层变形所引起的基础沉降量不得超过上部结构的可容许值；由基底下传的应力不得导致地基整体或局部的破坏，而且均要保证一定的安全系数。这两个要求就是地基工程设计计算所要验算的变形条件和强度条件。一般，如果地基不是过于软弱，实际荷载往往又小于地基的极限荷载，则变形条件成为控制验算；如地基土特别松软，或荷载较大，或地基表面显著倾斜，则强度条件成为控制验算。通常以强度条件设计，以变形条件校核。

在解决地基沉降变形（沉降量与沉降过程）的计算和地基承载力的确定这两大地基设计的问题时，必须先计算出地基中的应力状态，然后再依据土变形强度的规律和参数与力学原理在实际条件下进行计算分析，得到地基的最终变形量或地基的变形过程，或者得到使地基发生破坏的荷载和破坏的范围，最后，将它们和在长期建设经验基础上得到的容许变形与容许承载力进行比较，检验地基稳定性满足的程度。在必要时，还需从地基、基础、上部结构、甚至施工方法等方面入手，提出对增强地基稳定性的经济而且可行的途径与措施。此外，饱和砂土地基的液化问题和深基坑开挖情况下基坑边坡的稳定问题也都是地基工程设计施工中的重要问题。本章将依次讨论地基中应力的计算、地基压缩变形量（基础沉降量）的计算、地基固结过程（基础沉降过程）的计算、地基承载力的计算和地基增稳的途径与措施等问题。对它们将结合后续的有关问题一并做出讨论。

第2节 地基中应力的计算

前已述及，地基中的应力包括土体自重应力和附加应力；土体自重应力随深度的增加而愈来愈大；土体中的附加应力随深度的增加而愈来愈小；土体中附加应力不超过自重应力20%的深度常视为地基压缩层的深度，它与基础底面间的距离称为地基压缩层的厚度。地基中自重应力和附加应力计算的深度至少应该超过地基压缩层的深度。

一、地基土体自重应力的计算

前已述及,地基中某一深度上一点处土体自重的垂直应力(实际上指有效应力)等于上覆土柱的有效重量,由上覆各不同土层的厚度与其实际重度(对非饱和土为湿重度,对水下的饱和土为浮重度)的乘积之和,即

$$\sigma_{sz} = \Sigma \gamma_i h_i \tag{3-1}$$

对于横向作用的土体自重应力,常可令其等于垂直向自重应力与侧压力系数的乘积,即:

$$\sigma_{sx} = \sigma_{sy} = K_0 \sigma_{sz} \tag{7-1}$$

式中的静止侧压力系数 K_0 一般采用经验公式来计算。r 对于正常固结土,常用 Jaky 得到的关系式,即:

$$K_0 = 1 - \sin\varphi \tag{7-2}$$

式中,φ 为有效内摩擦角。

对于超固结土,Wroth 得到的经验公式为:

$$\lg OCR = (3.6 + 0.07 I_p)\left(\frac{1-K_0^n}{1+2K_0^n} + \frac{K_0-1}{1+2K_0}\right) \tag{7-3}$$

Caquot 给出的经验公式为:

$$K_0 = 0.5\sqrt{OCR} \quad \text{或} \quad K_0 = K_o^n (OCR)^b \tag{7-4}$$

式中:b 由砂土到黏土为 $0.39 \sim 0.58$,OCR 为超固结比。不过,通常应用较多的还是式(7-1)或:

$$K_0 = \frac{\mu}{1-\mu} \tag{7-5}$$

式中,μ 为泊松比。

二、地基附加应力的计算

前已述及,基底附加压力 p_0(或地基表面附加应力 σ_0)等于基底压力(接触压力)p 减去基础埋深应力 γD_f,即:

$$\sigma_0 = p - \gamma D_f \tag{3-3}$$

它要以一定的应力扩散角向土层深处扩散,使地基中的附加应力随深度的增加而减小。

虽然地基附加应力的大小与基础的形状(方形、圆形、条形等)和尺寸特性(边长、半径)、作用应力的方向(水平、垂直)和分布(矩形、三角形、梯形)特性以及应力计算点的位置(x,y,z)有关,但它们常可写为如下的形式,即:

$$\sigma_z = K\sigma_0 \tag{3-2}$$

式中的 K 称为附加应力分布系数,与不同影响因素变化直接相关。可见,地基中附加应力计算的关键问题是正确确定出地基表面附加应力 σ_0(即基底附加压力 p_0)和不同情况下的附加应力分布系数 K。

(一)地基表面附加应力 σ_0 的计算

既然地基表面附加应力 σ_0 或基底附加压力 p_0 是基础底面与地基土体间接触压力 p 与基础埋深压力 $\gamma \cdot D_f$ 之差,它的分布必然要受到土性、基础刚度、基础埋深及荷载大小的

影响，因此，一般来说，它并不是简单的直线分布。研究表明，对于柔性基础，它的分布与荷载的分布相似；对于刚性基础，它的分布要受到土性、基础尺寸、基础埋深、荷载大小等因素的影响。它在土性差，基础小，荷载大，埋深浅时可能为钟形；在土性较好，基础较大，荷载较小，埋深较深时可能为抛物线形；在土性好，基础大，荷载小，埋深大时可能为马鞍形；在土性更差，基础更小，应力更大，埋深更小时可能为近似三角形（与钟形相比）或近似矩形（与马鞍形相比），如图7-1所示。由于通常的荷载不容许过大，基础尺寸也不能过小，埋深也有一定要求，地基土主要处

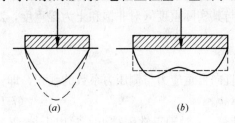

图 7-1 接触压力的分布

于直线变形阶段，故一般可以近似地作为直线分布。在荷载为中心荷载时，基底压力分布简化为矩形分布；在荷载为偏心荷载时，基底压力分布简化为梯形分布（只有在出现明显不符合直线分布条件的时候，才考虑其他的分布形态）。梯形分布时基础边缘处基底压力的计算公式为：

$$p_{\min}^{\max} = \frac{P}{F}\left(1 \pm \frac{6e}{B}\right) \tag{7-6}$$

式中：P 为基底以上的总荷重；e 为总荷重的偏心距；L，B 与 F 为基础的长、宽与面积。如果由式（7-6）算得的 $p_{\min}$ 为负值（$e < \frac{B}{6}$ 时），则因地基与基础底面间不能承受拉应力，故可只取作用的压应力分布作为基底压力。

（二）地基附加应力分布系数的计算

1. 计算的基础理论

应力分布系数计算的基础理论主要包括了在弹性半空间介质表面上有集中垂直力作用的 Boussinesq J. 课题（1885）和在弹性半空间介质表面上有集中水平力作用的 Cerruti A. J. 课题。对于在弹性半空间介质某一深度上有集中垂直力作用的情况，有 Mindlin 课题；对于在弹性半空间介质表面上有线布垂直力作用的情况，有 Flamant 课题。Boussinesq J. 课题的图式如图7-2所示，土中一点（x, y, z）垂直的正应力 $\sigma_x, \sigma_y, \sigma_z$ 和剪应力 $\tau_{xy}, \tau_{yz}, \tau_{zx}$ 的解答是：

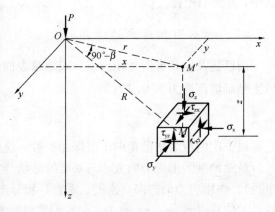

图 7-2 Boussinesq J. 课题

$$\sigma_z = \frac{3P}{2\pi} \frac{z^3}{R^5}$$

$$\sigma_y = \frac{3P}{2\pi} \left\{ \frac{y^2 z}{R^5} + \frac{1-2\mu}{3}\left[\frac{1}{R(R+z)} - \frac{(2R+z)y^2}{(R+z)^2 R^3} - \frac{z}{R^3}\right]\right\}$$

$$\sigma_x = \frac{3P}{2\pi} \left\{ \frac{x^2 z}{R^5} + \frac{1-2\mu}{3}\left[\frac{1}{R(R+z)} - \frac{(2R+z)x^2}{(R+z)^2 R^3} - \frac{z}{R^3}\right]\right\}$$

$$\tau_{xy} = \frac{3P}{2\pi}\left[\frac{xyz}{R^5} + \frac{1-2\mu}{3} \cdot \frac{(2R+z)xy}{(R+z)^2 R^3}\right]$$

$$\tau_{zy} = \frac{3P}{2\pi} \cdot \frac{yz^2}{R^5}$$

$$\tau_{zy} = \frac{3P}{2\pi} \cdot \frac{xz^2}{R^5} \tag{7-7}$$

如果图 7-2 中的垂直向的集中力改为水平向的集中力，则为 Cerruti 课题的图式。它对垂直应力分量给出的解答是：

$$\sigma_z = \frac{3P_h}{2\pi}\frac{xz^2}{R^5} \tag{7-8}$$

这样，在推导其他情况下有关的计算公式时，可以将各自对应情况下实际基底附加压力的分布范围划分为许多个微面积，把微面积上的分布力代之以集中力，写成 Boussinesq J. 课题，或 Cerruti 课题，或 Mindlin. 课题，然后，再通过对它们按照具体条件进行积分求解的方法，建立不同情况下不同应力分量的解析关系式，最后，根据解析关系式作出用参数 m 和 n 表示的附加应力分布系数的图表。所谓弹性半空间介质是将地基土体视为具有均匀一致、各向同性、地表以下延伸到无穷远处的弹性介质。虽然，对于土这种摩擦材料，在这种假定下来计算土中的附加应力，即使在小应变情况下也不完全合适，但因它得出的计算结果还能够满足工程上的要求，且计算简单，故仍然得到了广泛的应用。当然，如果土层中有明显上软下硬或上硬下软的情况（双层地基），则地基中的附加应力会分别出现应力集中现象或应力分散现象（图 7-3），在它的计算中就需要考虑各层土模量的不同的影响。

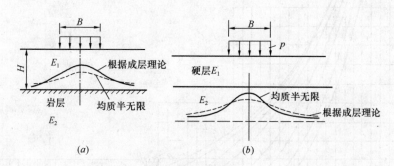

图 7-3 应力的扩散
(a) 集中现象；(b) 分散现象

2. 计算的有关图表

由于地基的附加应力除需要区分为空间问题（基础为矩形、圆形、方形）和平面问题（基础为条形）来计算外，计算中还需要考虑实际基底附加压力的方向（垂直、水平）和分布（均匀、三角形、梯形）等的不同影响，因此，在推导相应于某个点位（对矩形和方形为角点处，对圆形为任意半径处，对条形为任意点处）处的应力分布系数时，必须既区分空间问题与平面问题以及计算点位置的不同，又区分基底附加应力方向（垂直、水平）、分布（均匀、三角形、梯形）条件和计算应力分量（如条形基础的 $\sigma_z, \sigma_x, \tau_{xz}$ 等）的不同。

但是，如果采用两个参数 m 和 n（对矩形和方形基础，取 $m=\dfrac{L}{B}, n=\dfrac{z}{B}$；对圆形基础，取 $m=\dfrac{r}{R}, n=\dfrac{z}{R}$；对条形基础，取 $m=\dfrac{x}{B}, n=\dfrac{z}{B}$），并将上述各种条件下计算得到的应力分布系数分别绘制成图或表的形式，则在计算地基的附加应力时可以直接查取应力分布系数，计算将不再有任何的困难。本节将既分类给出计算表，如表 7-1～表 7-6 所示；也对应给出计算图，如图 7-4～图 7-9 所示（一般利用图计算时，虽然较粗，但较方便）。其中对于基底附加压力为梯形分布的情况，它除可用图 7-10 进行计算外，亦可将梯形分布划分为三角形分布与矩形分布，利用它们各自的图表分别计算后，再将其计算结果叠加。

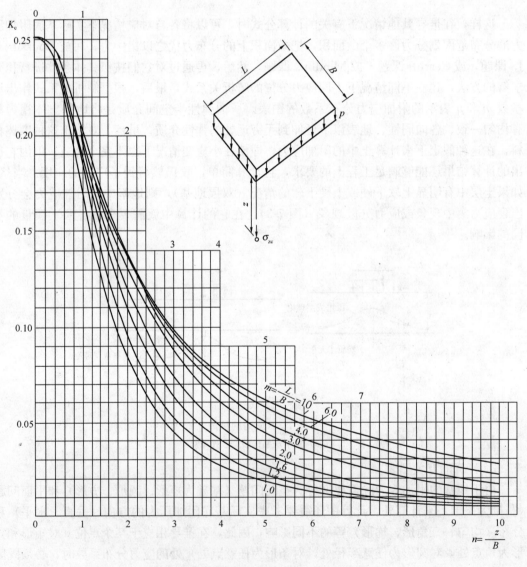

图 7-4　矩形面积上垂直均布压力作用时角点下一点处垂直向应力的分布系数（对应于表 7-1）

矩形面积上垂直均布压力作用时角点下一点处垂直向应力的分布系数　　表 7-1

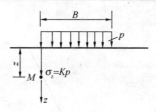

$n=z/B$ \ $m=L/B$	1.0	1.2	1.4	1.6	1.8	2.0	3.0	4.0	5.0	6.0	10.0
0.0	0.2500	0.2500	0.2500	0.2500	0.2500	0.2500	0.2500	0.2500	0.2500	0.2500	0.2500
0.2	0.2486	0.2489	0.2490	0.2491	0.2491	0.2491	0.2492	0.2492	0.2492	0.2492	0.2492
0.4	0.2401	0.2420	0.2429	0.2434	0.2437	0.2439	0.2442	0.2443	0.2443	0.2443	0.2443
0.6	0.2229	0.2275	0.2300	0.2315	0.2324	0.2329	0.2339	0.2341	0.2342	0.2342	0.2342
0.8	0.1999	0.2075	0.2120	0.2147	0.2165	0.2176	0.2196	0.2200	0.2202	0.2202	0.2202
1.0	0.1752	0.1851	0.1911	0.1955	0.1981	0.1999	0.2034	0.2042	0.2044	0.2045	0.2045
1.2	0.1516	0.1626	0.1705	0.1758	0.1793	0.1818	0.1870	0.1882	0.1885	0.1887	0.1888
1.4	0.1308	0.1423	0.1508	0.1569	0.1613	0.1644	0.1712	0.1730	0.1735	0.1738	0.1740
1.6	0.1123	0.1241	0.1329	0.1436	0.1445	0.1482	0.1567	0.1590	0.1598	0.1601	0.1604
1.8	0.0969	0.1083	0.1172	0.1241	0.1294	0.1334	0.1434	0.1463	0.1474	0.1478	0.1482
2.0	0.0840	0.0947	0.1034	0.1103	0.1158	0.1202	0.1314	0.1350	0.1363	0.1368	0.1374
2.2	0.0732	0.0832	0.0917	0.0984	0.1039	0.1084	0.1205	0.1248	0.1264	0.1271	0.1277
2.4	0.0642	0.0734	0.0812	0.0879	0.0934	0.0979	0.1108	0.1156	0.1175	0.1184	0.1192
2.6	0.0566	0.0651	0.0725	0.0788	0.0842	0.0887	0.1020	0.1073	0.1095	0.1106	0.1116
2.8	0.0502	0.0580	0.0649	0.0709	0.0761	0.0805	0.0942	0.0999	0.1024	0.1036	0.1048
3.0	0.0447	0.0519	0.0583	0.0640	0.0690	0.0732	0.0870	0.0931	0.0959	0.0973	0.0987
3.2	0.0401	0.0467	0.0526	0.0580	0.0627	0.0668	0.0806	0.0870	0.0900	0.0916	0.0933
3.4	0.0361	0.0421	0.0477	0.0527	0.0571	0.0611	0.0747	0.0814	0.0847	0.0864	0.0882
3.6	0.0326	0.0382	0.0433	0.0480	0.0523	0.0561	0.0694	0.0763	0.0799	0.0816	0.0837
3.8	0.0296	0.0348	0.0395	0.0439	0.0479	0.0516	0.0645	0.0717	0.0753	0.0773	0.0796
4.0	0.0270	0.0318	0.0362	0.0403	0.0441	0.0474	0.0603	0.0674	0.0712	0.0733	0.0758
4.2	0.0247	0.0291	0.0333	0.0371	0.0407	0.0439	0.0563	0.0634	0.0674	0.0696	0.0724
4.4	0.0227	0.0268	0.0306	0.0343	0.0376	0.0407	0.0527	0.0597	0.0639	0.0662	0.0692
4.6	0.0209	0.0247	0.0283	0.0317	0.0348	0.0378	0.0493	0.0564	0.0606	0.0630	0.0663
4.8	0.0193	0.0229	0.0262	0.0294	0.0324	0.0352	0.0463	0.0533	0.0576	0.0601	0.0635
5.0	0.0179	0.0212	0.0243	0.0274	0.0302	0.0328	0.0435	0.0504	0.0547	0.0573	0.0610
6.0	0.0127	0.0151	0.0174	0.0196	0.0218	0.0238	0.0325	0.0388	0.0431	0.0460	0.0506
7.0	0.0094	0.0112	0.0130	0.0147	0.0164	0.0180	0.0251	0.0306	0.0346	0.0376	0.0428
8.0	0.0073	0.0087	0.0101	0.0114	0.0127	0.0140	0.0198	0.0246	0.0283	0.0311	0.0367
9.0	0.0058	0.0069	0.0080	0.0091	0.0102	0.0112	0.0161	0.0202	0.0235	0.0262	0.0319
10.0	0.0047	0.0056	0.0065	0.0074	0.0083	0.0092	0.0132	0.0167	0.0198	0.0222	0.0280

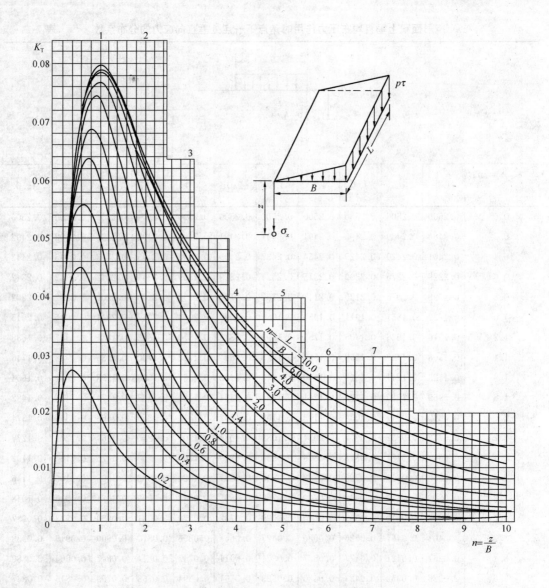

图 7-5 矩形面积上垂直三角形分布压力作用时零压力角点下
一点处垂直向应力的分布系数（对应于表 7-2）

矩形面积上垂直三角形分布压力作用时零压力角点下一点处垂直向应力的分布系数 表 7-2

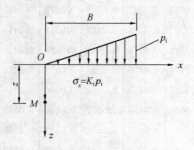

续表

$m=L/B$ $n=z/B$	0.2	0.4	0.6	0.8	1.0	1.2	1.4	1.6	1.8	2.0	3.0	4.0	6.0	8.0	10.0
0.0	0.0000	0.0000	0.0000	0.0000	0.0000	0.0000	0.0000	0.0000	0.0000	0.0000	0.0000	0.0000	0.0000	0.0000	0.0000
0.2	0.0223	0.0280	0.0296	0.0301	0.0304	0.0305	0.0305	0.0306	0.0306	0.0306	0.0306	0.0306	0.0306	0.0306	0.0306
0.4	0.0269	0.0420	0.0487	0.0517	0.0531	0.0539	0.0543	0.0545	0.0546	0.0547	0.0548	0.0549	0.0549	0.0549	0.0549
0.6	0.0259	0.0448	0.0560	0.0621	0.0654	0.0673	0.0684	0.0690	0.0694	0.0696	0.0701	0.0702	0.0702	0.0702	0.0702
0.8	0.0232	0.0421	0.0553	0.0637	0.0688	0.0720	0.0739	0.0751	0.0759	0.0764	0.0773	0.0776	0.0776	0.0776	0.0776
1.0	0.0201	0.0375	0.0508	0.0602	0.0666	0.0708	0.0735	0.0735	0.0766	0.0774	0.0790	0.0794	0.0795	0.0796	0.0796
1.2	0.0171	0.0324	0.0450	0.0546	0.0615	0.0664	0.0698	0.0721	0.0738	0.0749	0.0714	0.0779	0.0782	0.0783	0.0783
1.4	0.0145	0.0278	0.0392	0.0483	0.0554	0.0606	0.0644	0.0672	0.0692	0.0707	0.0739	0.0748	0.0752	0.0752	0.0753
1.6	0.0123	0.0238	0.0339	0.0424	0.0492	0.0545	0.0586	0.0616	0.0639	0.0656	0.0667	0.0708	0.0714	0.0715	0.0715
1.8	0.0105	0.0204	0.0294	0.0371	0.0435	0.0487	0.0528	0.0560	0.0586	0.0604	0.0652	0.0666	0.0673	0.0675	0.0675
2.0	0.0090	0.0176	0.0255	0.0324	0.0348	0.0434	0.0474	0.0507	0.0533	0.0553	0.0607	0.0624	0.0634	0.0636	0.0636
2.5	0.0063	0.0125	0.0183	0.0236	0.0284	0.0326	0.0362	0.0393	0.0419	0.0440	0.0504	0.0529	0.0543	0.0547	0.0548
3.0	0.0046	0.0092	0.0135	0.0176	0.0214	0.0249	0.0280	0.0307	0.0331	0.0352	0.0419	0.0449	0.0469	0.0474	0.0476
5.0	0.0018	0.0036	0.0054	0.0071	0.0088	0.0104	0.0120	0.0135	0.0148	0.0161	0.0214	0.0248	0.0283	0.0296	0.0301
7.0	0.0009	0.0019	0.0028	0.0038	0.0047	0.0056	0.0064	0.0073	0.0081	0.0089	0.0124	0.0152	0.0186	0.0204	0.0212
10.0	0.0005	0.0009	0.0014	0.0019	0.0023	0.0028	0.0033	0.0037	0.0041	0.0046	0.0066	0.0084	0.0111	0.0128	0.0139

矩形面积上水平均匀分布压力作用时角点下一点处垂直向应力的分布系数　　表 7-3

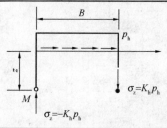

$m=L/B$ $n=z/B$	1.0	1.2	1.4	1.6	1.8	2.0	3.0	4.0	5.0	6.0	10.0
0.0	0.1592	0.1592	0.1592	0.1592	0.1592	0.1592	0.1592	0.1592	0.1592	0.1592	0.1592
0.2	0.1518	0.1523	0.1526	0.1528	0.1529	0.1529	0.1530	0.1530	0.1530	0.1530	0.1530
0.4	0.1328	0.1347	0.1356	0.1362	0.1365	0.1367	0.1371	0.1372	0.1372	0.1372	0.1372
0.6	0.1091	0.1121	0.1139	0.1150	0.1156	0.1160	0.1168	0.1169	0.1170	0.1170	0.1170
0.8	0.0861	0.0900	0.0924	0.0939	0.0948	0.0955	0.0967	0.0969	0.0970	0.0970	0.0970
1.0	0.0666	0.0708	0.0735	0.0753	0.0766	0.0774	0.0790	0.0794	0.0795	0.0796	0.0796
1.2	0.0512	0.0553	0.0582	0.0601	0.0615	0.0624	0.0645	0.0650	0.0652	0.0652	0.0652
1.4	0.0395	0.0433	0.0460	0.0480	0.0494	0.0505	0.0528	0.0534	0.0537	0.0537	0.0538
1.6	0.0308	0.0341	0.0366	0.0385	0.0400	0.0410	0.0436	0.0443	0.0446	0.0447	0.0447
1.8	0.0242	0.0270	0.0293	0.0311	0.0325	0.0336	0.0362	0.0370	0.0374	0.0375	0.0375
2.0	0.0192	0.0217	0.0237	0.0253	0.0266	0.0277	0.0303	0.0312	0.0317	0.0318	0.0318

续表

$m=L/B$ $n=z/B$	1.0	1.2	1.4	1.6	1.8	2.0	3.0	4.0	5.0	6.0	10.0
2.5	0.0113	0.0130	0.0145	0.0157	0.0167	0.0176	0.0202	0.0211	0.0217	0.0219	0.0219
3.0	0.0070	0.0083	0.0093	0.0102	0.0110	0.0117	0.0140	0.0150	0.0156	0.0158	0.0159
5.0	0.0018	0.0021	0.0024	0.0027	0.0030	0.0032	0.0043	0.0050	0.0057	0.0059	0.0060
7.0	0.0007	0.0008	0.0009	0.0010	0.0012	0.0013	0.0018	0.0022	0.0027	0.0029	0.0030
10.0	0.0002	0.0003	0.0003	0.0004	0.0004	0.0005	0.0007	0.0008	0.0011	0.0013	0.0014

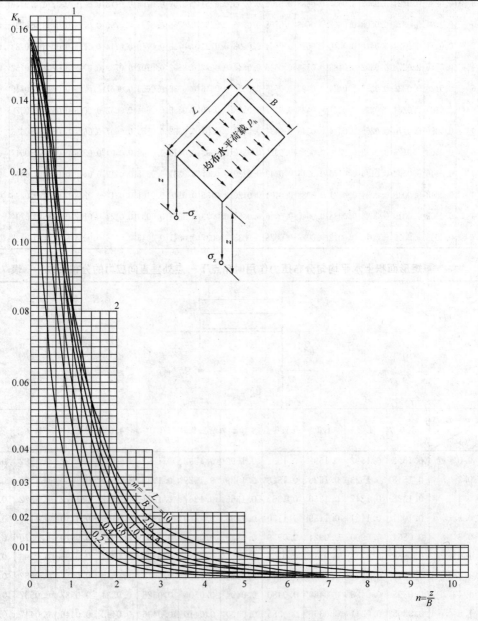

图 7-6 矩形面积上水平均匀分布压力作用时角点下一点处垂直向应力的分布系数（对应于表 7-3）

圆形面积上垂直均匀分布压力作用时中心点下一点处垂直应力的分布系数　　表 7-4

r/z	K_0	r/z	K_0
0.268	0.1	0.918	0.6
0.400	0.2	1.110	0.7
0.518	0.3	1.387	0.8
0.637	0.4	1.908	0.9
0.766	0.5	∞	1.0

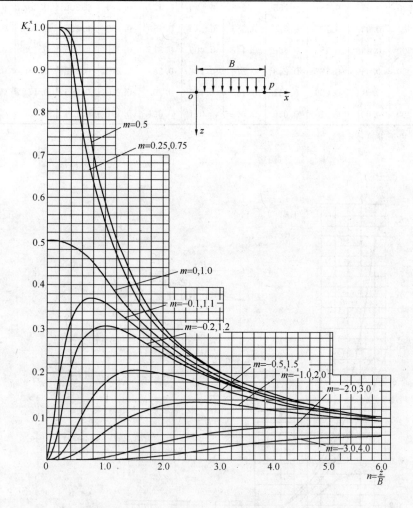

图 7-7　条形面积上垂直均匀分布压力作用时一点 (x,z) 处垂直应力的分布系数（坐标原点在边缘点处，对应于表 7-5）

条形面积上垂直均匀分布压力作用时一点 (x,z) 处垂直应力的分布系数　　表 7-5

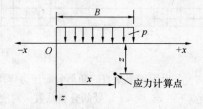

续表

$m=\dfrac{x}{b}$	$n=\dfrac{z}{b}$										
	0.0	0.2	0.4	0.6	0.8	1.0	1.2	1.4	2.0	3.0	4.0	6.0
0	0.500	0.498	0.489	0.468	0.440	0.409	0.375	0.345	0.275	0.198	0.153	0.104
0.25	1.000	0.937	0.797	0.679	0.586	0.510	0.450	0.400	0.298	0.206	0.156	0.105
0.50	1.000	0.977	0.881	0.755	0.642	0.550	0.477	0.420	0.306	0.208	0.158	0.106
0.75	1.000	0.937	0.797	0.679	0.586	0.510	0.450	0.400	0.298	0.206	0.156	0.105
1.00	0.500	0.498	0.489	0.468	0.440	0.409	0.375	0.345	0.275	0.198	0.153	0.104
1.25	0.000	0.059	0.173	0.243	0.276	0.288	0.287	0.279	0.242	0.186	0.147	0.102
1.50	0.000	0.011	0.056	0.111	0.155	0.185	0.202	0.210	0.205	0.171	0.140	0.100
2.00	0.000	0.001	0.010	0.026	0.048	0.071	0.091	0.107	0.134	0.136	0.122	0.094

注：表中的 m, n 符号互换

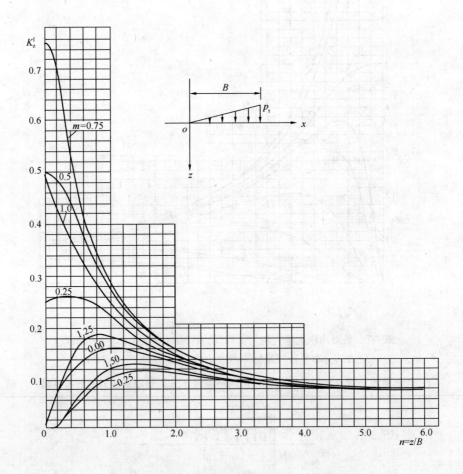

图 7-8 条形面积上垂直三角形分布压力作用时
零压力边缘点下一点 (x, z) 处的分布系数（对应于表 7-6）

条形面积上垂直三角形分布压力作用时零压力边缘点下一点(x,z)处的应力分布系数 表 7-6

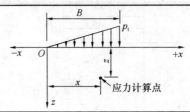

$m=\dfrac{x}{B}$　　$n=z/B$	0.01	0.1	0.2	0.4	0.6	0.8	1.0	1.2	1.4	2.0
0	0.003	0.032	0.061	0.110	0.140	0.155	0.159	0.154	0.151	0.127
0.25	0.249	0.251	0.255	0.263	0.258	0.243	0.224	0.204	0.186	0.148
0.50	0.500	0.498	0.498	0.441	0.378	0.321	0.275	0.239	0.210	0.153
0.75	0.750	0.737	0.682	0.534	0.421	0.343	0.286	0.246	0.215	0.155
1.00	0.497	0.468	0.437	0.379	0.328	0.285	0.250	0.221	0.198	0.147
1.25	0.000	0.010	0.050	0.137	0.177	0.188	0.184	0.176	0.165	0.134
1.50	0.000	0.002	0.009	0.043	0.080	0.106	0.121	0.126	0.127	0.115
−0.25	0.000	0.002	0.009	0.036	0.066	0.089	0.104	0.111	0.114	0.108

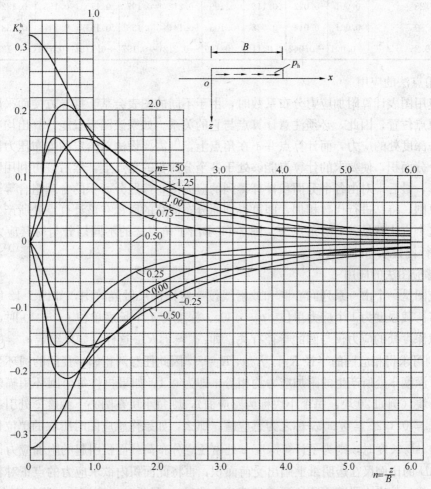

图 7-9　条形面积上水平均布压力作用时边缘下一点（x,z）
处垂直应力的分布系数（对应于表 7-7）

条形面积上水平均布压力作用时边缘点下一点（x,z）处垂直应力的分布系数　　表 7-7

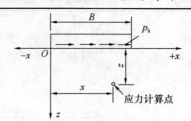

$m=x/B$ \ $n=z/B$	0.01	0.1	0.2	0.4	0.6	0.8	1.0	1.2	1.4	2.0
0	−0.318	−0.315	−0.306	−0.274	−0.234	−0.194	−0.159	−0.131	−0.108	−0.064
0.25	−0.001	−0.039	−0.103	−0.159	−0.147	−0.121	−0.096	−0.078	−0.061	−0.034
0.50	0.000	0.000	0.000	0.000	0.000	0.000	0.000	0.000	0.000	0.000
0.75	0.001	0.039	0.103	0.159	0.147	0.121	0.096	0.078	0.061	0.034
1.00	0.318	0.315	0.306	0.274	0.234	0.194	0.159	0.131	0.108	0.064
1.25	0.001	0.042	0.116	0.199	0.212	0.197	0.175	0.153	0.132	0.085
1.50	0.001	0.011	0.038	0.103	0.144	0.158	0.157	0.147	0.133	0.096
−0.25	−0.001	−0.042	−0.116	−0.199	−0.212	−0.197	−0.175	−0.153	−0.132	−0.085

3. 角点法的应用

在应用图表计算附加应力分布系数时，由于不同的图表会基于推导方便而采用了不同的坐标原点位置，因此，必须注意计算点与它的关系。如果该图表只能计算出均布压力角点下某一深度处的应力，而计算点并不在角点上，则需要设法对给定的均布压力面积划分成若干个分面积，使要求的计算点能够处于各个分面积的角点上，然后，再利用已有图表进行计算，最后，对由各个分面积计算得到的应力值，按照分面积的合理组合等于原分布面积的原则，将其进行代数相加，即可得到原分布荷载的面积在该计算点处所产生的附加应力。这个方法就是著名的角点法。图 7-11 示出了角点法的不同划分与对其应力分布系数 K_c 进行代数求和的方法。

4. 感应图法的应用

感应图是一个由一系列同心圆和放射线按一定比例尺做成的图，如图 7-12 所示。因为在分布荷载强度为 1 个应力单位（$p_0=1$）、深度为 1 个长度单位（$z=1$）时，可以证明，任意深度处的应力仅与圆的半径有关，即：$\sigma_z=f(R)$。这样，如果给定 $\sigma_z=0.1, 0.2, 0.3\cdots$，则可求得相应圆的半径 $R_{0.1}, R_{0.2}, R_{0.3}\cdots$，因此任意两相邻半径间的圆环受荷面积对圆形下深度 z 处所产生的附加应力均相等，即为 0.1。如果再将每个圆环用辐射线等分成若干小块（例如 20 块，每个小块称为感应面），则每小块在圆心下深度 z 处引起的附加应力为 $I_z=0.1/20=0.005$，称之为感应值。那么，如果作感应图时所取的单位长度为图中表示的 $\overline{AB}$ 长度时，则为了计算深度 z 处由任意分布荷载面积引起的附加应力，可以先由 $z=\overline{AB}$ 的比例尺在透明纸上画出受荷面积，再将此面积内欲求应力的点正对着感应图的圆心，然后数出由受荷面积所覆盖的感应面数目 n，最后，得到该处的附加应力为：

$$\sigma_z = n \cdot I_z \cdot p = 0.005 \cdot n \cdot p \tag{7-9}$$

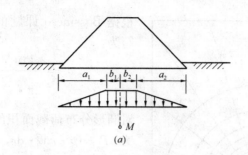

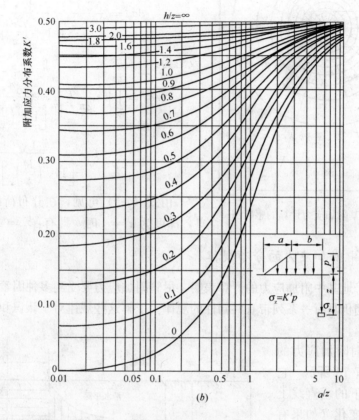

图 7-10 条形面积上梯形分布压力作用时中点下一点处的应力分布系数

图 7-11 角点法的不同划分与应力分布系数的代数求和

显然,此法对计算荷载面积形状不规则时的地基附加应力特别方便。

下面,证明分布荷载强度为 1 个应力单位($p_0 = 1$)、深度为 1 个长度单位($z = 1$)时,任意深度处的应力仅与圆的半径有关,即:$\sigma_z = f(R)$ 这个感应图法的基本依据。因

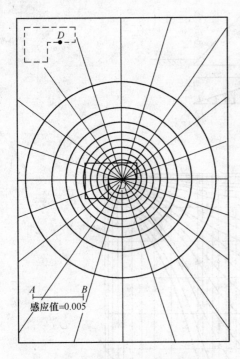

图 7-12 地基附加应力计算的感应图

根据 Bossinesq 课题的解答式（7.7-1），可以写为：

$$\sigma_z = \frac{3P}{2\pi \cdot z^2 \left[1+\left(\frac{r}{z}\right)^2\right]^{\frac{5}{2}}} \quad (7\text{-}10)$$

对圆形分布荷载面积的每一个微元上，其荷载为 $dP = p \cdot rd\theta \cdot dr$，故有：

$$d\sigma_z = \frac{3p}{2\pi \cdot z^2} \frac{rd\theta \cdot dr}{\left[1+\left(\frac{r}{z}\right)^2\right]^{\frac{5}{2}}}$$

或写为：

$$\sigma_z = \int_0^R \int_0^{2\pi} \frac{3p}{2\pi \cdot z^2} \frac{rd\theta \cdot dr}{\left[1+\left(\frac{r}{z}\right)^2\right]^{\frac{5}{2}}}$$

$$= p \left\{ 1 - \frac{1}{\left[1+\left(\frac{R}{z}\right)^2\right]^{\frac{3}{2}}} \right\} \quad (7\text{-}11)$$

由式（7-9）可见，在分布荷载强度为 $p=1$，深度为 $z=1$ 时，即有：$\sigma_z = f(R)$。

三、地基中附加应力的分布规律

一系列关于地基中附加应力的计算表明，尽管附加应力要受到多种因素的影响，但从定性上讲，它们仍具有一系列带有共同性的规律。了解这些规律对于认识和分析问题有着重要的意义。

（1）垂直向附加应力的分布曲线如图 7-13 所示。它在基础中心点下的垂直线上总是由大到小变化（如果有软夹层，会出现应力的分散现象；如果有硬夹层，会出现应力的集中现象）；在基础边缘点下的垂直线上，它由小于中心点压力的值开始，自增大向减小变化；在基础边缘外一点下的垂直线上，由零到增大、再到减小变化；

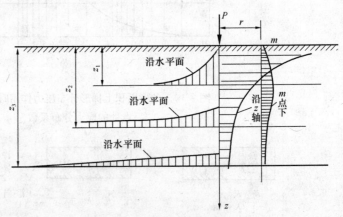

图 7-13 附加应力的分布曲线

在各个水平面上，都具有中间大，向外逐渐变小的规律，但压力的幅值随深度的增大而减小，压力的分布范围随深度的增大而增大（形成应力的扩散角）。

（2）如果将垂直向的附加应力会成等值线的形式，如图 7-14（a）所示，则垂直附加应力的等值线一般呈灯泡状，称为应力泡。垂直附加应力等值线的应力由上向下、由中向外均逐渐减小。如考虑垂直应力为 0.1p 的等值线，它处于较大的深度处，故地基要有较大的压缩层厚度。

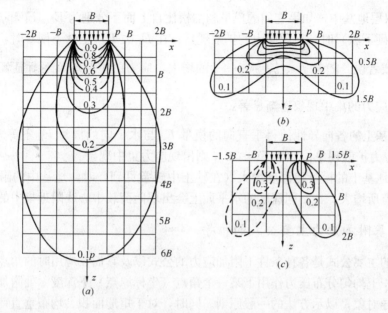

图 7-14　附加应力的等值线（应力泡）
(a) σ_z；(b) σ_x；(c) τ_{zx}

（3）水平向附加应力的等值线形式，如图 7-14（b）所示，它虽然也是由上向下、由中向外逐渐减小，但它的影响深度远较垂直向应力为浅，影响的范围也小。如考虑水平应力为 0.1p 的等值线，则它的影响深度和两侧的影响范围只有 1.5B～2.0B。

（4）附加剪应力的等值线形式，如图 7-14（c）所示，它均自基础边缘开始，由上向下、向外逐渐减小，形成了两个对称于基础中心线的正负高剪应力区。它的形状也确定了地基中塑性区（剪应力达到土抗剪强度的区域）的形状。

（5）基底附加压力分布的不同变化仅仅会使较小深度处的地基附加应力发生不同的变化，对远处附加应力的大小和分布均影响不大。如果基础较大，而土层较薄，则沿土层厚度上垂直附加应力的分布近于矩形，即呈均匀分布（符合压缩试验的条件）（图 7-15）。

（6）基底附加应力相同时，正方形基础下地基附加应力的衰减最快，矩形基础次之，条形基础最慢。

（7）两相近基础下地基中的附加应力，由于应力的扩散，应力会在两基础间的部分地基中造成应力叠加现象。它是造成相邻基础发生倾斜的重要原因。

（8）荷载面积不同而荷载强度相同时，大荷载面积的影响深度较深，小荷载面积的影响深度较浅，故如在地基中有软弱层存在时，附加应力的分布可能只对大基础的沉降显示出影响，而对小基础的沉降影响

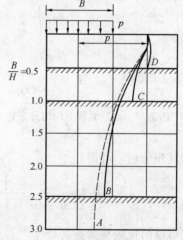

图 7-15　不同基础宽度与岩层埋深之比时垂直附加应力的分布

很小。因此，小尺寸的荷载试验并不能反映实际大尺寸基础时的沉降，表现出基础尺寸效应问题。

（9）在双层地基中，如果它们的模量和泊松比自上而下分别为 E_1、E_2 和 μ_1、μ_2，则在 $E_1 > E_2$（上硬下软）时，出现应力的扩散现象；在 $E_1 < E_2$（上软下硬）时，出现应力的集中现象。或者说，随着 $f = \dfrac{E_1}{E_2} \cdot \dfrac{1-\mu_2^2}{1-\mu_1^2}$ 的增大，应力的扩散现象逐渐显著；随着 $f = \dfrac{E_1}{E_2}$ 的减小，应力的集中现象逐渐显著。

（10）地基土的各向异性使得垂直向的模量 E_v 与水平向的模量 E_h 不等。如果 $E_h > E_v$，则出现应力扩散现象；如果 $E_h < E_v$，则出现应力集中现象。

（11）当地基土的模量随深度增大（在砂土中较常见到）时，地基中的附加应力均比均质地基时有所增大，在不同深度的水平面上会出现向荷载中心线附近集中的现象。

四、地基附加应力主要公式的推导

本节中的主要公式是各种条件下附加应力的公式以及它们在应用时的角点法。下面仅选取矩形面积上均匀分布压力作用下某一个角点（坐标原点）下深度 z 处附加应力的计算公式作为推导对象，以示方法的一般原则。同时，对于矩形面积、均布垂直荷载、角点下的垂直附加应力 σ_z，矩形面积、三角形垂直分布荷载、零应力角点下的垂直附加应力 σ_z，以及矩形面积、水平均匀分布荷载、一个角点（0，0，z）附加应力 σ_z 等，也列出了它的计算式与积分结果的表达式。由于不同情况时公式的推导，只需在选取的坐标原点和进行积分的上、下限有所不同，故对其他情况只列出它们的积分式。

（一）矩形面积上垂直均匀分布应力作用时的垂直附加应力

在矩形面积（$L \times B$）上作用有均匀分布的压力 p 时，其在某一个角点（坐标原点）下深度 z 处一点（0，0，z）上的附加应力 σ_z，可由积分矩形面积内微面积元 $\mathrm{d}\xi \cdot \mathrm{d}\eta$ 上作用集中力 $\mathrm{d}P = p(\xi,\eta)\mathrm{d}\xi \cdot \mathrm{d}\eta$ 时的 Boussinesq 课题所得到的应力计算，如图 7-16，故有：

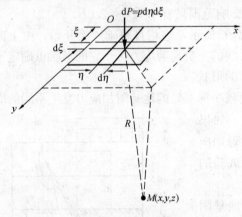

图 7-16 矩形面积上均匀分布应力的作用

$$\sigma_z = \iint\limits_{S=L\times B} \frac{3p}{2\pi} \frac{z^3}{[(\xi)^2 + (\eta)^2 + z^2]^{5/2}} \mathrm{d}\xi \mathrm{d}\eta \tag{7-12}$$

将其积分后，可得：

$$\sigma_z = \frac{p}{2\pi}\left[\frac{mn(1+n^2+2m^2)}{(m^2+n^2)(1+m^2)\sqrt{1+m^2+n^2}} + \arctan\frac{n}{m\sqrt{1+m^2+n^2}}\right] \tag{7-13}$$

它可以简化地写为：

$$\sigma_z = K_c p$$

式中：K_c 为角点下的应力分布系数，它是 $m=\dfrac{L}{B}$，$n=\dfrac{z}{B}$ 的函数。

（二）矩形面积、均布垂直荷载、角点下的垂直附加应力 σ_z

$$\sigma_z = \iint\limits_{S=L\times B} \frac{3p}{2\pi} \frac{z^3}{[(\xi)^2+(\eta)^2+z^2]^{5/2}} d\xi d\eta$$

$$\sigma_z = \frac{p}{2\pi}\left[\arctan\frac{m}{n\sqrt{1+m^2+n^2}} + \frac{mn}{\sqrt{1+m^2+n^2}}\left(\frac{1}{m^2+n^2}+\frac{1}{1+n^2}\right)\right] \tag{7-14}$$

（三）矩形面积、三角形垂直分布荷载、零应力角点下的垂直附加应力

$$\sigma_z = \iint\limits_{S=L\times B} \frac{3\xi \cdot p_t}{2\pi B} \frac{z^3}{[(\xi)^2+(\eta)^2+z^2]^{5/2}} d\xi d\eta$$

$$\sigma_z = \frac{mn}{2\pi}\left[\frac{1}{\sqrt{n^2+m^2}} - \frac{m^2}{(1+n^2)\sqrt{1+m^2+n^2}}\right]\cdot p_t \tag{7-15}$$

（四）矩形面积、水平均匀分布荷载、一个角点 $(0,0,z)$ 附加应力

$$\sigma_z = \iint\limits_{S=L\times B} \frac{3p_h}{2\pi} \frac{\xi \cdot z^2}{[(\xi)^2+(\eta)^2+z^2]^{5/2}} d\xi d\eta$$

$$\sigma_z = \frac{1}{2\pi}\left[\frac{m}{\sqrt{m^2+n^2}} - \frac{mn^2}{(1+n^2)\sqrt{1+m^2+n^2}}\right]\cdot p_h \tag{7-16}$$

（五）其他情况下垂直附加应力 σ_z 的积分表达式与计算式

1. 矩形面积、均布垂直荷载、一点 (x,y,z) 下的垂直附加应力

$$\sigma_z = \iint\limits_{S=L\times B} \frac{3p}{2\pi} \frac{z^3}{[(x-\xi)^2+(y-\eta)^2+z^2]^{5/2}} d\xi d\eta \tag{7-17}$$

2. 条形面积、均布垂直荷载、一点 (x,y,z) 下的垂直附加应力

$$\sigma_z = \iint\limits_{S} \frac{3p}{2\pi} \frac{z^3}{[(x-\xi)^2+(\eta)^2+z^2]^{5/2}} d\xi d\eta \tag{7-18}$$

3. 条形面积、三角形分布荷载、任意点 (x,y,z) 下的附加应力

$$\sigma_z = \iint\limits_{S} \frac{3\xi \cdot p_t}{2\pi B} \frac{z^3}{[(x-\xi)^2+(\eta)^2+z^2]^{5/2}} d\xi \cdot d\eta \tag{7-19}$$

4. 圆形面积（图 7-17）、均布荷载、中心点下的附加应力

$$\sigma_z = \int_0^\rho \int_0^{2\pi} \frac{3p}{2\pi} \frac{z^3}{(\rho^2+z^2)^{5/2}} \rho d\rho d\theta \tag{7-20}$$

5. 矩形面积、水平均匀分布荷载、任意点 (x,y,z) 下的附加应力

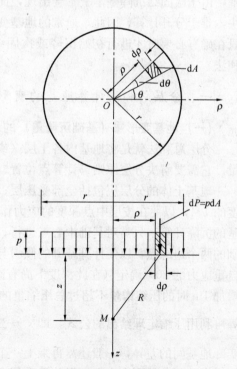

图 7-17 圆形面积、均布荷载、中心点下的附加应力 σ_z

$$\sigma_z = \iint_{L\times B} \frac{3p_h(\xi,\eta)}{2\pi} \frac{(x-\xi)z^2}{[(x-\xi)^2+(y-\eta)^2+z^2]^{5/2}} d\xi d\eta \tag{7-21}$$

6. 矩形面积、水平三角形分布荷载、零应力点下附加应力 σ_z 为：

$$\sigma_z = \iint_{S(\xi,\eta)} \frac{3p_h}{2\pi} \frac{(x-\xi)z^2}{[(x-\xi)^2+(\eta)^2+z^2]^{5/2}} d\xi d\eta \tag{7-22}$$

7. 条形面积、水平均布荷载、边缘点下附加应力

$$\sigma_z = \iint_{S(\xi,\eta)} \frac{3p_h}{2\pi} \frac{(x-\xi)z^2}{[(x-\xi)^2+(\eta)^2+z^2]^{5/2}} d\xi d\eta \tag{7-23}$$

第3节 地基压缩变形量（基础沉降量）的计算

从原则上讲，地基的变形包括加荷后立即发生的初始沉降、接着发生的固结沉降和长时间的次固结沉降等不同的部分。初始沉降只是由于土的形状发生剪切畸变引起，无体积变化，对于均质地基，它常由弹性理论公式估算；固结沉降是土中孔压（对饱和土为孔隙水压力，对非饱和土为孔隙水压力和孔隙气压力）消散过程产生的沉降，按孔压完全消散时的沉降计算；次固结沉降是孔压完全消散后随时间增长而产生的沉降，按孔压完全消散后时间增长过程的变形计算。由于次固结沉降在短期内的变形很小，一般不作计算，故对于黏性土地基，只计算初始沉降与固结沉降（必要时也计算次固结沉降）；对于砂性土地基，由于次固结沉降基本上不会出现，而初始沉降的量较小，且它与固结沉降的发生都很快，难于分开计算。因此，通常的地基变形多把固结引起的最终压缩变形作为主要对象，只在确有必要时才进行初始沉降或次固结沉降的计算。压缩变形计算的方法称为分层总和法。

一、分层总和法计算地基的变形量

(一) 地基变形量（基础沉降量）的计算

分层总和法就是将地基内各土层（或分层）的压缩变形量总和起来，作为地基的变形量。它需要解决分层原则、计算点位置、计算范围以及计算公式等问题。

地基土体的分层应包括全部受压层；地基分层计算时每层土的厚度应该不超过基础宽度的 1/4，以便在按层中点深度的应力作计算时不致造成大的误差；中心受荷刚性基础地基的沉降计算，只需对基础中心点进行；偏心受荷刚性基础地基的沉降计算，可再增加基础的两个边缘点，以便计算基础的倾斜与沉降；地基受压层的深度，或者按附加应力等于自重应力的20%确定（在此深度下尚有高压缩性土时，可延伸到10%处）；或者按再往下增加1m时的压缩增量不超过总压缩量的0.025倍的深度确定；每个土层的压缩变形量计算可利用压缩定理给出的公式，即 $s = \Delta h = \dfrac{a}{1+e_0} p h_0$，但考虑到室内压缩试验的条件与实际地基间的差异，一般还需再乘上一个由经验确定的系数 m_s。这个经验系数主要与土的刚度有关（土的刚度愈大，经验系数值愈小）。经验表明，土的压缩模量小时，按压缩公式的计算值偏小，故经验系数值应大于1；土的压缩模量大时，按压缩公式的计算值偏

大，故经验系数值应小于1。如果没有该地区的实测资料，经验系数 m_s 的值可参见有关规范，见表7-8。表中的 $\overline{E}_s$ 为沉降计算深度范围内地基土压缩模量的当量值。如用 A_i 表示地基土某一层范围内附加应力曲线的面积，则压缩模量的当量值可表示为：

$$\overline{E}_s = \sum A_i / \sum A_i / E_{si} \qquad (7\text{-}24)$$

这样，分层总和法的计算地基沉降量的公式可写为如下的不同形式（图7-18），即：

$$S = m_s \sum_{i=1}^{n} S_i = m_s \sum_{i=1}^{n} \frac{e_{1i} - e_{2i}}{p_{2i} - p_{1i}} H_i$$

$$= m_s \sum_{i=1}^{n} \frac{a_i}{1 + e_{1i}} \Delta p_i H_i$$

$$= m_s \sum_{i=1}^{n} \frac{\Delta e_i}{1 + e_i} H_i \qquad (7\text{-}25)$$

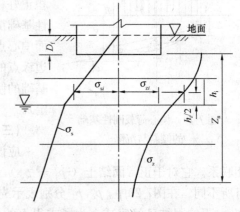

图7-18 分层总和法计算示意图

式中：p_1, p_2 分别为土的自重应力（压缩已完成）和自重应力与附加应力之和，其差值正好等于附加应力（引起土压缩的应力）；e_1, e_2 分别为压缩曲线上对应于 p_1, p_2 的孔隙比，可由各层土试验的压缩曲线得到。

如果将基底以下深度为 z 范围内所产生沉降量的计算公式见式（7-26），并将深度 z 内附加应力 $K\sigma_0$ 所围定的面积表示为 A（等于应力分布系数的平均值 $\overline{K}$ 与基底附加应力 σ_0 的乘积），则有：

$$S = \int_0^z \varepsilon dz = \frac{1}{E_s} \int_0^z \sigma_z dz = \frac{1}{E} \int_0^z K\sigma_0 dz = \frac{1}{E_s} \overline{K} \sigma_0 z = \frac{A}{E_s} \qquad (7\text{-}26)$$

这样，如任一厚度为 $h_i = z_i - z_{i-1}$ 的土层，其在 z_i 和 z_{i-1} 范围内附加应力所围定的面积为 A_i 和 A_{i-1}，则此土层所产生的沉降量应为：

$$\Delta S_i = \frac{A_i - A_{i-1}}{E_{si}} = \frac{\sigma_0}{E_{si}} (\overline{K}_i z_i - \overline{K}_{i-1} z_{i-1})$$

在压缩层范围内的土层所产生的总沉降量应为：

$$S = \sum_0^{H_C} \Delta S_i = \frac{\sigma_0}{E_s} \sum_{i=1}^{n} \frac{1}{E_{si}} (\overline{K}_i z_i - \overline{K}_{i-1} z_{i-1}) \qquad (7\text{-}27)$$

利用此式计算沉降量较为方便，故为规范所采用。

沉降计算的经验系数 m_s　　　　表7-8

$\overline{E}_s$/(MPa)　　　　　地基附加应力 σ_0	2.5	4.0	7.0	15.0	20.0
不小于地基承载力的标准值 f_k 时，即 $\sigma_0 \geq f_k$ 时	1.4	1.3	1.0	0.4	0.2
不大于地基承载力的标准值 f_k 的75%时，即 $\sigma_0 \leq 0.75 f_k$ 时	1.1	1.0	0.7	0.4	0.2

（二）基础倾斜与沉降的计算

为了得到偏心荷载下刚性基础的沉降，应绘出基底中心点及两个边缘点上对应的沉降

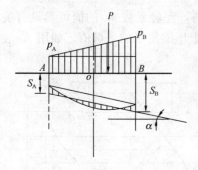

图 7-19 偏心荷载刚性基础的倾斜与沉降

量,然后将其连接成为一条曲线,再将两个边缘点沉降所连的直线向下移动,至该直线与沉降曲线间的上下面积正好相等为止(图 7-19)。此时的直线即可认为是刚性基础沉降后应该达到的位置。故基础的沉降由基底平面中心点的沉降计算;基础的倾斜由沉降后基底平面两边缘点的沉降差计算。根据设计要求,基础的沉降值和基础的倾斜值均不应该超过各自的容许值(由规范规定)。

(三) 考虑应力历史影响的地基沉降计算

应该指出,式(7-25)中的 Δe 需要与土的应力历史相联系。它对于正常固结土($p_1 = p_c$),超固结土($p_1 < p_c$)或欠固结土($p_c < p_1$)有所不同。在图 7-20 中,p_c,p_1 分别表示先期固结压力和上覆土体的自重压力,并认为土在 p_1 下的固结已经完成。为了求得土的先期固结压力,需要将试验的压缩曲线($e - \lg p$ 曲线)修正为原位的压缩曲线。原位的压缩曲线可以由 db_1,$b_1 b$,bc 三段组成,其转点应分别为上覆土体的自重压力 p_1 和先期固结压力 p_c。本来,如果作用的压力 p_2 不超过先期固结压力 p_c 和上覆土体的自重压力 p_1,则此压力前的压缩曲线均应为水平线,即不会有变形产生;在此压力后的压缩曲线为斜线,其斜率在上覆土体的自重压力 p_1 与先期固结压力 p_c 之间应为再压缩曲线,它的斜率 C_s 应该与 g、f 的连线相等;在压力超过先期固结压力 p_c 后,曲线的斜率为

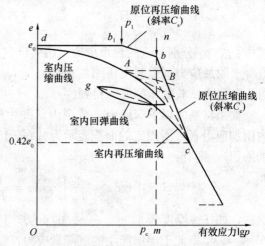

图 7-20 试验压缩曲线与原位压缩曲线

C_c。这样,在需考虑应力历史的影响时,对于超固结土,当压力 p_2 小于 p_c 时,$\Delta p = p_2 - p_1$,Δe 的计算式可写为再压缩变形,即:

$$-\Delta e = C_s \lg \left[\frac{p_1 + \Delta p}{p_1} \right] \tag{7-28}$$

当压力 p_2 大于 p_c 时,Δe 的计算式可写为再压缩变形与压缩变形两部分之和,即:

$$-\Delta e = C_s \lg \left[\frac{p_1 + (p_c - p_1)}{p_1} \right] + C_c \lg \left[\frac{p_c + (p_1 + \Delta p - p_c)}{p_c} \right]$$

$$= C_s \lg \left(\frac{p_c}{p_1} \right) + C_c \lg \left[\frac{p_1 + \Delta p}{p_c} \right] \tag{7-29}$$

对于欠固结土,Δe 的计算式可写为自重应力作用下欠固结压力($p_c - p_1$)的变形与附加应力($p - p_1$)的变形之和,即:

$$-\Delta e = C_c \lg \left[\frac{p_1 + \Delta p}{p_c} \right] \tag{7-30}$$

（四）考虑浸水湿陷影响的地基沉降计算

如果在上列计算公式中 (e_1-e_2) 的表示压力 p 不变情况下仅仅由于浸水引起的孔隙比变化（图7-21），即湿陷引起的孔隙比变化，则通常将它对 $(1+e_0)$ 之比，即单位土厚度因浸水而引起的湿陷量，称为土的湿陷系数，湿陷系数的计算式为：

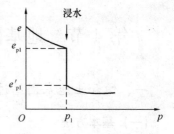

图7-21 湿陷曲线与湿陷系数

$$\delta_{sh} = \frac{e_p - e'_p}{1+e_0} = \frac{H_p - H'_p}{H_0} = \frac{\Delta H_p}{H_0} \tag{7-31}$$

故地基土浸水湿陷量的计算式为：

$$S_{sh} = \sum_{i=1}^{n} m_s \delta_{shi} H_i \tag{7-32}$$

但求取地基实际湿陷量时的经验系数值，需要采用湿陷性土地区的经验值（见有关规范）。

（五）考虑三向变形影响的地基沉降计算

还应该指出，在通常的分层总和法中仅考虑了竖向应力对沉降的影响。实际上，土中任一点上常是三向受力的，任一个方向上应力的变化都会对沉降变形有所影响。为此，早在50年代，黄文熙就提出了三向变形沉降计算的方法，其计算公式为：

$$\varepsilon_z = \frac{1}{E}[(1+\mu)\Delta\sigma_x - \mu\theta] = \frac{1}{1-2\mu}\left[(1+\mu)\frac{\Delta\sigma_z}{\theta} - \mu\right]\frac{e_1-e_2}{1+e_1} \tag{7-33}$$

式中：E, μ 为地基土的变形模量、泊松比；$\theta = \Delta\sigma_x + \Delta\sigma_y + \Delta\sigma_z$；$\Delta\sigma_x, \Delta\sigma_y, \Delta\sigma_z$ 为三个方向上应力的增加值（等于附加应力值）。

二、主要公式的推导

在本节中的主要公式是式（7-25），但它已在土的压缩特性规律中做过推导。因此，本节应对黄文熙三向变形计算公式，即式（7-33）的推导给予注意。

如果令 $\Delta\sigma_x + \Delta\sigma_y + \Delta\sigma_z = \theta$，则垂直应变为：

$$\varepsilon_z = \frac{1}{E}[(1+\mu)\Delta\sigma_x - \mu\theta] \tag{7-34}$$

按照弹性理论，θ 引起的体应变为 $\varepsilon_v = \frac{1-2\mu}{E}\theta$，它应等于土的孔隙比变化引起的体应变，即有：

$$\varepsilon_v = \frac{1-2\mu}{E}\theta = \frac{e_1-e_2}{1+e_1}$$

故得：

$$E = (1-2\mu)\frac{1+e_1}{e_1-e_2}\theta \tag{7-35}$$

将式（7-35）的模量代入竖向应变的公式（7-34），得：

$$\varepsilon_z = \frac{1}{E}[(1+\mu)\Delta\sigma_x - \mu\theta] = \frac{1}{1-2\mu}\left[(1+\mu)\frac{\Delta\sigma_z}{\theta} - \mu\right]\frac{e_1-e_2}{1+e_1}$$

（即证，式7-33）

第4节 地基固结过程(基础沉降过程)的计算

一、饱和土地基固结过程的计算

(一) 基本方法

在计算饱和土地基的固结过程时,通常假定荷载瞬时施加到地基上(实际是逐渐施加的,计算得到的固结过程曲线需进行必要的修正),而且当地基中有砂土层存在时,常不计它的固结变形(因为它的固结很快,可认为它的固结已经完成),只把它作为排水层对待,作为黏性土层固结的排水边界,故地基的固结过程等于各黏性土层固结过程的叠加。如果黏性土是夹在两个砂层之间,则此黏性土为双面排水;黏性土仅一边为砂层时,则此黏性土为单面排水;如砂层间有多层不同的黏性土,则可以将其作为一个土层,按它们的加权平均指标值进行沉降过程的计算。而且,在具体计算时,除需对每一个计算土层考虑它的排水条件(单面排水或双面排水)外,还需考虑它的附加应力沿土层的分布图形(如矩形、三角形、倒三角形、梯形、倒梯形等)的不同情况,以及土压缩和固结的土性参数。当按照前述的渗透固结理论得到各土层固结度与时间的关系曲线时,可进而考虑各土层的最终沉降量,由固结度与时间的关系曲线得到各计算土层的固结变形量与时间关系。整个地基的固结变形量与时间关系由它们的叠加确定。为了便于计算,下面集中列出固结过程计算所用到的公式,即:

1. $S_t = \overline{U_t} S_\infty$,
2. $S_\infty = \dfrac{e_1 - e_2}{p_2 - p_1} H = \dfrac{a_i}{1+e_1} \Delta p H$,
3. $\overline{U_t} = f(T_v)$,
4. $T_v = \dfrac{C_v}{H^2} t$,
5. $C_v = \dfrac{k(1+e)}{a \gamma_w}$
(7-36)

这样,对于固结问题中为了解基础沉降的发展情况而计算"经过某一时刻地基所发生的固结变形量"的问题,利用上述公式的计算步骤为:5—4—3—2—1;对于为了解达到要求的地基变形量所需时间的长短而计算"地基发生某一固结变形量所需的时间"问题,利用上述公式的计算步骤为:2—1—3—5—4。

(二) 计算分析

由于上述一维固结理论的基本条件为均质土层、单面排水、压力沿土层高度均匀分布,荷载瞬时施加等,故如具体的计算条件有所变化,则需要在应用固结理论时进行相应的处理。

1. 如果土层的应力并非均匀分布,如图7-22,但土层为双面排水,则在计算中只需将 H 代以 $H/2$,并将非均布的应力取平均值进行计算;

2. 如果土层的应力并非均匀分布,但为单面排水,则对它们需要区别情况,分别对待,对不同的应力分布应该采用不同的方法进行计算。图7-22所示的几种应力分布形式是通常会遇到的。均匀的压力分布（情况1）发生在大基础、薄土层的情况下；三角形的压力分布（情况2）发生在水力冲填的新土层情况；倒三角形的压力分布（情况3）发生在小基础、厚土层的情况；梯形的压力分布（情况4）发生在尚未固结的土层

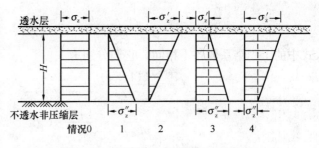

图 7-22 不同的排水及附加应力分布

上兴建建筑物的情况；倒梯形的压力分布（情况5）发生在小基础、较薄土层的情况。

(1) 对于均匀和三角形的应力分布情况，可直接在解渗透固结方程时应用各自的初始条件及边界条件，分别得到各自固结度的计算式，它们分别是：

$$\overline{U}_{t1} = 1 - \frac{8}{\pi^2} e^{-(\frac{\pi^2}{4})T_v} \tag{7-37}$$

和

$$\overline{U}_{t2} = 1 - \frac{32}{\pi^3} e^{-(\frac{\pi^2}{4})T_v} \tag{7-38}$$

(2) 对于倒三角形（情况3）、梯形（情况4）及倒梯形（情况5）的应力分布情况，当用 σ'_z, σ''_z 分别表示排水面上的应力 σ'_z 和不排水面上的应力 σ''_z，它们的比值为 $\alpha = \frac{\sigma'_z}{\sigma''_z}$ 时，三种情况对应的 α 值分别为 ∞，<1 和 >1。此时土层平均固结度的计算可由应力和变形量的迭加原理，在情况1的平均固结度 $\overline{U}_{t1}$ 和情况2的固结度 $\overline{U}_{t2}$ 基础上算出，计算公式分别为：

$$\overline{U}_{t3} = 2\overline{U}_{t1} - \overline{U}_{t2} \tag{7-39}$$

$$\overline{U}_{t4} = \frac{2\alpha \overline{U}_{t1} + (1-\alpha)\overline{U}_{t2}}{1+\alpha}, \ 0 < \alpha < 1 \tag{7-40}$$

$$\overline{U}_{t5} = \frac{2\alpha \overline{U}_{t1} + (1-\alpha)\overline{U}_{t2}}{1+\alpha}, 1 < \alpha < \infty \tag{7-41}$$

(3) 对于多层土，如果各层之间有排水层，则各层的变形量可分别计算，然后对应于不同时刻，将算得的变形量相加；如果各层之间无排水层，则可用各层土固结系数的加权平均值按均质土层计算。此时，固结系数的加权平均值为：

$$\overline{C}_v = \frac{\overline{k}}{\overline{m}_v \gamma_w} \tag{7-42}$$

式中：$\overline{k}$ 和 $\overline{m}_v$ 为渗透系数和体积压缩系数的加权平均值，等于：

$$\overline{k} = \frac{\sum H_i}{\sum \frac{H_i}{k_i}}, \overline{m}_v = \frac{\sum S_i}{\sum \sigma_{zi} H_i} \tag{7-43}$$

(4) 由于在二维、三维、径向固结的情况下，各向同性土层的固结微分方程分别为：

$$C_{v2}\left[\frac{\partial^2 u}{\partial x^2} + \frac{\partial^2 u}{\partial y^2}\right] = \frac{\partial u}{\partial t} \tag{7-44}$$

$$C_{v3}\left[\frac{\partial^2 u}{\partial x^2} + \frac{\partial^2 u}{\partial y^2} + \frac{\partial^2 u}{\partial z^2}\right] = \frac{\partial u}{\partial t} \tag{7-45}$$

$$C_{vr}\left(\frac{\partial^2 u}{\partial r^2}+\frac{1}{r}\frac{\partial u}{\partial r}\right)=\frac{\partial u}{\partial t} \tag{7-46}$$

故式中的土固结系数各不相同,它们分别为:

$$C_{v1}=\frac{k(1+e)}{a\gamma_w}=\frac{k}{m_v\gamma_w} \tag{7-47}$$

$$C_{v2}=\frac{k}{m_{v2}\gamma_w}=\frac{1+K_0}{2}C_{v1} \tag{7-48}$$

$$C_{v3}=\frac{k(1+e)}{a\gamma_w}=\frac{k}{m_{v3}\gamma_w}=\frac{1}{3}\left(\frac{1+\mu}{1-\mu}\right)C_{v1} \tag{7-49}$$

$$C_{vr}=\frac{k_r(1+e)}{a\gamma_w} \tag{7-50}$$

(5) 对于砂井预压问题,地基土体的固结为一维竖向固结与径向固结之和(图 7-23)。此时,固结度的计算可用下列公式:

$$\overline{U}_{tzr}=1-\alpha\cdot e^{-\beta\cdot t} \tag{7-51}$$

式中:
$$\alpha=\frac{8}{\pi^2},\ \beta=\frac{\pi^2}{4}\frac{C_{vz}}{H^2}+\frac{8C_{vr}}{F(n)4R_s^2} \tag{7-52}$$

故
$$\overline{U}_{t,zr}=1-\alpha\cdot e^{-\frac{\pi^2}{4}\frac{C_{vz}}{H^2}t}\times e^{-\frac{8C_{vr}}{F(n)\cdot 4R_s^2}t} \tag{7-53}$$

或写为:
$$\overline{U}_{tzr}=(1-\overline{U}_{tz})(1-\overline{U}_{tr}) \tag{7-54}$$

式中:$\overline{U}_{tz}$,$\overline{U}_{tr}$ 为一维竖向固结的平均固结度与径向固结的平均固结度,它们分别为:

$$\overline{U}_{tr}=1-e^{-\frac{8}{F(n)}T_r} \tag{7-55}$$

和
$$\overline{U}_{tz}=1-\frac{8}{\pi^2}e^{\left(-\frac{\pi^2}{4}\right)T_v} \tag{7-56a}$$

式中:R_s,r 为单个砂井影响范围及砂井的半径;且

$$T_r=\frac{C_{vr}}{4R_s^2}t;\ F(n)=\frac{n^2}{n^2-1}\ln(n)-\frac{3n^2-1}{4n^2};\ n=\frac{R_s}{r};\ T_v=\frac{C_v}{H^2}t; \tag{7-56b}$$

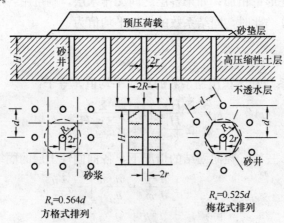

图 7-23 砂井地基的固结

二、非饱和土地基的固结过程计算

对于三相的非饱和土，它的固结过程理应采用非饱和土的固结理论来计算。但是实际应用中也常采用下面的简化方法。

(1) 如果认为，在加荷前，非饱和土的孔隙水压力、孔隙气压力与基质吸力之间是平衡的，则在加荷的瞬间，由于水和气来不及排出所产生的超孔隙气压力（它与超孔隙水压力相等）为 u_0；接着，随着固结过程中水和气的逐渐排出，超孔隙气压力会逐渐消散为 u，使得土骨架上作用的应力逐渐增大，土骨架逐渐压缩；同时，气相的体积又会因孔隙气压力的消散而逐渐膨胀；它们二者共同影响到非饱和土体积的变化。因此，对于一维问题，土微元体（$1 \times 1 \times dz$）中的水量连续方程可写为：水量 V 的变化值 $\frac{\partial V}{\partial t} dz dt$ 等于土压缩量 S 的变化值 $\frac{\partial S}{\partial t} dz dt$ 与气相体积的变化值 $\frac{\partial V_a}{\partial t} dz dt$ 之和，即：

$$\frac{\partial V}{\partial t} dz dt = \frac{\partial S}{\partial t} dz dt + \frac{\partial V_a}{\partial t} dz dt \tag{7-57}$$

其中：

$$\frac{\partial V}{\partial t} dz dt = -\frac{k}{\gamma_w} \frac{\partial^2 u}{\partial t^2} dz dt \tag{a}$$

$$\frac{\partial S}{\partial t} dz dt = -\frac{a}{1+e_0} \frac{\partial u}{\partial t} dz dt \tag{b}$$

如设土中气相在未加荷前的体积为 V_{a0}，压力为大气压力 p_{a0}；如在加荷瞬间的超孔隙气压力等于 u_{a0}，则当加荷时间为 t 时，超孔隙气压力 u_{a0} 消散到等于 u_a 后，气相的体积和压力分别变为 V_a 和 $p_{a0}+u_a$。此时，根据波义耳定律，加荷后气相的体积应为：

$$V_a = V_{a0} p_{a0} / (p_{a0} + u_a) \tag{c}$$

故有：

$$\frac{\partial V_a}{\partial t} dz dt = \frac{\partial}{\partial t}\left(\frac{V_{a0} p_{a0}}{p_{a0}+u_a}\right) \cdot dz dt = \frac{V_{a0} p_{a0}}{(p_{a0}+u_a)^2} \frac{\partial u_a}{\partial t} dz dt \tag{d}$$

将上述式（a）、式（b）、式（d）三个方程代入连续方程式（7-57）并进行简化后，得：

$$C'_v \frac{\partial^2 u_a}{\partial z^2} = \frac{\partial u_a}{\partial t} \tag{7-58a}$$

式中：$C'_v = \lambda C_v = \dfrac{1}{1+\dfrac{\beta}{(p_{a0}+u_a)^2}} \cdot \dfrac{k(1+e_0)}{a\gamma_w}$；$\beta = \dfrac{1+e_0}{a} p_{a0} V_{a0}$ \hfill (7-58b)

由于式（7-58a）和饱和土的固结方程在形式上相同，只是需用 C'_v 代换 C_v，故它的固结过程计算可雷同于饱和土固结过程的计算。但由于在式（7-58a）和式（7-58b）中均含有 u_a，故需用试算方法来求解，即先假定一个孔隙气压力 u_a，依次计算 λ，C'_v，T'_v 和 u_a，直至最后算得的孔隙气压力值与它的假定值相等或满足计算精度要求时为止。在得到不同时刻不同深处的孔隙气压力 $u_a(z,t)$ 后，即可求出不同时刻的固结度 U_t，进而得到不同时刻的沉降量 $S_t = U_t S_\infty$。

(2) 不过，必须注意，这里计算时作为初始条件的超孔隙气压力 u_{a0} 并不像饱和土那样等于瞬时施加的荷载值 p，而应该是气相瞬时压缩引起的数值，其计算公式为：

$$u_{a0} = \frac{a'p_1 p_a}{(e_0 - a'p_1) - 0.98uG} \tag{7-59a}$$

对它可作出如下的推导：

因在压缩前气相的体积为：

$$V_a = V_v - V_w = V_v - uGV_s = V_{a0} - \mu uGV_s \tag{e}$$

或写为：

$$V_{a0} = [e_0 - (1-\mu)uG]V_s \tag{f}$$

式中：μ 为亨利系数，或称为体积可溶性系数，它等于可溶于液相中的气相体积与该液相体积的比值，随温度的变化而稍有变化。在标准大气压下，当温度由 0℃ 增大到 30℃ 时，可由 0.02918 减小到 0.01564；a' 为土的压缩系数；V_s 为土颗粒的体积；w 为土的含水量；G 为土粒相对密度；e 为土的孔隙比。

在假定荷载瞬时施加的情况下，加荷 p_1 使土发生压缩后，气相的体积应为：

$$V_{a1} = [e_1 - (1-\mu)uG]V_s = [(e_0 - a'p_1) - (1-\mu)uG] \cdot V_s \tag{g}$$

如果假定瞬时加荷时土孔隙中的水和气来不及排出，从而产生超孔隙气压力（等于超孔隙水压力）为 u_{a0}，此时，气相所受的压力变为 $(p_a + u_{a0})$，则根据波义耳定律，应有：

$$p_a[e_0 - (1-\mu)uG] \cdot V_s = (p_a + u_{a0})[(e_0 - a'p_1) - (1-\mu)uG] \cdot V_s$$

故得：

$$u_{a0} = \frac{a'p_1 p_a}{(e_0 - a'p_1) - (1-\mu)uG} \tag{h}$$

当土温为 16℃ 时，$\mu = 0.02$；故有：

$$u_{a0} = \frac{a'p_1 p_a}{(e_0 - a'p_1) - 0.98uG} \tag{7-59b}$$

三、地基固结过程的修正

考虑到实际上地基所受的荷载是逐渐施加上去的，而且一般还要有一个基坑开挖过程的影响问题，如图 7-24(a)，故常需要对理论计算的固结过程再进行相应的修正。下面是一种经验的修正方法。

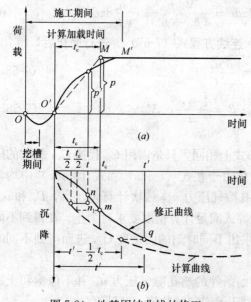

图 7-24 地基固结曲线的修正

在图 7-24(b) 中，虚线为理论计算的固结过程，表示为 $\overline{S}-\overline{t}$ 曲线；实线为按照实际修正的固结过程，表示为 $S-t$ 曲线。如荷载由零逐渐加到设计值 p（经过时间 t_c）之后保持不变（图 7-24a），则可以根据计算过程曲线，按如下的步骤作出 $t < t_c, t = t_c, t > t_c$ 等不同加荷阶段上应该落在修正固结曲线上的诸点 n, q, m，从而得到修正的固结曲线。

（1）对于 $t < t_c$ 的加荷阶段，若压力 p 对应的时刻为 t，则修正曲线上的变形量 S 应该等于理论曲线在时刻 $\bar{t} = t/2$ 的变形量 $\overline{S}$，

利用 $\bar{S}$ 和 t 即可得到修正曲线上的一个点 n。

(2) 对于加荷到设计荷载的时刻 t_c，修正曲线上的变形量 S 应该等于理论曲线在 $\bar{t}=t_c/2$ 时的变形量 $\bar{S}_c$，利用 $\bar{S}_c$ 和 t_c 可得到修正曲线上的一个点 m。

(3) 对于加荷稳定的任意时刻 t'，修正曲线上的变形量 S 应该等于理论曲线在 $\bar{t}=t-\frac{1}{2}t_c$ 时的变形量 $\bar{S}'$，利用 $\bar{S}'$ 和 t' 即可得到修正曲线上的一个点 q。

(4) 连接 n,m,q 及其他类似作出的各点，即可得到完整的修正固结曲线。

第5节 地基承载力的计算

地基承载力的确定必须防止地基不同破坏形式的出现，并具有地基稳定性所要求的安全储备。如果将地基濒于破坏的承载力称为极限承载力，则满足地基稳定性要求的承载力可称为容许承载力。本节将在弄清地基承载力基本概念的基础上讨论不同条件下确定容许承载力的各种方法。它包括折减极限荷载法、限制塑性区发展深度法和现场载荷试验法；最后介绍地基增稳的途径与措施。

一、地基破坏的形式

现场的载荷试验（对竖向荷载）表明（图 7-25），地基的破坏一般为深层滑动（整体破坏，伴有旁侧地面隆起、滑动面和基础沉降）；软弱地基的破坏为冲穿破坏（无旁侧地面隆起和滑动面，但有明显沉降）；在介于二者之间时也会有局部破坏。当荷载倾斜时，视荷载倾斜的程度，即水平荷载相对于竖向荷载的大小，地基在发生破坏（或基础的失稳）时应该为极限竖向压力和极限水平压力的组合。如果以极限竖向压力和极限水平压力为坐标绘出一条曲线，则它可以将应力平面划分为稳定与不稳定两部分，如图 7-26 所示。它在峰值点处的极限竖向压力称为临界极限竖向压力 p_{uk}，计算公式可写为：

$$p_{uk} = A\gamma B\tan\varphi + 2c(1+\tan\varphi) \tag{7-60}$$

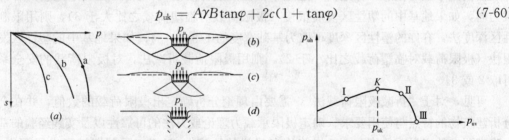

图 7-25 现场的载荷试验曲线与地基的破坏　　图 7-26 极限竖向压力和极限水平压力

式中的 A 值与基础埋置深度有关，基础无埋深或埋深很小时，可取 1.75，一般埋深下取 3~4。在垂直荷载和水平荷载共同作用下，地基除了在竖向荷载很大时仍会发生深层滑动外；还可能出现局部深层滑动（或称局部破坏或混合滑动，发生在 $p_{uv} > p_{uk}$，且 p_{uh} 较小，即荷载倾斜角 δ 较小时）和表面滑动（或称表面破坏，发生在 $p_{uv} < p_{uk}$，且 p_{uh} 较大，即荷载倾斜角 δ 较大时）。在整体破坏时，荷载—沉降曲线的拐点明显，在沉降很大时仍有线性关系，基础侧旁地面发生隆起，地表面有裂缝产生；局部破坏时，荷载—沉降曲线的拐点不明显，基础侧旁地面无隆起，地表面也无裂缝；冲穿破坏时，荷载—沉降曲线无明

显的拐点，沉降很大，荷载板陷入地基，基础侧旁地面无隆起，地表面无裂缝；表面破坏时，基础的水平向位移较大，沉降较小。因此，在确定地基承载力时，应视其具体的荷载及地基情况，验算地基发生不同破坏形式的可能性。

由于地基发生不同破坏形式的可能性与地基的土性、荷载和基础尺寸有关。如前苏联的规范曾经规定：固结系数表示为 $C_v = \dfrac{k}{a(1+e_1)\gamma_w}$ 小于 $1 \times 10^7 \text{cm}/$年，剪切系数（表示为 $\text{tg}\psi = \text{tg}\varphi + c/p$）小于 0.45，$\dfrac{p_{max}}{B\gamma}$ 大于某值（它与土的强度参数有关，由试验确定。无试验时可取 3）时，可以按深层滑动验算；不符合上述条件的黏性土地基或其他类土地基，可仅按表面滑动验算。但对于地基不是很软弱，荷载不是太倾斜的一般情况下，整体破坏可能性的验算应是地基极限承载力验算和研究的主要内容。

二、地基的极限承载力和容许承载力

如前所述，地基的承载力常分为地基的极限承载力和地基的容许承载力。地基的极限承载力为地基濒于破坏时所能支承的基底压力，它相当于载荷试验曲线第三阶段，即破坏阶段开始时的荷载，而地基的容许承载力却要求地基既不发生滑动破坏，又不发生过大的沉降变形，保证基础及建筑物满足要求的安全性。它们虽然有所不同，但却有十分紧密的联系。目前，确定地基承载力可以有理论公式、现场载荷试验、经验公式、建筑规范以及其他等不同的途径。

（一）理论公式的途径

由于在确定地基的容许承载力时，既可以采用将地基的极限承载力除以要求安全系数的方法，称之为"折减极限荷载法"；也可以将地基上的作用载荷限制在载荷试验曲线的第二阶段，即限制在比例极限（临塑荷载）与极限荷载之间，由其接近于临塑荷载的程度体现出安全系数的概念，称之为"限制塑性区发展深度法"。通常，在确定地基的容许承载力时，如果地基中的塑性区发展很慢（极限荷载对临塑荷载之比大于 3），则用限制塑性区深度法，容许的塑性区深度可取为基础宽度的 1/3 或 1/4；如果地基中的塑性区发展很快（极限荷载对临塑荷载之比小于 2），则用极限荷载折减法，对极限荷载的安全系数可取 2 或 3。

可见，对于"折减极限荷载法"，需要由理论分析确定出极限荷载的数值，并在全面分析建筑物的特点与使用要求、确定极限承载力理论或方法的可靠性以及实践经验的基础上确定要求的安全系数值（一般规范均有建议的数值）；对于"限制塑性区发展深度法"需要由理论分析确定出地基中塑性区的发展深度，并确定塑性区的发展深度的容许值。确定地基的极限荷载和塑性区范围是确定地基承载力所必需的理论分析工作。

（二）现场载荷试验的途径

通过现场载荷试验确定地基承载力的方法常为人们所重视，它被认为是一种最权威、最有效的途径。但是，它在某些情况下，由于载荷板与实际基础在其尺寸上的差异以及荷载板埋深与实际基础埋深的差异仍然会有明显的尺寸效应与埋深效应，故施加的载荷在它与基础下地基中影响的深度或范围会发生变化，从而使载荷试验方法得到的极限承载力失去应有的价值。例如，当地基一定深度处有软弱层存在时，它可能对小尺寸承载板的地基不会显示出影响，而对大尺寸实际基础的地基却会使变形明显增大，二者会有明显的不同。

（三）经验公式途径

在一些地方，由静力触探试验、标准贯入试验和旁压试验等现场试验成果总结得出的地区性经验公式，常具有重要的参考价值。在基于静力触探试验的公式中，由比贯入阻力（以20~30cm的等速将标准尺寸的圆锥探头压入土中时测定的地基土阻力值与探头面积之比）可以得到容许承载力；在基于标准贯入试验的公式中，由标准贯入击数（将标准尺寸的贯入器以63.5kg的锤重和落高76cm打入土中30cm时测定的锤击数）可以得到容许承载力；在基于旁压试验的公式中，由旁压力与旁压测量室体积变化量之间的曲线可以得到极限旁压力，再通过经验转换得到竖向极限承载力。

（四）建筑规范途径

很多建筑地基规范往往也会给出关于地基承载力的经验方法或经验数值。由于在地基设计中需要取用地基承载力的容许值，因此设计值也就应该是通常所说的容许值。在旧的规范（1989）中，地基承载力的设计值应先按主要土性指标、由经验统计得到的承载力表，或由荷载试验结果（比例极限、极限荷载的一半或沉降比的某个值）得到所谓的"基本值"，再将多个这样的基本值经过统计分析可以得到所谓的"标准值"，标准值再经过考虑基础深度与宽度的修正即为"设计"值。当用规范推荐的理论公式计算时，如采用了土性强度指标的统计标准值，则计算得到的值既是标准值，也是设计值（因它已经考虑了基础深度和宽度的影响，不需再进行基础的深、宽修正）。在新规范（2002）中，取消了曾经起过重要作用的地基承载表，要求地基设计采用由经验方法、荷载试验方法与理论公式计算方法综合分析判断得到的所谓地基承载力特征值，但要求它的最大值为比例界限值。这样，可以看出，我国以往地基规范中曾经对地基承载力使用了多种含义的界定，它对地基承载力，除有"极限值"、"容许值"之外，还采用过"基本值"、"标准值"、"设计值"、"特征值"等等名称，往往给人们造成不少困惑。在需要采用它们时，必须在区分它们含义的基础上正确确定地基的承载力。

（五）其他途径

利用地基土体圆弧滑动面的方法，计算出地基稳定性的安全系数，将其与要求的安全系数进行比较，也是确定地基承载力的可用的方法。

综上所述，考虑到理论公式的科学性，建筑规范的法定性，经验公式的局限性，载荷试验的权威性，下面的讨论将重点介绍"折减极限荷载法"、"限制塑性区发展深度法"和"现场载荷试验法"。

最后，需要指出，长期以来，地基的设计都是按地基的容许承载力进行的，它相当于极限状态设计理论中按照"使用极限状态"的设计。当然，如果要按照"破坏极限状态"设计，则地基的承载力就需要采用极限承载力。但是，在现阶段，考虑到对地基变化做出准确勘探的复杂性与土力学理论解决问题的现实局限性，目前在按照极限状态设计的总要求下，一方面，地基的设计仍然按"使用极限状态"设计，而未采用"破坏极限状态"设计；另一方面，在确定作为地基设计主要依据的基底压力时，却采用了以概率统计理论为基础的、分项系数表达的、结构极限状态设计方法确定的、作用在地基上的荷载值。

三、折减极限荷载法

折减极限荷载的方法包括极限荷载和折减系数两个方面的问题。二者必须互相配套，不同方法确定的极限承载力应该有与其相适应的折减系数（不能千篇一律）。而且，地基极限承载力的研究必须以地基可能的破坏形式为前提。通常理论分析的破坏形式以主要的整体破坏为对象。

（一）概述

地基整体破坏时的极限承载力问题是土力学中的一个经典性课题。目前的研究表明，地基极限承载力的大小应该与荷载特性（作用方向），基础特性（尺寸，形状，埋深，刚度，基底粗糙程度），尤其是地基土的特性（粒度，湿度，密度，结构、成层性及软硬层变化）具有密切关系。应该说，考虑的条件不同，得到的承载力公式也不同。因此，当看到一个公式时，必须注意它的具体条件，也就是它的适用条件。

如果从这个观点考察问题，可以发现，从1920年Prandtl对地基极限承载力的极限平衡解析解算起，已经历了一个相当漫长的岁月。20世纪40年代的Terzaghi K. 公式（1943），20世纪50年代的Meyerhof G.G 公式（1951），20世纪60年代的Hansen J. B 公式（1969）以及20世纪70年代的Vesic A. S. 公式（1970）等应该被视为地基极限承载力研究历程中具有代表性的方法。Terzaghi公式将基础无埋深、基础底面光滑、不计土体体积力的Prandtl公式，推进到浅基础条件，并考虑体积力及基底粗糙的情况；Meyerhof公式将浅基础的地基极限承载力推进到深基础的地基极限承载力；Hansen公式将中心垂直荷载下的地基极限承载力推进到倾斜荷载以及考虑基础形状、荷载倾斜、基础埋深、地表倾斜和基底倾斜等修正时的地基极限承载力；Vesic公式不但对其作了发展，而且又考虑了地基土压缩性的修正，即地基土松软会在剪切破坏中出现压缩现象，引起冲穿、局部破坏的影响，突破了长期以来视地基为刚塑性体，只研究地基整体破坏的限制，此外，它还考虑了地基土成层性的影响。

目前，由于历史的发展、简化计算的要求、理论分析的简化等原因，计算地基极限承载力的公式有很多，各个方法在其推导条件及细节上也多有不同（可以参考有关文献和论著）。本节将择其有代表性的方法予以介绍。对它们的应用，除需重视其理论根据及适用条件外，正确确定计算需用的土性指标和参数也是十分重要的问题。

（二）简单条件下地基整体破坏时的极限承载力

在地基承载力研究中，绝大部分的是针对竖向、轴心荷载，条形、浅埋基础（将基础埋深范围内土体的作用仅视为旁侧荷载 q，不考虑滑动面通过它时的阻抗力）、光滑基底、均匀地基、水平地表面等条件而进行的。这是因为它具有较大的实用性和理论上解决的可行性，可称为简单条件下的地基承载力问题。这时的地基极限承载力均可表示为如下的形式，即：

$$p_u = \frac{1}{2}\gamma B N_\gamma + q N_q + c N_c \tag{7-61}$$

式中：N_γ, N_q, N_c 称为对应于土的重度、旁侧压力、黏聚力的承载力因数，它们均为土内摩擦角的函数，函数的具体形式决定于公式考虑的条件与公式推导中所用的假定条件。例如：

1. Prandtl（1920）和Reissner（1924）的地基极限承载力公式：

$$p_u = q\frac{1+\sin\varphi}{1-\sin\varphi}e^{\pi\tan\varphi} + c\cot\varphi\left(\frac{1+\sin\varphi}{1-\sin\varphi}e^{\pi\tan\varphi} - 1\right)$$

$$= q\tan^2\left(45+\frac{\varphi}{2}\right)e^{\pi\tan\varphi} + c\cot\varphi\left[\tan^2\left(45+\frac{\varphi}{2}\right)e^{\pi\tan\varphi} - 1\right]$$

$$= qN_q + cN_c \tag{7-62}$$

上式是在 Prandtl（1920）对上述基本条件下假定基础无埋深、不计土体体积力（体积力与埋深荷载相对较小时）、基于极限平衡理论得到的理论解基础上，由 Reissner（1924）进一步考虑了基础埋深（仍不计体积力的影响）而得到的公式。它不含与土重度有关的承载力因数 N_γ，其他的两个承载力因数为：

$$N_q = \tan^2\left(45+\frac{\varphi}{2}\right)e^{\pi\tan\varphi} \tag{7-63}$$

和

$$N_c = \cot\varphi\left[\tan^2\left(45+\frac{\varphi}{2}\right)e^{\pi\tan\varphi} - 1\right] \tag{7-64}$$

Prandtl 和 Reissner 的解答从理论上揭示了地基滑动土体的特性。它表明：地基的滑动土体可以分为基底下的主动区（滑动界面与基底面成 $45+\frac{\varphi}{2}$ 角）、基础旁侧地面下的被动区（滑动界面与地表面成 $45-\frac{\varphi}{2}$ 角）和二者之间的过渡区（其滑动界面由主动区开始，为一条对数螺旋线，$r = r_0 e^{\theta\tan\varphi}$），如图 7-27（a）所示。这些特性为后来研究者所广泛采用。

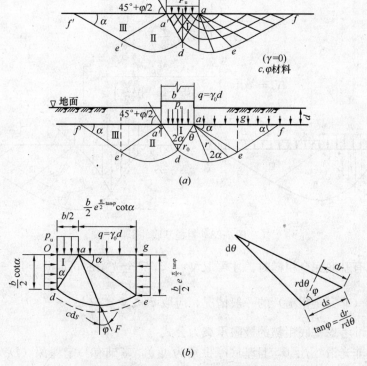

图 7-27 Prandtl 和 Reissner 的地基极限承载力解答

图 7-27 (b) 示出了在公式推导中所用的方法。它通过滑动土体 0deg 将第二区和其他两个区对它的影响联系起来；主动区在左边界上产生主动土压力；被动区在右边界上产生被动土压力；顶面上有旁侧压力与基底压力；底面为对数螺旋线形的滑动边界，其上作用有黏聚力和通过对数螺旋线中心的反力。极限承载力的关系式是由滑动土体上作用诸力对点 a 的力矩平衡条件得到。

2. Terzaghi（1943）的地基极限承载力公式

Terzaghi（1943）在上述 Prandtl 与 Reissner 解答的基础上又考虑了体积力（$\gamma \neq 0$），得到了如式（7-61）的完整表达式，即：

$$p_u = \left[\frac{c}{\tan\varphi} - \frac{1}{2}\gamma B \tan\left(45° + \frac{\phi}{2}\right)\right]\left[e^{\pi\tan\varphi}\tan^2\left(45° + \frac{\phi}{2}\right) - 1\right] \tag{7-65}$$

它所补充的体积力承载力系数为：

$$N_r = \frac{1}{2}\tan\varphi\left[\frac{\tan^2\left(45° + \frac{\phi}{2}\right)}{\sin\varphi\cos^3\varphi} - 1\right] \tag{7-66}$$

3. Prandtl 与 Reissner（1944）考虑粗糙基底的极限承载力公式：

如果考虑基础为粗糙底面（$f \neq 0$，接触摩擦角为 ψ）时，则会在基底下产生一个达不到极限平衡的弹性核，并且它会影响到Ⅱ区内放射状滑移线使其产生弯曲，如图 7-28。Prandtl 与 Reissner（1944）在取 $\psi = \varphi$，同时考虑体积力（$\gamma \neq 0$）影响的条件下，得到了地基极限承载力公式。此时，各个承载力系数为：

$$N_r = \frac{1}{2}\tan\varphi\left[\frac{\tan^2\left(45° + \frac{\phi}{2}\right)}{\sin\varphi\cos^3\varphi} - 1\right] \tag{7-67}$$

$$N_q = \frac{e^{\left(\frac{3}{2}\pi - \varphi\right)\tan\varphi}}{2\cos^2\left(45° + \frac{\phi}{2}\right)} - 1 \tag{7-68}$$

$$N_c = \cot\varphi\left[\frac{e^{\left(\frac{3}{2}\pi - \varphi\right)\tan\varphi}}{2\cos^2\left(45° + \frac{\varphi}{2}\right)} - 1\right] \tag{7-69}$$

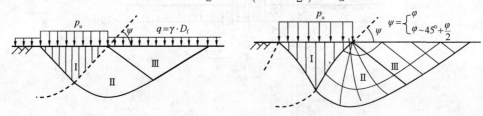

图 7-28 粗糙基底的影响

其实，只有基底完全粗糙时，才可取 $\Psi = \varphi$，完全光滑时可取 $\psi = 45° + \frac{\varphi}{2}$，故对基底并非完全光滑（非完全粗糙）的一般情况，应取 $\varphi < \Psi < \left(45° + \frac{\varphi}{2}\right)$。

4. Terzaghi 考虑基底粗糙的极限承载力公式

对基底并非光滑（$f \neq 0$，且基底摩擦角为 Ψ），基础有一定埋深（$D_f \neq 0$）及地基土有体积力影响（$\gamma \neq 0$）的情况，当基础底面下的部分土体达不到极限平衡状态，形成弹性核（图 7-29）时，Terzaghi 得到了如下的极限承载力的公式，其 N_c，N_q，N_γ 的表达式为：

$$N_c = \tan\psi + \frac{\cos(\psi-\varphi)}{\sin\varphi\cos\psi}\left[e^{(\frac{3}{2}\pi-2\psi)}(1+\sin\varphi)-1\right] \qquad (7-70)$$

$$N_q = \frac{\cos(\psi-\varphi)}{\cos\psi}e^{(\frac{3}{2}\pi+\varphi-2\psi)}\cdot\tan\left(45°+\frac{\varphi}{2}\right) \qquad (7-71)$$

$$N_\gamma = \frac{1}{2}\tan\psi\left(K_{pr}\frac{\psi-\varphi}{\cos\varphi\cos\psi}-1\right) \qquad (7-72)$$

式中
$$K_{pr} = \frac{\tan^2(45°+\varphi/2)}{\sin\varphi\cos\varphi} \qquad (7-73)$$

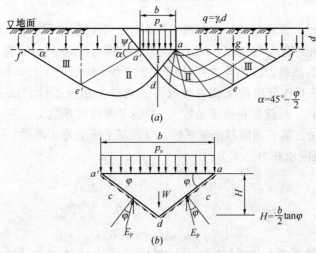

图 7-29　Terzaghi 考虑基底粗糙的极限承载力

Terzaghi 在推求极限承载力公式时，将弹性核取为分离体，如图 7-26（b）所示，认为弹性核同基础一起向下移动，挤压两侧土体，直至破坏。因此，在弹性核的两侧边上作用有被动土压力和黏聚力，中间作用有弹性核的重力。为了求得被动土压力，然后由力的平衡条件得到极限承载力（即承载力因数 N_c、N_q、N_γ），Terzaghi 分别在仅有 c、仅有 q 和仅有 γ 的三种情况下假定了不同的滑动面，按分离体的平衡条件求得各情况下分项的承载力 q_{oi}（$i=c,q,\gamma$），以其和的最小者作为地基的极限荷载。可见，Terzaghi 公式得到的承载力因数 N_c、N_q、N_γ 不是对同一个滑动面得到的，这并不符合地基工作的实际情况。因此，这个公式也只能算是一个对于条形基础下地基整体剪切破坏情况（土相对较好）地基极限承载力的近似解。

（三）复杂条件下地基整体破坏时的极限承载力

所谓复杂条件下地基极限承载力是指前述简单条件以外情况下的地基极限承载力。它可以包括偏心荷载、倾斜荷载、深埋基础、非条形（圆形、矩形、任意形）基础、倾斜基土表面、倾斜基底表面、层状地基、可压缩性滑楔以及地震、渗流、地下水等不同条件下的地基极限承载力问题。针对这些情况，现在已经提出了一些实用的处理方法。例如：

（1）对偏心荷载情况（偏心距为 e_B），常将基础实际宽度 B 改用为代换宽度 B'，即 $B'=B-2e_B$，然后按轴心荷载的方法计算地基的极限承载力；

(2) 对深埋基础，Meyerhof G. G 提出了如下的公式，即：

$$p = {}_u p'_u + p''_u = (cN_c + \sigma_0 N_q) + \frac{1}{2}\gamma B N_\gamma \tag{7-74}$$

式中：

$$N_c = \left[\frac{(1+\sin\varphi)e^{2\theta\cdot\tan\varphi}}{1-\sin\varphi\sin(2\eta+\varphi)} - 1\right]\cdot\cot\varphi \tag{7-75}$$

$$N_q = \frac{(1+\sin\varphi)e^{2\theta\cdot\tan\varphi}}{1-\sin\varphi\sin(2\eta+\varphi)} \tag{7-76}$$

$$N_\gamma = \frac{4P_p\sin\left(45°+\frac{\varphi}{2}\right)}{\gamma B^2} - \frac{1}{2}\tan\left(45°+\frac{\varphi}{2}\right) \tag{7-77}$$

(3) 对倾斜荷载、深埋基础、非条形（圆形、矩形、任意形）基础、倾斜基土表面、倾斜基底表面和可压缩地基等情况，由于地基中滑动面的形状与分区将有所不同，需要进行相应的理论推导。虽然，国内外学者对此也做过不少的研究工作，但目前多采用 Hansen 等人将基本条件下各分项的承载力系数再分别乘上相应条件的修正系数的方法来处理。这些修正系数有：荷载倾斜修正系数 i、基础埋深修正系数 d、基础形状修正系数 s、地面倾斜修正系数 g、基底面倾斜修正系数 b 以及基土压缩修正系数 ζ 等（均对 c, γ, q 分别表示）。此时的极限承载力公式为：

$$\begin{aligned}p_u = &\frac{1}{2}rBN_r\cdot i_r\cdot d_r\cdot s_r\cdot b_r\cdot g_r\cdot \zeta_r\\&+cN_c\cdot i_c\cdot d_c\cdot s_c\cdot b_c\cdot g_c\cdot \zeta_c\\&+qN_q\cdot i_q\cdot d_q\cdot s_q\cdot b_q\cdot g_q\cdot \zeta_q\end{aligned} \tag{7-78}$$

这样，地基极限承载力公式（7-78）中的 N_c，N_q，N_γ 等承载力系数仍可由基本情况下极限楔体的理论推导（包括本身的简化假定、对问题的处理方式以及滑动面形状）来确定；只需在试验研究基础上分析得到各类经验性或半经验性的修正系数（参见有关文献）。

此外，为了将上述用于条形基础的承载力公式应用于圆形、方形和长方形的基础，可以参见日本《建筑基础设计指南》的方法。它分别对式（7-61）中黏聚力的承载力因数与重力的承载力因数引入各自的形状系数 α 和 β（见表 7-9）。α 和 β 相当于式（7-78）中的基础形状修正系数 s_c 和 s_γ。

(4) 对于地基土成层性的影响，地震、渗流、地下水的影响等，亦需分别其各自的特点处理，提出相应的考虑方法（见文献）。

承载力的形状系数　　　　　　　　　　表 7-9

形状系数	条形	圆形	正方形	长方形
α	1.0	1.3	1.3	$1.0+0.3\frac{B}{L}$
β	1.0	0.6	0.8	$1.0+0.2\frac{B}{L}$

应该看到，虽然上述处理问题的思路形成了当代对地基极限承载力这个非常复杂的问题进行研究的总体框架。但在应用中，最主要、最正确的方法应该是抓住具体情况下的主导因素和主要因素，选择与之相适应、且实际有效的方法来计算。并且，按具体条件选择

一个，甚至几个（因为不同的理论之间仍有在考虑方法上的差异）可用的公式作出计算后，再在综合判断的基础上提出实际应用条件下地基的极限承载力值。

（四）地基极限承载力主要公式的推导

本节里涉及的公式很多，主要有 Terzaghi. K. 公式（1943）、Hansen 公式、Meyerhof G. G. 公式（1951）等。这里只推导较为复杂、能够考虑基础埋深范围内土体与基础侧面的摩擦以及滑动面上的剪切强度对承载力贡献的 Meyerhof G.G 公式。这样，一方面，可以对计算公式作出扩展，另一方面，可以从中体会解决类似问题的有关原则和方法。

由于 Meyerhof G. G. 公式研究的对象是深埋基础，故基础侧面摩擦的影响不能忽略。它在推导公式时，采用了如图 7-30 的滑动面图式。它在基础下为一弹性核，弹性核与基础向下移动时，挤压两侧的土体，在土体中形成对数螺旋线形的滑动面，且滑动面一直延伸到地面。土中的 BE 面为一个等代自由面，与水平面成 β 角。由这个等代自由面上作用的法向应力 σ_0 和切向应力 τ_0 组成的旁侧附加应力 q_0 来考虑基础埋深范围内土的影响。在等代自由面与对数螺旋线形的滑动面中间另有一个与等代自由面成 η 角的滑动面 BD，从而使地基内的滑楔体形成三个区，即：I区（ABC区，弹性核）、II区（BCD区）和III区（DBE区）。这样，推导公式可以分为两步进行。先根据不计体力时这三个滑体上的作用力（图 7-28）求出 c,q 影响下的极限承载力 p'_u；再根据只计体力时这三个滑体上的作用力（图 7-30）求出 γ 影响下的极限承载力 p''_u。p'_u 与 p''_u 之和即为地基的极限承载力 p_u。

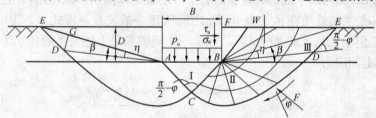

图 7-30 深埋基础下地基的承载力

（1）在由黏聚力 c 和旁侧力 q 计算极限承载力 p'_u 时，如图 7-31a 所示，由于在滑体的各共有面上作用的力等值反向，计算时需先求 BE 面上的 σ_0,τ_0（图 7-28b），再求出 BD 面上的 σ_b,τ_b（图 7-31c, d），继而按楔体 BCD 上力的作用（即 BC 面上的 σ_c, τ_c，BD 面上的 σ_b,τ_b，CD 面上的 c 等力的作用）对 C 点求矩，求出 BC 面上的 σ_c,τ_c（图 7-31e），最后，再由I区 ABC 楔体上各力的平衡关系得到基础底面上作用的极限承载力 p'_u（图 7-31f）。

需要指出，由于 BE 面与水平线成 β 角，与 BD 面成 η 角，则 BE 面上的 σ_0,τ_0 可由 BFE 楔体在重力 $w_1=\frac{1}{2}\gamma D_f^2\cot\beta$、基础侧面的作用应力 $\sigma_a=\frac{1}{2}k_0\gamma D_f, \tau_a=\sigma_a\tan\delta$ 以及等代自由面上的应力 σ_0 和 τ_0 间的平衡关系得到（图 7-31b）；按楔体 BCD 上力的作用（即 BC 面上的 σ_c,τ_c，BD 面上的 σ_b,τ_b，CD 面上的 c 等力的作用）对 C 点求矩，即可算出 σ_c,τ_c；由I区 ABC 楔体上各力的平衡关系即可求出基础底面上作用的极限承载力 p'_u。这些计算都不会遇到困难。这里的难点在于 BD 面上应力 σ_b,τ_b 的确定。由于在 σ_b,τ_b 与 σ_0,τ_0 之间具有如图 7-28c 所示的关系，即如在应力坐标内由 σ_0,τ_0 作出 e 点，然后作应力

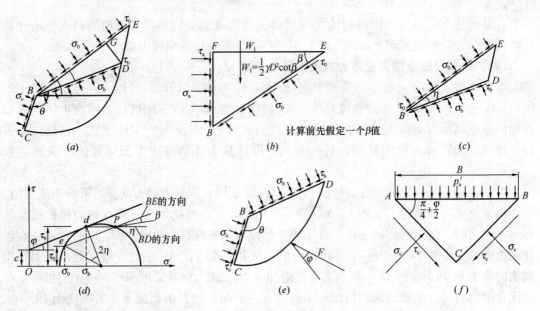

图 7-31 由黏聚力 c 和旁侧力 q 产生极限承载力 p'_u 时地基各滑体上的作用力

圆使其通过 e 点并与强度包线相切时，则其切点 d 点的应力即为 σ_b, τ_b，该 d 点处的破裂面与等代自由面间所夹的圆心角即等于 2η。但是，由于如上得到的 σ_0, τ_0 都是 β, η 角的函数，而等代自由面 BE 面与水平线的夹角 β 的真正值还是个未知数，故还需利用 △BDG 与对数螺旋线 $r = r_0 e^{\theta \cdot \tan\varphi}$ 的性质在 β、η 及 θ、D_f 之间所建立的关系，即式（7-79）和式（7-80）的条件，假定不同的 β、η 来进行试算，寻求一个能够满足上述关系的 β、η 值。进而，即可确定出 BD 面上的应力 σ_b, τ_b。

$$\sin\beta = \frac{2D_f \sin(45° - \frac{\varphi}{2})\cos(\eta+\varphi)}{\cos\varphi \cdot e^{\theta \cdot \tan\varphi}} \tag{7-79}$$

$$\theta = 135° + \beta - \eta - \varphi/2 \tag{7-80}$$

这样，Meyerhof G. G 得到的计算公式为：

$$p'_u = cN_c + \sigma_0 N_q \tag{7-81}$$

式中：

$$N_c = \left[\frac{(1+\sin\varphi)e^{2\theta \cdot \tan\varphi}}{1-\sin\varphi\sin(2\eta+\varphi)} - 1\right] \cdot \cot\varphi \quad （即证，式 7-75）$$

$$N_q = \frac{(1+\sin\varphi)e^{2\theta \cdot \tan\varphi}}{1-\sin\varphi\sin(2\eta+\varphi)} \quad （即证，式 7-76）$$

（2）在由重力 γ 计算极限承载力 p''_u 时，即令 $\gamma \neq 0$，但 $c=0$，$q=0$ 时，在楔体 BCDG 上作用的诸力有楔体重心上的重力 W，DG 上的被动土压力 P_1，对数螺旋线 CD 上的反力 F 和 BC 面上的土压力 P_p（图 7-32）。如对对数螺旋线中心点写出力矩平衡式，即 $\Sigma M_0 = 0$，则可求得 BC 面上的土压力 P_p：

$$P_p = \frac{P_1 L_1 + W L_2}{L_3} \tag{7-82}$$

以及其与 Ⅰ 区平衡相对应、仅由 γ 产生的极限承载力 p''_u（图 7-29）。它也应是对不同的滑动面求得的最小值（此时的滑动面不同于求 p'_u 时的滑动面），等于：

$$p''_u = \frac{1}{2}\gamma B N_\gamma \tag{7-83}$$

式中：

$$N_\gamma = \frac{4P_p \sin\left(45° + \frac{\varphi}{2}\right)}{\gamma B^2} - \frac{1}{2}\tan\left(45° + \frac{\varphi}{2}\right) \quad \text{（即证，式 7-77）}$$

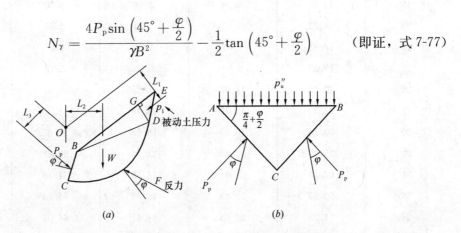

图 7-32 由体力 γ 产生极限承载力 p''_u 时地基各滑体上的作用力

同样，由于上述极限承载力的公式也是利用不同的滑动面得到的，故它仍属于近似的简化公式。可以看出，此公式在 $\beta=0$，$\sigma_0=\gamma D_f=q$，$\tau_0=0$ 时，有 $2\eta = \frac{\pi}{2} - \varphi$，$\theta = \frac{\pi}{2}$，故 p_u 即可退化为 Terzaghi 公式（$f=0$ 时）。

（五）地基极限承载力主要计算公式的比较

如果将 Terzaghi 公式、Hansen 公式、Vesic 公式和 Meyerhof 公式的地基极限承载力因数分别加用下标 $i = T$、H、V、M，并对它们的值进行比较（表 7-10），则可以看出：

(1) 各公式黏聚力的承载力因数 N_{ci} 相等，$N_{ci} = (N_q - 1)\cot\varphi$；

(2) 各公式旁侧应力的承载力因数 N_{qi} 相等，$N_{qi} = e^{\pi\tan\varphi}\tan^2\left(45° + \frac{\varphi}{2}\right)$；

(3) 各公式体力的承载力因数 $N_{\gamma \cdot i}$ 并不相等，它们间的关系为：$N_{\gamma \cdot T} = N_{\gamma \cdot H} = 1.8(N_q - 1) \cdot \tan\varphi$（基底完全光滑），$N_{\gamma \cdot M} = (N_q - 1) \cdot \tan(1.4\varphi)$ 和 $N_{\gamma \cdot V} = 2(N_q - 1) \cdot \tan\varphi$。

不同公式计算的承载力因数　　　　表 7-10

φ	N_c	N_q	$N_{\gamma H} = N_{\gamma T}$	$N_{\gamma \cdot M}$	$N_{\gamma \cdot V}$
0	5.14	1.00	0.00	0.00	0.00
2	5.63	1.20	0.01	0.01	0.15
4	6.19	1.43	0.05	0.04	0.34
6	6.81	1.72	0.14	0.11	0.37
8	7.53	2.06	0.27	0.21	0.86
10	8.35	2.47	0.47	0.37	1.22
12	9.28	2.97	0.76	0.60	1.69
14	10.37	3.59	1.16	0.92	2.29
16	11.63	4.34	1.72	1.37	3.06

续表

φ	N_c	N_q	$N_{\gamma H}=N_{\gamma T}$	$N_{\gamma.M}$	$N_{\gamma.V}$
18	13.10	5.26	2.49	2.00	4.07
20	14.83	6.40	3.54	2.87	5.39
22	16.88	7.82	4.96	4.07	7.13
24	19.32	9.60	6.90	5.72	9.44
26	22.25	11.85	9.53	8.00	12.54
28	25.80	14.72	13.13	11.20	16.72
30	30.14	18.40	18.08	15.67	22.40
32	35.40	23.18	24.94	22.02	20.22
34	42.16	29.44	34.53	31.15	41.06
36	50.59	37.35	48.06	44.43	56.31
38	61.35	48.93	67.41	64.07	78.03
40	75.32	64.20	95.45	93.69	109.41

四、限制塑性区发展深度法

地基中的塑性区是一个由满足极限平衡条件的各点所组成的区域。如前所述，地基中剪应力的等值线在基础的两个边缘点处最大，向深处逐渐发展，并呈灯泡状随深度减小。当作用剪应力的某一根等值线满足了极限平衡条件时，在它以上的区域内，其剪应力更大，均超过了极限平衡条件对应的剪应力。实际上，由于在土中超过抗剪强度的剪应力不能存在，它需要经过应力的调整，才能使一定范围内的土体满足极限平衡条件，形成一个所谓的塑性平衡区。由于塑性区最先在基础边缘点出现，故将它所对应的荷载称为临界荷载 p_{cr}。以后，随着荷载的增大，塑性区逐渐扩大，直至塑性区连通，出现地基的整体破坏。可见，限制了塑性区的最大发展深度也就等于保持了相应的安全系数。通常限制塑性区发展的最大深度可以为零、为基础宽度的 1/3 倍、1/4 倍等，限制塑性区发展的最大深度愈小，地基的安全系数愈大。它们所对应的基底压力 p_{cr}, $p_{\frac{1}{3}}$, $p_{\frac{1}{4}}$ 等，常可直接作为不同要求时地基的容许承载力。

（一）p_{cr} 与 $p_{\frac{1}{3}}$, $p_{\frac{1}{4}}$

限制塑性区发展深度的方法需要推导出基底压力与地基中塑性区最大深度之间的关系，然后，让这个最大深度等于上述的不同值，即可得到限制塑性区深度为零、或不超过基础宽度的 1/3 倍，1/4 倍时所对应的基底最大压力，即 p_{cr}, $p_{\frac{1}{3}}$, $p_{\frac{1}{4}}$。这样推导出的计算公式也可统一地写为：

$$p_u = \frac{1}{2}rBN_r + qN_q + cN_c$$

只是其中的承载力系数 N_r, N_q, N_c 各有不同（它们与前述的各种公式一样，同样可以做成图表来应用）。对应于 p_{cr}, $p_{\frac{1}{3}}$, $p_{\frac{1}{4}}$ 等不同塑性区范围的承载力系数 N_r, N_q, N_c 分别为：

$$N_\gamma = 0$$

$$N_q = \left[1 + \frac{\pi}{\cot\varphi + \varphi - \frac{\pi}{2}}\right]$$

$$N_c = \left[\frac{\pi \cot\varphi}{\cot\varphi + \varphi - \frac{\pi}{2}}\right] \quad (7\text{-}84)$$

$$N_\gamma = \frac{2\pi}{3\left(\cot\varphi + \varphi - \frac{\pi}{2}\right)}$$

$$N_q = \left[1 + \frac{\pi}{\cot\varphi + \varphi - \frac{\pi}{2}}\right]$$

$$N_c = \left[\frac{\pi c \,\mathrm{tg}\varphi}{\cot\varphi + \varphi - \frac{\pi}{2}}\right] \quad (7\text{-}85)$$

和

$$N_\gamma = \frac{\pi}{2\left(\cot\varphi + \varphi - \frac{\pi}{2}\right)}$$

$$N_q = \left[1 + \frac{\pi}{\cot\varphi + \varphi - \frac{\pi}{2}}\right]$$

$$N_c = \left[\frac{\pi c \,\mathrm{tg}\varphi}{\cot\varphi + \varphi - \frac{\pi}{2}}\right] \quad (7\text{-}86)$$

（二）限制塑性区发展深度法主要公式的推导

如上可见，本节所有公式的推导都基于基底压力与地基中塑性区最大深度之间关系的表达式。在建立这个表达式时，假定土体中的侧压力系数等于1（自重应力各方向相等），并认为应力仍然处于弹性应力状态。如将应力状态表示为主应力形式，如图7-33，则有：

$$\sigma_1 = \frac{p - \gamma D_f}{\pi}(2\beta + \sin 2\beta) + \gamma(D_f + z)$$
$$\sigma_3 = \frac{p - \gamma D_f}{\pi}(2\beta - \sin 2\beta) + \gamma(D_f + z) \quad (7\text{-}87)$$

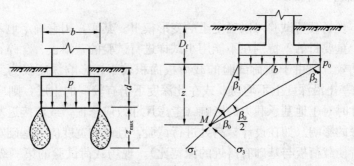

图7-33 主应力表示的地基中应力状态

将其代入土的极限平衡条件，得：

$$z = \frac{p - \gamma D_f}{\pi \gamma}\left(\frac{\sin 2\beta}{\sin\varphi} - 2\beta\right) - \frac{c \cdot \cot\varphi}{\gamma} - D_f \quad (7\text{-}88)$$

再由 $\frac{\mathrm{d}z}{\mathrm{d}\beta} = 0$ 得到塑性区在最大深度时的 $2\beta = \frac{\pi}{2} - \varphi$，代入上式，得到：

$$z_{max} = \frac{p-\gamma D_f}{\pi\gamma}\left(\cot\varphi - \frac{\pi}{2} + \varphi\right) - \frac{c\cdot\cot\varphi}{\gamma} - D_f \tag{7-89}$$

这样，可以对塑性区有不同最大发展深度时的作用应荷载写出下列公式，即：

$$p_{cr} = \frac{\pi(\gamma D_f + c\cdot\cot\varphi)}{\cot\varphi + \varphi - \frac{\pi}{2}} + \gamma D_f = \gamma D_f\left[1 + \frac{\pi}{\cot\varphi + \varphi - \frac{\pi}{2}}\right]$$

$$+ c\left[\frac{\pi\cot\varphi}{\cot\varphi + \varphi - \frac{\pi}{2}}\right] \tag{7-90}$$

$$p_{\frac{1}{3}} = \frac{\pi\gamma}{\cot\varphi + \varphi - \frac{\pi}{2}}\left(\frac{B}{3} + D_f + \frac{c}{\gamma}\cot\varphi\right) + \gamma D_f$$

$$= \frac{1}{2}\gamma B\frac{2\pi}{3\left(\cot\varphi + \varphi - \frac{\pi}{2}\right)} + \gamma D_f\left[1 + \frac{\pi}{\cot\varphi + \varphi - \frac{\pi}{2}}\right]$$

$$+ c\left[\frac{\pi\cot\varphi}{\cot\varphi + \varphi - \frac{\pi}{2}}\right] \tag{7-91}$$

$$p_{\frac{1}{4}} = \frac{\pi\gamma}{\cot\varphi + \varphi - \frac{\pi}{2}}\left(\frac{B}{4} + D_f + \frac{c}{\gamma}\cot\varphi\right) + \gamma D_f$$

$$= \frac{1}{2}\gamma B\frac{\pi}{2\left(\cot\varphi + \varphi - \frac{\pi}{2}\right)} + \gamma D_f\left[1 + \frac{\pi}{\cot\varphi + \varphi - \frac{\pi}{2}}\right]$$

$$+ c\left[\frac{\pi\cdot\cot\varphi}{\cot\varphi + \varphi - \frac{\pi}{2}}\right] \tag{7-92}$$

（即证，式 7-84，式 7-85 和式 7-86）

五、现场载荷试验法

前已述及，现场载荷试验可以确定土的变形模量。其实，用它确定地基的承载力也是载荷试验的一个重要目的。特别在不能用小试样进行试验的杂填土、含碎石土上，载荷试验具有独特的功效。但由于载荷试验的载荷板面积较小，影响深度仅为其宽度的 1.5~2.0 倍，故如地基土沿深度上不均匀，或在此深度下仍有较弱的土层，则应考虑它在实际基础有较大尺寸时对于地基承载力的影响（考虑尺寸效应修正，或取接近基础尺寸的载荷板）和基础埋深的影响（如在设计标高处进行试验，且试坑宽度应为基础宽度的 4~6 倍，至少 3 倍；或者使载荷板与基础有接近的深宽比）。现场载荷试验的第一级加荷应等于开挖试坑的卸荷重，以后的每级荷载控制在预估地基极限荷载的 1/8~1/10，且均需使地基的变形达到要求的稳定标准。试验施加的最大荷载应等于极限荷载或设计荷载的 2 倍。当在载荷板周围出现明显裂缝或隆起，或在 24 小时内沉降速率无减小趋势，或加荷后沉降急剧增加，或总沉降已达到 0.3~0.4 倍的载荷板直径或宽度时，试验即可停止。然后由试验得到的压力－沉降曲线（$S-p$ 曲线）确定地基的临塑荷载和极限荷载。在确定地基临塑荷载和极限荷载时，可采用如下的原则性方法（具体标准可见有关规范）。

(一) 临塑荷载

确定地基的临塑荷载可取 $S-p$ 曲线第一个拐点所对应的荷载；或者，在 $S-p$ 曲线的拐点不明显时，可取 $\lg S-\lg p$ 曲线、$\frac{\Delta S}{\Delta p}-p$ 曲线、或 $\frac{\Delta S}{\Delta t}-p$ 曲线的拐点来确定临塑荷载。取相对沉降量为 0.02（对一般黏性土）和 0.01—0.015（对软黏土、一般砂土、近代堆积层）也是确定临塑荷载常用的方法。

(二) 极限荷载

地基的极限荷载应该与沉降急剧增加、承载板周围出现裂缝或隆起、或沉降加速或等速发展、或沉降达到极限沉降标准（如对低压缩性土或砂土为 $0.1B$；对高压缩性土为 $0.06B$）等条件相对应，原则上，它可取 $S-p$ 曲线第二个拐点所对应的荷载。如果第二个转折点不太明显，则曾有人

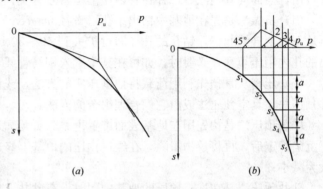

图 7-34 确定极限荷载

建议利用首尾两段曲线切线交会点的方法（法国，Casagrande），其结果偏低；有的国家（如波兰等）采用将 $S-p$ 曲线在较明显的第一个拐点之后按相等的沉降增量依次截分 4～5 段，再通过它们每个分割点在压力轴上的对应点作出与压力轴成 45°的各个斜线，如果这些斜线与通过它的下一个分割点所作的竖线相交的各点能够大致处在一条斜直线上，则此斜直线与压力轴交点出所对应的荷载即为极限荷载（图 7-34）。实践表明，这种方法在应用于锚板的上拔荷载试验成果的分析中得到了很好的效果，一般荷载试验中应用时，其结果偏高。

第 6 节　地基增稳的途径与措施

当地基的计算表明，天然地基的稳定性得不到保证时，就必须发挥土工工作者的主观能动性，提出地基增稳的途径与措施。地基、基础、上部结构的共同工作是考虑地基增稳途径与措施的根本观点。这就是说，除了可采取地基措施之外，还可采取基础措施、上部结构措施，甚至它们的施工措施。土力学的原理是采取这些措施的科学依据。地基增稳途径与措施的最后采取应该建立在技术与经济比较的基础上，寻求其最优的方案。本节只介绍各种处理方法的加固机理和主要内容，具体细节可参考有关文献和规范。

一、提高地基承载力的地基处理措施

如果地基的承载力不能满足设计建筑物的要求，则可从地基方面采取适当的增稳措施以提高地基的承载力。这些措施主要有：提高地基土的密度，降低地基土的含水量，改变地基土的成分，改变地基土中的应力分布和变形条件以及利用复合地基等。

(一) 提高地基土的密度

提高地基土的密度常采用夯密法、振密法、挤密法、挤振法和压密法。

（1）夯密法是用起重机械吊起重锤，然后令其自由落下，冲夯地基土，使一定深度内的地基土受到压密。通常有重锤表面夯密法和强夯法；

（2）振密法是向砂土施加一定的振动力，以提高砂土地基的密度；

（3）挤密法是将一根空心并带有可卸桩尖的钢管（直径常在 30～40cm 之间）打入或振入地基土中，使钢管所占据部分的基土挤向四周，从而将地基土挤密，然后，一面将钢管拔出，一面向管内灌砂，并在管内用落锤将砂夯实；

（4）挤振法是先在地基中钻出小孔（直径 6～7cm），放下连串的炸药包或条形药包，再从下向上连续起爆，钻孔的孔径即可扩大到 40～50cm，从而将地基土挤密，然后在空出的孔内用土填塞，必要时，亦可在其中置入钢筋骨架，填以混凝土，形成所谓爆扩桩；

（5）压密法是预先利用荷载将地基压实的方法，或称预压法，它常有堆载预压法、砂井预压法、真空预压法或由它们合理组合的方法。

堆载预压法是预先用在地表表面堆置重物（如堆置土、砂石料等）使地基发生沉陷，待沉陷稳定后，再将重物搬除，在经过预压的地基上修造建筑物，可使建筑物的实际沉陷大大减小；

砂井预压法是在堆载预压的地基中同时设有砂井或袋装砂井，利用井的排水作用增大预压效果，缩短预压时间。袋装砂井系用聚丙烯编成直径 7cm 的砂袋，灌满砂子，将其放入钢套管内，打入地基的后，再拔出套管而形成；

真实预压法是将不透气的薄膜铺设在需加固软基地表的砂垫层上，薄膜四周埋入土中，借助埋设于砂层中的管道将薄膜下土体内的空气抽出，形成真空。这样，一方面由于薄膜内外的压力差，可在土体上作用了一个压差荷载；抽气后地下水位下降时，又增加了容重差引起的附加压力，使固结压力增大；另一方面，砂井砂垫中的水面压力很快降低，而土体中水的压力下降较慢，又会形成一个水压梯度，使排水加速；气泡抽出后，能加大土的渗透性，也有利于地基加速固结。因此，真实预压法是一种时间短，效果好，费用小，安全度高的加固方法。根据具体条件，以上种种压密方法也可以联合使用，以提高效果。

（二）降低地基土的含水量

降低地基土含水量的方法用于具有庞大体积，而且长期工作的地基一般是有一定的难度的。但是，考虑到含水量增大对地基变形强度的不良影响，应该尽量设法不使地基的工作因水的入浸而恶化却是非常重要的。在有可能使地基湿度增大的情况下，应注意预先采取必要的防渗或防护措施；在施工期间采取抽、排地下水、降低地下水位和电渗排水的临时性措施，既有利于施工，又会保护地基土不致受到水的破坏，收到良好的效果，它也是经常应用的方法。

（三）改变地基土的成分

如果设法改变地基土的机械成分、化学成分或矿物成分，则也可以提高地基土的承载力。

（1）改变地基土机械成分的方法是将某种胶质材料（常用的无机胶结材料有石灰、水泥，有机胶结材料有沥青）压入或和入基土，使其分布于土粒表面及孔隙中，形成胶结系统。同时，使土中的细颗粒胶结在一起形成集粒，从而减低了土的分散度，提高土的稳定性，或改善土的内聚力、抗水性、不透水性。常用的方法有水泥灌浆法、高压旋喷加固法、深层搅拌加固法等都是常用的方法。

水泥灌浆法是在水工建筑物中常用的方法。它是用无机胶结材料加固的方法，或者增大地基强度（固结灌浆），或者减小地基渗漏（帷幕灌浆）。

高压旋喷加固法是用钻机钻孔到所需深度后，用高压脉动泵沿钻杆将水泥浆压喷入孔，同时边喷、边旋、边提升，使喷向周围土体的水泥浆与被高压射流破坏的土体混合，最后胶结硬化而成旋喷桩。此法简便，施工场地狭小（只要能够操作钻机即可），它即可成桩，又可成墙，还可成筒，深度可达 40～50m，常用于工程修建和修复处理；

深层搅拌加固法是利用水泥作为固化剂，通过特制的深层搅拌机械，在地基深部就地将软黏土与水泥浆强制拌和，使硬结而成一定强度的水泥加固土，以提高承载能力。深层搅拌法又有地基土不受侧挤，对邻近现存建筑物影响小的优点。

(2) 改变地基土化学成分的方法是将某些新的化学溶液压入土的孔隙，使其互相之间或其与土内已有的化学成分之间发生化学变化，产生一种新的胶结物，将土粒胶结起来，称为化灌法（如硅化法）；或者，将直流电通入土中，使土中的化学成分发生电解及离子交换，生成胶结物质，使土得到较高的耐水性和坚固性；或者使前两种作用过程同时发生（如电化法，包括电动硅化法和电动铝化法）。

硅化法是将硅酸钠（常称水玻璃）溶液压入土中，使其与土中原有的某种化学成分或随后注入的另一种化学成分发生化学反应，形成硅胶（nSiO（m-1）HO），将土粒胶结起来。对于黄土进行硅化处理时，因其中存在钙、镁盐类（硫酸钙、硫酸镁等），它可以与硅酸盐溶液发生反应，形成硅胶，故可仅用硅酸盐一种溶液，称为单液法，由它加固后的黄土，不仅具有非湿陷性、不透水性和耐水性，而且可以得到 600～800kPa 的强度。对于砂土进行硅化处理时，需要在压入硅酸盐溶液后再注入氯化钙溶液，才能发生反应，形成硅胶，称为双液法。加固后的砂土具有不透水性，强度可以达到 1000～1500kPa 或更高。由于双液法的硅酸钠黏滞性较高（30～50 厘泊），且溶液要进行两次压入，故不适用于加固细粒的土类。但可将硅酸钠溶液加入到低浓度的磷酸溶液中，使黏滞性减小，在若干小时内（4～10 小时）具有可灌性；也可一次压入，使其发生反应后，形成硅胶，常用于对粉砂的硅化处理。加固后的粉砂具有不透水性和耐久性，强度可达 300～500kPa。

电动硅化法是在拟加固的土中布置一系列的电极（阳极和阴极都由金属管棒作成）。当通以直流电后，一方面由于土中电渗力作用的影响，土中的水分由阳极流向阴极，在阴极进行抽水后即可降低土的含水量，加速土的固结作用，使压缩性减小，强度增大；另一方面，在用电动硅化法时，当水玻璃及氯化钙二种溶液由阳极管棒压入土的孔隙时，溶液向土中的流动不仅受压力的作用，而且受电渗作用。起初虽因电渗作用不如压力作用显著，而使溶液的流动主要受压力支配，但在渗流一定距离后压力作用较小时，溶液在土中的运动主要受电渗力作用的影响，由阳极向阴极逐渐渗透。它既可使溶液在土中混合均匀，又可使溶液进入土中比较细微的孔隙，从而使硅化法适用于粘土类的加固处理。在硅胶生成以后，电渗作用又可使硅胶部分脱水，更加增大其胶结作用，使加固后的基土得到更大的强度（400～2500kPa）。

电动铝化法的阴极是金属铝棒，铝棒在电解时分出的铝离子 Al^{3+} 可以和土粒周围原来吸附的低价阳离子（如 Na^+、K^+ 等）发生离子交换，使 Na 黏土转变为 H-Al 黏土，从而改变土的吸水性和可塑性，提高其强度和稳定性。同时，电解作用和离子化合作用的结果，又可以在土中产生 Al(OH)$_3$ 等胶结物质，填塞土的孔隙，加以胶结，增大土的强度。不过，对电动铝化法处理的地基，电渗排水会引起土体收缩而产生裂缝或引起已有建筑物基础的不均匀沉陷，应予慎重考虑。

(3) 改变地基土矿物成分的方法主要有焙烧法。它是在钻孔（直径 0～20cm）中压入温度达 600～800℃ 的热空气或在钻孔中直接放入燃料燃烧，使钻孔四周一定范围内的基土受焙烧而发生脱水，并将有机物烧尽，使碳酸盐分解，胶体凝聚，降低土的亲水性、塑性和膨胀能力，增大力学强度，甚至使土中某些矿物再结晶，结晶水蒸发以及矿物分解和熔解，改变土的原有性质（因为土中存在的 Fe、Mg、Ca、K、Na 等的氧化物能够使硅酸铝的熔点由 1600～2100℃，降低到 800℃ 左右）。此法加固处理后的地基，烧结使粘粒含量减小，砂粒及粉粒含量增多，孔隙率增大，透水性随之增大。它在饱和土中不能应用，故多用于黄土地基，以防止或减小湿陷的危害性。

（四）改变地基土应力分布和变形的条件

改变地基土应力分布和变形条件的方法有砂垫层法、反压法、土工织物法和湿陷性土的预湿法。

(1) 砂垫层法系将基底下一定深度以内的软弱基土挖除，然后填以砂土，分层压密，作为基础的底垫层。这样处理的结果，一方面因原来的软弱基土被代之以一定密度的砂层，增大了基础的稳定性，减小了地基沉陷量；另一方面，砂垫层的铺设又改善了地基的排水情况，可以加速地基固结，再加上砂土易于就地取材，施工工艺简单，设备要求较易满足，速度较快，费用较省，故在工程实践中应用较广。如果软土被挖除后填以砾石和石灰土等，则分别称之为砾石垫层和灰土垫层。这类方法可以总称为换土法。

(2) 反压法系在基础的两侧堆填土石（称为反压台），使地基各点的最大最小主应力差减小，即剪切压力减小，防止地基土的侧向挤出，达到保证地基稳定性的方法。这种方法因其可以就地取材，施工简便，故在条件许可时应用较广。由于反压方案的设计在于确定出荷重的大小及其伸延长度，以保证基底下的基土不会出现过大的塑性区，反压台下的基土也不会因稳定性丧失而破坏，故可以根据容许的塑性发展区范围（视具体建筑物而定，目前还不能从理论上解决）和基础传递的荷载图形，近似地按限制地基中塑性区法的原则计算反压荷载的大小。在一级反压台还不能使建筑物地基或反压台本身的地基保证稳定时，也常可用多级反压方案。

(3) 土工织物法是一种将土工合成材料（有纺布及无纺布）置于地基或其他土体内以增强土体稳定性的方法。无纺布多用于作渗滤材料（铁路上用以防治路基翻浆冒泥）；有纺布用于加筋材料以及堤坝的铺设材料。将这种织物埋入土工建筑物或土工地基中，可以使土得到明显的加筋与固化作用。埋入堤坝下砂垫层中中的土工织物，既可为堤坝形成柔性筏基，堤身荷载通过它传到地基时可以收到使应力减小和均匀化的效果，又可减小地基土的侧向变形；埋入边坡内的土工织物，可以承受一定的拉应力，增大抗滑力矩，收到良好效果。土工织物现已发展为不同类型的土工合成材料如膜布型、网垫型、格室型、模袋型、芯管型，可以发挥隔离、过滤、排水、加筋、防护、封闭、防渗等作用。

(4) 预湿法是先向建筑物地基作灌水处理，既可让湿陷性土的变形发生在建筑物建成之前，以消除湿陷对建筑物的影响，又可以让因过量抽汲地下水而发生的地面沉降现象终止，是处理湿陷性黄土地基和地面沉降的一种有效方法。为了加速地基的浸湿，先可在基坑内设置钻孔，填入砾砂，然后灌水预湿。如果在修建建筑物的同时，不断向地基的钻孔内灌水，使黄土地基的湿陷能够在建筑物所引起的较大压力下进行，可以增大预湿的效果。这个方法也被成功地用于湿陷性黄土堤坝的地基处理。此外，如果在预湿处理并开挖基坑后，在基坑中进行夯实，则对减小地基的沉陷量，尤其在强湿陷性黄土上或表面有根孔、虫洞的情况下，有着显著的效果。

(5) 工程上常用的重锤冲填法，抛石挤淤法以及爆破挤淤置换法也是改变地基应力分布与变形条件的有效方法。

(五) 利用复合地基

复合地基一般是指采用各种桩体（散体桩、柔体桩、刚体桩）对地基进行处理，使桩体和地基土体分别承担荷载、共同作用的地基形式。桩体和土体共同承担荷载是复合地基最根本的特点。相反，如果荷载完全由桩体的端阻力和摩阻力来承担，那就是桩基础，而非复合地基。如果一个复合地基的桩体在其长度、直径、材料等方面有多种变化，则称为多元复合地基。由于多元复合地基具有各种不同桩体在其作用上的互补性，因而得到了广泛的重视和应用。目前，复合地基的设计，包括它的承载力和沉降计算等，是地基设计中最热门的课题之一。

二、提高地基承载力的基础设计措施

为了提高地基的承载力，从基础设计方面采取相应的措施也常是一种有效的途径。这方面的措施如改变基础的基底高程、改变基础的型式、改变基础的底面形状和尺寸等，它可以使地基承受较小或较均匀的应力，从而达到地基增稳的目的。

(一) 改变基础的基底高程

基础砌置深度的确定是基础设计的重要内容。它一般应在满足建筑物的用途和构造特点，适应所传递荷载的大小和性质、相邻建筑物基础的埋深、建筑场地的地质、水文和气象条件，以及考虑可采用的基础材料、结构与施工方法等的前提下，尽可能选用浅基础或补偿基础（使挖除的土重与基础传来的荷载相接近）。在地基沉降量很大，且沉降均匀，沉降过程较快时，也可采用预升高基础，使地基沉降稳定后的基础底面达到要求的基底高程。在河海水域内，常可在建筑地点抛石，形成抛石垫层，再在其上修造基础。它既可减小基础的高度，甚至减小水下施工的困难，又可使基础传递的作用应力扩散，地基的受荷更加均匀。由于基础砌置深度同基础所用的材料有关，混凝土或钢筋混凝土材料的基础可以使荷载通过较大宽度的基础尽快地传递到地基，但砖石材料因其不能承受拉力，要想使传递荷载的基础迅速扩展到基土性质所许可的基底尺寸，就需要将基础做成梯形或阶梯形，从而需要有一定的砌置深度，甚至使基础深入到地下水位以下，给建筑施工造成很大的困难。因此，采用钢筋混凝土材料的基础，不仅可以做成较大的尺寸和任意的外形，而且可使砌置深度降低，避免深入到地下水位以下时的困难。

(二) 改变基础的型式

基础型式可分为浅基础与深基础，它们都会有多种不同的形式。在基础型式选择上，应该尽量选取浅基础，在浅基础的不同基础形式中应该尽量选取技术经济上更加合理的基础形式。同样，当必须选择深基础时，也应该在其不同形式中选择那些技术经济上更加合理的基础形式。当前浅基础的形式很多，有单独基础、条型基础、联合基础、整体基础、筏片基础、箱式基础等传统基础型式,还有壳体基础、锚杆基础、折板基础、陀螺基础或夯坑基础等新发展起来的基础形式。深基础的形式也很多,有桩基础、沉井基础、沉箱基础等传统的深基础形式;也有管柱基础、地下连续墙基础、扩底墩基础等新型的深基础形式。而且,还可以在不同基础形式间组合使用,如桩筏基础和桩箱基础等。它们除与上部结构(墙、柱、独立结构物等)有密切关系外,还与地基的承载力,荷载性质(水平力、上拔力等)和砌置深度等密切相关。这就为根据地基具体情况选取最适宜的基础型式创造了条件。

(1) 在传统的浅基础形式中,单独基础为柱下基础的主要型式;条形基础为墙下基础的主要型式;但当墙传给地基的荷载不大,而由于某种原因必须有较深的基础砌置深度时亦可将墙砌筑于数个单独基础上面的过梁上形成墙下单独基础;反之,当柱传给地基的荷载较大,而地基较弱,所需的基础底面积可能较大,以致柱下的各单独基础相当接近时,亦可将这些基础联在一起,使柱支承在一个共同的条形基础上,形成柱下条形基础;如果墙和柱的条形基础,因基土很弱而需要扩大基础面积,或为了增强基础的刚度以调节不均匀沉降时,亦可将两个方向的条形基础连接起来,构成十字形基础(格架基础);如果地基特别弱,而荷载又很大,十字形基础的底面积还嫌不够,且未被基础覆盖的面积已经很小时,即可将基础做成一个连续的整体,构成所谓筏片基础(平板式,梁板式);筏片基础的进一步发展,就出现了具有更大刚度,基底应力更加均匀,抗震性能好,且易于与地下楼层相结合的箱式基础。对于水闸,桥墩,烟囱,水塔,高炉及机器基础,常作成整块或实体的基础,使整个建筑物支承在一个独立基础上,构成整体基础。地基土较强时,亦可作成圆环基础。应该指出,由于箱式基础是由底板、顶板、外墙和相当数量的纵横内墙构成单层或多层的箱形钢筋混凝土结构,它有较大的基础底面积,能承担较大的建筑物荷载,容易满足承载力的要求,而且当地基有局部地质缺陷时,也容易直接跨越,避免局部处理;它将整个建筑物连成整体,有较大的刚性,可调节和均衡上部结构荷载向地基的传递,减少沉降差及结构内的附加应力;它的基础埋深较大,可提高竖向及水平向的承载力,增加建筑物的稳定性,地基的补偿作用可减小基底的附加应力,减小沉降量;它在建筑物下部构成的地下空间,可安置需要的设备和公共设施,因此,就成了当前一般高层建筑的重要基础型式。

(2) 在新型的浅基础形式中,壳体基础是一种承重的薄壳结构,一般采用圆锥壳及其组合形式(M型组合,内球外锥型组合等),壳壁厚度不小于80cm,常用于一般工业与民用建筑桩基或筒形构筑物(烟囱,水塔,料仓,中小型高炉等);对于承受拉力或水平力较大的建筑物,其基础可用锚杆基础。它可在地层中以钻孔注浆方式或预制、现浇方式形成灌浆锚杆(用粗钢筋,高强度的钢束或钢绞线),也可在人工填土中作成锚定板形式。锚杆基础的结构常有螺旋形锚杆,带扩大截面的锚杆,楔形锚杆,带张开式扩大端的锚杆等等多种形式。折板基础(拱形折板基础)是将通用的筏片基础改成折板结构形式或者拱形,形成倒拱形受力结构。根据计算,它可以比筏板(平板)基础节约钢筋49%,节约混凝土54%,且由于它在水平向产生对外的推力,使构件受力更合理,可充分发挥材料受压的性能(水平推力对房屋向两端横墙的推力,可由纵向地梁和基础埋深范围内被动土压力以及墙自重产生的阻力来平衡)。陀螺基础是将预制的陀螺状体(不同尺寸,半径和高均为330mm型与450mm和500mm型),按基础尺寸排列就位(由圆锥底端高程上铺摆的一层钢筋网定位），端部插入地基，顶部通过预设出露的钢环与联结筋札结，然后在陀螺体下的空间内由碎石填实，再在顶部浇筑混凝土板联结形成一个完整的基础。必要时，陀螺层还可以设置上下两层。它同样可以充分利用地基的承载力，使地基应力均匀化，并减小侧向位移，且可以工业化生产，施工方便。夯坑基础是在地基表面用一定形状的夯锤由高处下落，夯出一个一定尺寸楔体形状的夯坑，然后在其中浇筑钢筋混凝土，最后将几个夯坑用一个顶板联结起来形成的基础。它具有类似前述几类新型基础的作用，但夯击过程可以使基础下的土更加密实。这些类型基础一个共同的优点是可以充分利用地基的承载力，收到均匀基底压力，减小侧向位移的效果。

（3）在传统的深基础形式中，桩基础是将一系列由木、钢、混凝土、钢筋混凝土或其他材料做成的桩用一定方法建于土体中，并将其上部通过桩台连成一个整体，以便将上部结构的荷载通过桩端承力和桩周的摩阻力传到深处较坚硬的土中或周围地基土中的一种深基础类型。因它不需要开挖基坑或排水（但需要专门的制桩的设备）在一般的基础工程中广泛使用。但对水工大坝来讲，一则因为桩的存在使上部的覆盖层受荷较小，容易遭受冲刷，二则因为水工建筑物尺寸很大，故应用很少。它仅在水闸，渡槽等尺寸较小的基础有所采用。沉井基础是将一系列由钢筋混凝土或其他材料预制而成的单孔、多孔或多排孔（中间有内隔墙）井筒（最下一节设刃脚）放于建造基础的地点，采用由筒内不断将土挖出，并借井筒本身重量克服其外侧摩擦力而逐渐下沉，逐渐接长的方法，将井筒沉至预定的基底标高，然后封底（空间可利用）或填塞而成的一种深基础。它适用于覆盖层比较松软易挖，无大石块，旧基础，树根等坚硬物体阻碍井筒在自重下下沉的情况。它可以视需要作成圆形、方形、矩形、椭圆形或其他复杂的断面形状和柱形、阶形或锥形的立面形式，有较大的灵活性。沉箱基础系将一个由钢筋混凝土作成有盖（盖上有孔）无底的"箱子"放于建造基础的地点，箱顶上的孔接以升降筒，并在其上安装气闸和其他机械设备，以便一方面给箱内压入压缩空气，迫使其中的水排出，使工人在箱内无水的环境下挖土工作，另一方面，从箱内送出泥土，使箱借自重及箱顶上逐渐砌成的砌体重量而下沉至预定标高，然后填塞箱室而成的一种深基础。它的使用范围不受地基土中有无坚硬物体影响的限制，但工人得在气压下工作，下沉深度不得超过水下 35m，且要求有严格的操作规程。

（4）在新型的深基础形式中，管柱基础是将一种钢筋混凝土的薄壁结构（壁厚 10～14cm，外径 1.5～2.0m，每节长 3、6、9m 和 12m 不等），即管柱，在建造基础的地方用振动打桩机和水力冲注法使其穿过覆盖层，下沉到岩盘上面，再在管柱内用大型钻机钻进岩盘，打一个与管柱内径大致相同的孔（深 2～7m），经过清洗，安放入预制的钢筋骨架，用水下灌注混凝土法将孔和管柱填满，形成一系列嵌入岩盘的钢筋混凝土柱。再在周围打入一圈钢板桩，形成围堰，用吸泥机挖除围堰中的泥土，水下浇筑混凝土封底，抽走堰内的水，灌筑管柱承台，使管柱，封底混凝土及承台连成一个整体，形成建筑物的深基础。它适合于任何水深和土质条件，适合于水域内建造基础，可用于地基下的岩层为倾斜的情况，可以在全年任何季节施工。因此，它第一次在武汉长江大桥基础上采用，受到了工程界的广泛重视。地下连续墙基础是采用一种特殊的挖槽机械，在地基土体中挖出一段狭长的深槽，槽内灌注泥浆并依靠泥浆护壁，保持槽段土体稳定，槽内两端放入接头管，吊入钢筋笼，用 2～3 根导管浇筑混凝土，混凝土由槽底逐步向上漫起，并填满槽段，泥浆随之被转换出来，即可在稳定的土壁中筑起一段钢筋混凝土的墙段。拔出接头管，将来可以通过对它浇筑将各个墙段连接，形成一道连续墙作为基础墙。它的特点是工期短，墙体刚度大，适用于多种地质情况，但必须处理好槽壁坍塌问题及弃土废浆处理问题。扩底墩基础是一种用机械或人工开挖，底部扩大，现场浇筑钢筋混凝土的深基础。墩身直径一般不小于800mm。目前，扩底墩基础的最大扩底直径可达8m，最大深度达50～60m。这种基础的承载力可超过数兆牛和数十兆牛，可以做到一柱一墩，墩顶嵌入承台（10cm以上），墩底一般是锅形，适用于高层，超高层建筑或大跨度柱网工程。它便于穿过浅部的不良地基，适用于杂填土，湿陷性土，膨胀性土地区。但对于在一定深度内缺少稳定的、承载力较高地层的地区，地下水水位高、水量大、造成施工时处理困难的地区等不宜采用。因这种基础的承载力高，施工方法和施工质量具有举足轻重的影响，必须确保每个墩基都要安全可靠。

（三）改变基础的底面形状和尺寸

如果受压层深度很小，基础埋置深度不大，基础尺寸较小，加深基础又受到某种阻碍，则适当增大基础基底的平面尺寸，或改变基础的平面形状，也可以对增大地基变形和强度的稳定性有所帮助，对抗倾覆稳定性有特别显著的效果。

（1）基础的尺寸包括它的立面尺寸（厚度）和平面尺寸（宽度）。为了对不均匀沉降起平衡作用，可增大基础的立面尺寸（厚度），以提高基础的刚度；为了减小基底压力或增大抗倾覆的力矩，可增大基础的平面尺寸。

（2）基础底面的形状一般应比较规整、对称。但如果基底压力的偏心较大，或地基土层厚度差别明显，则亦可加大偏心一侧的基础尺寸，设法使作用荷载通过基底的形心，改善基底压力的分布，减小不均匀沉降。或者，如果基础的平面形状过分复杂，则应根据上部荷载的不同分布和结构的构造特点，用沉陷缝将基础划分为数块，防止大面积或复杂形状的基础因不均匀沉降发生扭裂和折断。为了增大基础的抗滑稳定性，将基础的立面形状作成反坡或齿槛形式具有良好的效果。必要时也可铺以锚板，支撑板或其他方式（如做成凸部和槽部等）。

三、提高地基承载力的上部结构设计措施

对上部结构的平面布置、重量、刚度等在不影响建筑物使用要求的条件下予以适当的改变，往往也会使地基－基础－上部结构系统的工作得到明显的改善。

（一）改变建筑物基础平面布置

适当移动（考虑地基情况）筑物基础的平面布置往往会在不妨碍其正常使用的前提下，使荷载分布比较均匀或对称，从而减小不均匀沉降。将对不均匀沉降敏感程度截然不同、或荷载相差较大的建筑物分割开来，不连在一起，也会大大消除事故的可能性。相邻新建筑物的布置应该尽可能减小其对已有建筑物的不利影响。湿陷性黄土地区的建筑物应布置在积水容易排泄的地段上，并与上下水道保持一定的距离。

（二）改变建筑物的重量

建筑物的重量可以通过采用较轻质的材料（如木材等），或采用适当的结构形式（如空心结构）来减小，使地基上的作用荷载降低；如果有较大的水平力作用，则可使建筑物的重量增大（如减小反压水头，增长渗径、土层排水，作锚定护坦）以增大抗滑力。

（三）改变建筑物刚性和柔性

建筑物可以有不同的刚度。绝对刚性的建筑物在任何条件下不发生弯曲或相对内部的移动，它自己能调整地基的变形，在地基中引起压力的重分布，产生比较均匀的沉降；半刚性建筑物由在纵横方向上彼此联系的构件组成，它往往在两个方向只有一定刚度，或只在一个方向上有足够的刚度，只能部分地适应地基变形。不均匀的沉降会使这类建筑物发生弯曲，或在构件内产生附加应力，造成不同的事故，对不均匀沉降最敏感；柔性建筑物的各构件之间的联结较弱，甚至是链接，如独立支柱与简支梁、三铰拱等所组成的建筑物。它能随地基的变形而变形，不在构件中产生任何的附加应力。因此，建筑物刚性和柔性的增大均可减小建筑物对不均匀沉降的敏感性。增大刚度（工业及民用建筑方面广泛使用的圈梁、刚性横墙、刚性楼板等）可对不均匀沉降起平衡和重分布作用；增大柔度（通常采用沉降缝将建筑物分割成几个自成整体的独立单元，或将建筑物上部结构做成静定体系）可适应不均匀沉降而无附加应力的产生。它们在淤泥地基、黄土地基、填土地基（包括大量垃圾、建筑废料、炉渣和矿渣等生产废料填积在凹地、废河道、其他地方而成的杂填土以及为了使建筑场地获得一定标高而在建筑以前用人工或机械运土夯填而成的人工填土）以及其他高压缩性地基上得到了良好的效果。

（四）采取专门的结构措施

专门结构措施包括在软土地基上基础的周围打入板桩墙以增大工作土体，限制基土侧流；在有冲刷可能的表面建造铺盖及其他护面以防止因淘刷和减小侧荷载而降低基础的稳定性；在挡土墙及填土中设置排水设备以减小水压力，防止填土湿润后的可能变弱；在坝内设排水滤层以降低浸润线位置，增大坝坡的稳定性；在地基的沉降过程很慢，但需要迅速安装各种机械的情况下，加设沉降调整器等。

四、提高地基承载力的工程施工措施

在工程施工时，注意保证施工质量，调整施工的进度与顺序或采用特殊的施工技术，也可以对保证建筑物地基的稳定性起到重要作用，可以提高地基对较大荷载的适应能力。

（一）保证施工质量

在基坑开挖时应防止因基坑的塌落或出现流沙而削弱和影响到相邻建筑物的稳定性；在基坑的表面上应防止因浸水、抽水、风化、干冻、机械扰动而使地基土的强度降低，破坏基坑内土的完整性；地基的处理，基础的砌造和浇筑，上部结构的修造等都必须严格地控制标准，以免造成隐患或长期不治的病害。

（二）调整施工的进度与顺序

调整施工的进度与顺序往往也会增强建筑物地基的稳定性。例如在软土地基上采用分期施工，每期完成后保持适当的间歇的方法，可使地基在相应荷载下进行固结，既减小建筑物建成后的沉陷量，又增大地基的强度稳定性，防止因荷载增大过速而发生基土的侧向挤出；又如在湿陷性黄土地基上筑坝时采用边加高坝体、边提高上游水位的筑坝方法，或在预湿过的地基上采用分期建造、分期提高上游水位的方法，可以大大减小湿陷变形对建筑物的威胁；再如在建造中央部分较重、旁侧部分较轻的建筑物时，采用先施工较重部分、后施工较轻部分的方法，可以减少建筑物的沉降差；对于一些要求永远处于一定高程上的构件应尽可能在建筑物施工的最后时期或临使用前放置等。

(三) 采用特殊的施工技术

在流砂地区采用人工冻结法和人工降低地下水位法；在很多情况下采用水下浇筑混凝土法；在有些特定的情况（如限定完工时间，限定施工条件，限定结构形式等）下采用相应的、服从这些特定的条件的、甚至在经济上不十分合理的施工方法或地基系统方案等。

第 7 节 小 结

（1）地基工程要求满足地基的变形条件和强度条件，即：地基内土层变形所引起的沉降量不超过上部结构的容许值；由基底下传的应力不导致地基发生整体或局部的破坏，而且均要保证一定的安全系数。为了解决这些问题，必须先计算出地基中的应力状态；然后依据土的变形强度规律、参数与力学原理按照地基系统实际工作的条件进行计算分析，得到地基的最终变形量或变形过程，得到地基中土强度发生破坏的范围与分布；再将它们和在长期建设经验基础上得到的容许变形与容许承载力进行比较，检验其对地基稳定性满足的程度；最后，在稳定性不能得到满足时，从地基、基础、上部结构，甚至施工方法等方面入手，提出对增强地基稳定性经济而且可行的途径与措施。

（2）由于土体自重应力随深度的增加愈来愈大，而土体中的附加应力随深度的增加愈来愈小，故到了某一个深度后，由于土已经在大的自重应力下达到了固结，故小的附加应力所产生的影响将可以忽略不计。地基的变形计算可以只考虑到这个深度，称为压缩层深度。因此，压缩层深度一般可由附加应力不超过自重应力20%的深度来确定。

对于地基中某一深度上一点处的土体自重应力（有效应力的概念），因它是由上覆土柱的有效重力所引起，故应按上覆各不同土层的厚度与其实际重度（对非饱和土为湿重度，对水下的饱和土为浮重度）相乘积之和来计算（横向作用的土体自重应力应等于垂直向与侧压力系数的乘积）。

对于地基中不同点的附加应力应该由地基表面的附加应力σ_0（等于基底附加压力p_0）与一个应力分布系数K的相乘来求取。应力分布系数K取决于基础的刚度、形状特性，地基表面附加应力作用方向和分布特性，以及计算点的位置等一系列因素，因此，地基附加应力的计算的关键在于正确确定出基底的接触压力p，由它得到基底的附加应力p_0，即地基表面的附加应力$\sigma_0(=p_0=p-\gamma D_f)$和不同情况下的附加应力分布系数$K$。

（3）基底的接触压力，或称基底应力p，要受到土性、基础刚度及应力大小的影响，可能为钟形（土性差，基础小，荷载大，埋深浅），抛物线形（土性较好，基础较大，荷载较小，埋深较深），马鞍形（土性好，基础大，荷载小，埋深大），或近似三角形（与钟形相比，土性更差，基础更小，应力更大，埋深更小）与近似矩形（与马鞍形相比）等不同的分布形状。但在常遇到的刚性基础、土性较好、基础较大、荷载较小、埋深较大的情况下，可以近似地作为直线分布来计算。

（4）地基附加应力的计算，常假定地基土体为均匀一致、异向同性的半无限弹性介质，利用弹性半空间介质表面上作用有集中垂直力的 Boussinesq J. 课题（1885）或弹性半空间介质表面上作用有集中水平力的 Cerruti A.J. 课题，在考虑基础形状（基础为矩形、圆形、方形、条形等）、基底附加应力的方向（垂直与水平）和分布（均匀，三角形与梯形等）以及计算点的位置（x,y,z）等不同影响的基础上，通过积分处理，得到不同条件下计算各个应力分量的公式,最后将其做成相应的图或表,提供实际的应用。对于地基中有明显弱、或明显强的土层的情况下,需要考虑弱土层使其上土层中应力减小的应力分散现象和强土层使其上土层中应力增大的应力集中现象。对于荷载作用于弹性半空间介质某一深度上的问题,可用 Mindlin 课题得到土中附加应力的公式或图表。在应用所有的计算图表时,应特别注意它们在推导时所采用坐标原点的位置,必要时可用角点法;地基形状复杂时,可采用感应图法。

(5)尽管附加应力要受到多种因素的影响,但从定性上讲,它们均具有基本上共同的规律性。了解附加应力沿不同深度和不同深度的水平面上分布的各种特性曲线,尤其是等值线(对各法向应力和剪应力)不同形状的特性,对认识分析和解决地基问题有着重要的意义。

(6)从原则上讲,地基变形量的计算应包括地基中的黏性土层与无黏性土层,但固结过程的计算应主要对黏性土进行,而把固结过程很短的无黏性土层只视为黏性土的排水边界来处理。地基的变形量用分层总和法计算;地基的固结过程,对于饱和土可以一维渗透固结理论为基础,并考虑土层的排水条件(单或、双面排水)、附加应力沿土层的分布图形(矩形、三角形、倒三角形、梯形、倒梯形)等不同情况,以及土的压缩、固结土性参数的变化来计算。根据需要回答"地基经过某一时刻会发生多大的固结变形"和"地基发生某一固结变形量需要多长时间"这两类问题。在考虑到实际上地基所受的荷载要受到基坑开挖和加荷过程的影响时,对于计算得到的固结过程还需要再进行相应的修正。

(7)地基的破坏(或基础的失稳)会因实际竖向压力和水平压力组合的不同而可能有深层滑动、局部深层滑动、冲穿破坏和表面滑动等不同的破坏形式。但在地基不是很软弱,荷载不是太倾斜的一般情况下,整体破坏是地基极限承载力研究和应用的主要对象。通常,地基的承载力分为地基的极限承载力和地基的容许承载力。在极限承载力时,地基已濒于破坏,它只有在除以要求的安全系数后才能用于设计;而在容许承载力时,地基既不发生滑动破坏,又不发生过大的沉降变形,它可以直接作为设计的依据。如果将地基的作用荷载限制在载荷试验曲线的第二阶段,即在比例极限(临塑荷载)与极限荷载之间,则它接近于临塑荷载的程度在实际上体现了安全系数的概念。因此,确定地基容许承载力的方法可用"折减极限荷载法"和"限制塑性区发展深度法"。如果地基中的塑性区发展很慢(极限荷载对临塑荷载之比大于3),则用"限制塑性区发展深度法",容许的塑性区发展深度可取为基础宽度的 1/3 或 1/4;如果地基中的塑性区发展很快(极限荷载对临塑荷载之比小于2),则用"极限荷载折减法",对极限荷载的安全系数可取 2 或 3。虽然按极限状态设计是目前一种总的发展趋势,但是,考虑到地基变化的多样性和对它准确勘探的复杂性,以及土力学理论解决问题的现实局限性,在地基设计中并没有以破坏极限状态作为基础,上述两种确定地基承载力的方法均仍以使用的极限状态为依据,即采用了地基的容许承载力的概念。不过,地基设计时的基底压力却需采用以概率统计理论为基础的、分项系数表达的、结构极限状态设计方法来确定。

(8)现场载荷试验的方法通常被认为是确定地基承载力最权威、最有效的途径。按荷载试验所得 $S-p$ 曲线上第一个拐点和第二个拐点处的压力可以分别确定出地基的临塑荷载和极限荷载。但在载荷试验和试验结果的应用时,应该考虑基础尺寸效应与基础埋深效应可能造成的影响。其他如由静力触探试验、标准贯入试验和旁压试验等现场试验成果所建立的地区性经验公式，对确定地基承载力也具有重要的参考价值。

（9）区域性的建筑地基规范往往也会给出关于地基承载力的经验方法或经验数值。它们大多与土的基本物理性质表相联系。尽管现行的国家标准没有推荐全国可用的这类承载力表，但由于采用由经验方法、荷载试验方法与理论公式计算方法综合分析判断地基承载力特征值的时候，要求具有更大的灵活性，需要理论与经验的有机结合，故地基承载力的经验方法或经验数值往往也有重要的参考价值。

（10）地基整体破坏时的极限承载力问题是土力学中的一个经典性课题。考察地基极限承载力问题的适用条件由理论向实用的变化时可以发现，20 世纪 20 年代的 Prandtl 和 Reissner 解答（1920），40 年代的 Terzaghi. K. 公式（1943），20 世纪 50 年代的 Meyerhof G. G. 公式（1951），20 世纪 60 年代的 Hansen J. B. 公式（1969）以及 20 世纪 70 年代的 Vesic A. S. 公式（1970）等应该被视为地基极限承载力研究历程中几个具有代表性的方法。由于研究表明，地基极限承载力的大小应该与荷载特性（作用方向）、基础特性（尺寸，形状，埋深，刚度，基底粗糙程度），尤其是地基土的特性（粒度，湿度，密度，结构、成层性及软硬层变化）有密切关系，故考虑的条件不同，就会得到不同的承载力公式。应用各类公式时，绝不能忽视或离开建立公式时所采用的具体条件，它们实际上就是公式的适用条件。虽然不同公式均可采用承载力因数用统一的形式示出，但承载力因数表达式的不同体现了公式具体条件的差异。不过，黏聚力的承载力因数 N_c 和旁侧压力的承载力因数 N_q 比较稳定，而滑体重力的承载力因数 N_γ 变化较大。目前，为了考虑复杂的情况，不同研究者提出了各类修正系数，但它们仅系经验关系，在应用它们时，也需要作出对比分析。

（11）地基中的塑性区是由地基中满足极限平衡条件的各点所组成的区域。随着地基上作用荷载的逐渐增大，塑性区最先出现在基础的边缘点处，对应的荷载称为临界荷载；随后，塑性区逐渐扩大，最终在其基本连通时出现地基的整体破坏。因此，根据建筑要求将塑性区发展的范围限制在不同深度上，如最大深度为零、为基础宽度的 1/3 倍、1/4 倍等，也就等于保持了不同的安全系数。对应的基底压力，即 $p_{cr}, p_{\frac{1}{3}}, p_{\frac{1}{4}}$，就可以直接作为不同要求地基的容许承载力来使用。

（12）当地基的计算表明天然地基的稳定性得不到保证时，必须发挥土工工作者的主观能动性提出地基增稳的途径与措施。由于地基、基础、上部结构是一个共同工作的系统，故地基的增稳可以从地基处理、基础设计、上部结构设计、甚至施工设计的各个环节中，利用土力学的有关原理来寻找可能的途径和方法。最后在技术与经济比较的基础上，得到地基增稳的最优方案。

（13）从地基处理方面的地基增稳措施主要是提高地基土的密度（夯密法、振密法、挤密法、挤振法和压密法）、降低地基土的含水量（控制填土含水量，抽、排地下水，降低地下水，电渗排水）、改变地基土的机械成分、化学成分和矿物成分（水泥灌浆法，高压旋喷加固法，深层搅拌加固法，电化法，包括电动硅化法和电动铝化法，焙烧法）、改变地基土中的应力分布和变形条件（砂垫层法、湿陷性土的预湿法、反压法和土工织物法），以及采用复合地基方案（刚性桩式，柔性桩式，散体桩式，多元式复合地基）等。

（14）从基础设计方面的地基增稳措施包括改变基础的埋置深度（在满足建筑物的用途和构造特点，适应所传递荷载的大小和性质，相邻建筑物基础的埋深，建筑场地的地质、水文和气象条件以及可采用的基础材料结构与施工方法的前提下，尽可能选用浅基础或补偿基础)、改变基础的型式(浅基础的型式有单独基础、条型基础、联合基础、整体基础、筏片基础、箱式基础、壳体基础、锚杆基础、折板基础、陀螺基础或夯坑基础、桩筏基础和桩箱基础等;深基础的形式有桩基础、沉井基础、沉箱基础、管柱基础、地下连续墙基础、扩底墩基础等)、改变基础的底面形状和尺寸(立面尺寸的厚度,平面尺寸的宽度,基底用反坡或齿槛形式,增加锚板、支撑板,荷载通过基底的形心,沉陷缝等)等。

(15) 从上部结构设计方面提高地基承载力的措施包括改变建筑物基础平面布置、改变建筑物的重量、改变建筑物刚性和柔性和采取专门的结构措施。它会在不影响正常使用的前提下,适当降低上部结构对地基基础的要求,实际上起到了增强地基稳定性的作用。

(16) 从地基基础施工方面的地基增稳措施包括保证施工质量(防止基坑的塌落或流沙,严格地控制的质量标准)、控制施工进度(分期施工、保持适当的间歇,使地基能在相应荷载下进行固结,以增大稳定性)、调整施工顺序(先施工较重部分,要求永远处于一定高程上的构件应尽可能在建筑物施工的最后时期或临使用前放置)和专门施工方法(冻结法,人工降低地下水位法,水下浇筑混凝土)等。

思 考 题

1. 地基工程设计需要经过哪些步骤？满足哪些要求？
2. 地基沉降计算的步骤是什么？各计算步骤需用哪些公式？在应用这些公式时要注意些什么问题？
3. 试从地基的土性、基础的刚度、作用荷载的大小以及基础的埋深等方面条件的可能变化来讨论基底接触压力可能的分布形式与它们简化到直线分布所必要的条件。
4. 将地基视为均匀一致、异向同性的半无限弹性体对于计算地基附加应力有什么必要性？Boussinesq J. 课题、Cerruti. A. J. 课题和 Mindlin 课题研究的是什么问题？它们如何应用于地基竖向应力的计算分析？
5. 基础的形状(基础为矩形、圆形、方形、条形等)、基底附加应力的特性(垂直与水平,均匀,三角形与梯形分布等)以及计算点的位置(x, y, z)是如何影响地基附加应力分布系数的？选用计算附加应力分布系数的图或表时应注意什么问题？
6. 什么是矩形均布荷载的角点法和条形梯形分布荷载的应力叠加法？试述用其计算基础中点下某一深度处附加垂直应力的方法。
7. 试绘出通过基础中心点、边缘点和基础外一点的竖线上垂直附加应力的分布曲线。如果将它绘成地基中不同水平面上的应力分布曲线,它们应该是什么形状？
8. 你能绘出地基中垂直应力、水平应力和剪应力等值线的不同形态吗？这些不同形态能说明些什么问题？
9. 如果地基中的刚性下卧层愈来愈浅,或地基中有显著弱或显著强的土层存在,则基础中心点下竖线上的垂直应力将作如何的变化？
10. 对于一个夹在上下砂土间的厚黏土层地基,一般应如何计算地基的固结过程？请对它需要考虑的问题作出讨论。
11. 请列出地基固结计算所需用的各公式,并说明在计算某时刻的变形量和某变形量需要的历时时应用它们的步骤。
12. 地基在仅承受竖向荷载时和同时承受竖向与横向荷载时,其地基可能的破坏型式会有什么不同？你能预先对它们作出估计吗？
13. 如果要求地基既不发生滑动破坏,又不发生过大的沉降变形,你将用什么思路和理论来确定出能够满足这些要求的地基承载力？为什么？

14. 现场载荷试验的方法如何确定临塑荷载和极限荷载？它为什么还不能准确确定地基的极限承载力？怎么解决它所存在的问题？

15. 为什么说地基极限承载力的计算公式在一旦离开了它的基本条件后将会毫无实际意义？你能对 Prandtl 公式（1920）、Terzaghi K. 公式（1943）、Meyerhof G.G. 公式（1951）、Hansen J.B. 公式（1969）以及 Vesic A.S. 公式（1970）给出它们的适用条件吗？为什么说这些公式应该被视为地基极限承载力研究历程中具有代表性的方法。

16. 地基中的塑性区是如何形成的？为什么 p_{cr}，$p^{1/4}_1$，$p^{1/3}_1$ 可以直接作为不同要求地基的容许承载力？

17. 试分别列出从地基处理、基础设计、上部结构设计、甚至施工设计等各个环节中可以考虑的地基增稳途径，并说明得到增稳最优方案的原则方法。

习 题

1. 如果有竖直的均匀分布荷载 P 作用于图 7-35 中的阴影部分上，试计算点 A 以下 3m 深处的 σ_z 值。

2. 某矩形基础的底面尺寸为 4m×2.4m，基础的埋深为 1.2m，基底传递的荷载为 1200kN，基底平面以上土的平均重度为 18.0kN/m³，试问基底平面长轴的中点与边点下 3.6m 处，地基的附加应力 σ_z 能有多大？

3. 设某渡槽基础砌置在厚度为 2.0m 的砂层中，基础埋深为 1.5m，砂层下为覆于基岩上厚度为 8m 的黏土层，黏土的压缩系数为 $a=0.01\text{cm}^2/\text{kg}$；渗透系数为 $k=1\text{cm/年}$；孔隙比为 $e=0.59$。如已经算得，在黏土层顶面和底面处的附加应力分别为 $\sigma_z=2\text{kg/cm}^2$ 和 $\sigma_z=1\text{kg/cm}^2$，试计算该地基的固结过程曲线（s-t 曲线）。

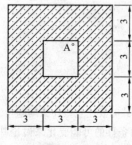

图 7-35 习题 1

4. 假定建筑物荷载在地基内某一饱和黏土层的上、下层面的深度处所产生的竖向附加应力分别等于 $\sigma'_z=1.6\text{kg/cm}^2$ 和 $\sigma'_z=2.4\text{kg/cm}^2$；如该土层的厚度为 4m，顶底两面透水，土的平均渗透系数 $k=0.2\text{cm/年}$，孔隙比 $e=0.88$，压缩系数 $a=0.39\text{cm}^2/\text{kg}$，试回答：

（1）该土层的最终沉降量有多大？

（2）达到最终沉降量的一半需要多长的时间？

（3）如果该饱和黏土层的下卧层为不透水土层，则黏土层产生 12cm 的沉降所需的时间应该比原来双面排水时产生同样沉降量所需的时间会增长多少？

5. 如果地基和基础的各种条件相同，试问在用 Prandtl 公式（1920）、Terzaghi K. 公式（1943）、Meyerhof G.G. 公式（1951）、Hansen J.B. 公式（1969）以及 Vesic A.S. 公式（1970）计算得到的地基极限承载力中，哪一个最大？哪一个最小？

6. 试就地基极限承载力的普遍表达式分析一下提高地基承载力的合理途径，并说明其理由。

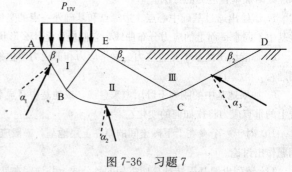

图 7-36 习题 7

7. 已知轴向荷载条形基础下均质地基（γ, c, φ）的极限荷载滑动面如图 7-36 所示，试问 α_1、α_2、α_3、β_1、β_2 诸角应等于多少？

第8章 土的静力变形强度特性参数与规律在工程计算分析中的应用（二）

——土坡工程问题

第1节 土坡工程中的变形强度问题

土坡工程包括地质过程中形成的自然土坡和工程过程中形成的挖方土坡与填方土坡。它们的稳定性主要受到土质因素（土类、土性、土层等）、几何因素（坡高、坡比、坡形等）和工作特征因素（使用条件、重要程度等）的影响。由于条件变化的原因，或者由于工程设计的原因，它们仍然存在一个不同特性的变形和强度稳定性问题。

（1）土坡的强度问题。不同土坡的强度问题应该是土坡稳定分析中具有特别重要实际意义的问题。

自然土坡的强度问题，主要是评判它在自然条件下或某些条件发生变化时的稳定性。因为自然土坡是长期形成、多年存在的地质体，一般本身具有应力和变形的平衡状态及相应的稳定性。只要它的形成和赋存条件不发生新的改变，其稳定性一般是有保证的。因此，对它的稳定性应该先弄清坡体的历史成因和现状，再分析坡体现存条件和状态下可能发生变化的因素及其所可能引起的正、负面影响，以及影响的大小和总趋势，以便采取相应的措施，使不利影响减到最小，确保土坡的稳定性。对它进行稳定性分析时应该考虑坡体材料性质（黏土类、碎石类、黄土类、岩石类；坚硬程度，抗风化、软化的能力，抗剪强度，透水性），坡体材料的结构与构造（块状结构、层状结构、碎裂结构、散体结构；节理、劈理、裂隙，结构面的胶结；软弱面、破坏面的分析，岩层倾向与坡向的关系和边坡的成因，如剥蚀、堆积、侵蚀、滑塌等），水文地质条件（地下水的埋藏、流动、潜蚀、动态），风化作用，气候（湿度、温度）以及地震、洪水、爆破与其他人为因素等各种主要的影响因素，并且在分析计算中模拟有关条件的变化。

工程土坡的强度问题需考虑挖方边坡和填方边坡的差异，回答"一定坡高、坡比、坡形条件下边坡是否具有要求的安全性（安全系数）"或"一定要求安全性和坡高的边坡应具有多大的坡比和怎样的坡形"等问题。在这里，填方土坡有较大的可控性，而且，除了超高型的填方外，它的施工与分析均相对较为简单；对于挖方土坡，由于它是土体的一个卸荷过程，它的坡体设计要更多地适应于原有地层，人为控制的作用相对较小，往往会因土体的构造而复杂化。它除了因受到应力释放与应力重分布的影响会发生坡顶拉应力的出现或增大、坡脚压应力的集中以及坡面主应力线的偏转外，往往还有裂隙和地下水干扰的影响。因此，它的稳定性要受到坡体的土性、地质结构、地形地貌、地应力、地下水、温度、风化程度、成因类型以及开挖坡比、坡高和开挖方法等一系列因素的影响。为了保证它的稳定性，必须对这些因素作出仔细分析、综合判断与合理处置。因此，挖方土坡，特别是深挖方的高陡土坡，是土坡工程中的一个难点。它一般需要具体问题个别解决。通常可以采用的设计方法有工程地质比拟法、力学验算法或现场试坡法。工程地质比拟法是将要研究的边坡与已研究过的或已有验证的边坡在工程地质条件（地形地貌、成因类型、地层岩性、地层结构类型、稳定性类型）与影响因素（水文、地质条件、地理地质作用、水文条件、降水条件、排水条件、植被条件、人类活动等）上的相似性进行对比，通过对原有边坡设计的修正来解决所研究边坡稳定性问题的方法；力学验算法是通过对设计方案进行稳定性的力学验算，以确定最佳方案的方法。力学验算时，除需要正确确定它的验算控制条件，正确确定土性指标，正确确定破坏形式与滑动面形状外，还必须注意将土坡与地基的稳定性通盘考虑，将土坡设计与土坡维护通盘考虑。力学验算对于较小挖深、较均匀土质的情况更加有效。在进行分析时，需要对开挖全过程作出模拟计算。至于现场试坡法，它是在现场按经验设计先开挖一段土坡，使其经过一定时间自然因素变化的考验，并观察其稳定性的变化，据以进行土坡设计的方法。它在条件许可时也可以利用，为解决大量类似条件下的土坡积累资料和经验。

（2）土坡的变形问题。自然土坡和工程土坡的变形问题，最关注的是它们的沉降变形。填方土坡的沉降变形问题，往往更具有实际意义。对于新设计的填方土坡，变形问题主要需面对填方土坡的沉降与固结计算。临水或挡水的土坡，还需要检验它们发生渗透破坏的可能性并在必要时采取其防治措施。对于已有的边坡，要随时注意土坡变形的发展。如果发现有裂缝出现或移动发生，则必须及时处治。对已经出现某种征兆、迹象或一定后果的土坡，不管它是自然土坡还是工程土坡，都需视为一种特殊的土坡问题，即滑坡问题来对待。由于在处理滑坡问题上的紧迫性、被动性、风险性和综合性（考虑现在、过去和将来以及自然、经济和社会）以及在具体条件上的复杂性，研究它的特征、机理、规律、规模（地面移动、边坡移动或山体移动），以便进行滑坡发展（包括老滑坡的复活）的预报和防治，已经形成了一个专门性的土工课题。

由此可见，土坡的强度稳定性检验是土坡工程中土工计算的重点问题，土坡的滑坡问题是一个变形与强度交织、而且带有专门性的课题。在土坡的变形问题中，挖方土坡的变形是一个需要及时观测的敏感性问题；填方土坡的变形包括沉降或固结的计算问题。因此，本节将对填方土坡的变形与变形过程予以讨论，并着重讨论土坡强度稳定性的分析方法。可以看出，从原则上讲，土坡变形问题可在掌握了地基变形计算方法的基础上进行简化的分析。但如采用数值计算的方法，则它不仅可以统一地解决各类土坡的变形和强度问题，也可以同样地解决地基的问题，只是在计算时采用的边界条件上与土坡有所不同。

第2节 土坡沉降变形的计算

土坡沉降变形的计算的目的主要在于检验土坡（坝坡、路堤）的沉降是否会影响到工程的应用功能。土坡的沉降应该包括坡身沉降与地基沉降两大部分之和。坡身沉降和地基沉降一样，也可用分层总和法进行计算。只是土坡地基沉降计算时的基底附加压力应为坡身的自重压力（土柱重量，梯形分布）；土坡坡身沉降的附加应力也只应是坡体的自重压力，因为坡身的变形只是由它本身的自重所引起的（土坡修造以前的应力均为零）。它在用分层总和法计算时，所用的附加应力可按各分层中点以上土柱的重量来计算。

第3节 土坡沉降变形过程的计算

土坡沉降变形过程计算的目的在于预估土坡（坝坡、路堤）在施工过程的沉降量，以便了解土坡的工后沉降量，作为设计土坝预留超高量和分析沉降对运行时路面结构可能影响的依据。照例，土坡沉降变形过程应该是坡身沉降过程与地基沉降过程之和，故需由分别计算得到的坡身沉降过程与地基沉降过程叠加。只是由于坡身常为非饱和状态，其沉降过程不属于通常饱和土渗透固结理论的范畴，需要按非饱和土的固结理论计算。但如上章所述，非饱和土体的一维固结仍然有类似饱和土一维固结的计算公式（见式7-58）。它可以近似地用以计算土坝在施工期的固结。此时，可以认为排渗是向上、下游，渗径取各层坝宽的一半，外荷瞬间施加产生的超孔隙气压力（等于超孔隙水压力）u_{a0}是非饱和土固结计算的初始条件，它需由式（7-59）作出计算。

第4节 土坡稳定性的计算

土坡稳定性计算是土坡设计的重要内容。土坡稳定性计算的目的就是要在满足设计对稳定性基本要求（达到设计要求的安全系数）的前提下，根据坡比、坡高、坡形与土坡内外各种影响边坡稳定性因素（坡前水位、坡体渗流、运行条件、地震）之间的关系，在坡比、坡高、坡形之间寻求一个稳定而且经济的组合。目前，进行这类分析的方法很多（极限平衡理论法，极限楔体平衡法，有限单元法，概率分析法等），但在一般的工程中，最常用的方法还是极限楔体平衡法。

一、极限楔体平衡的理论

极限楔体平衡的理论是将土体的极限平衡问题简化为土体中一个滑动楔体沿其与未动土体间的滑动面发生运动的极限平衡问题来研究。它不仅分析简便，而且可处理土体分层、地下水、地震、结构面等实际情况。从原则上讲，由于它基于刚塑性理论，只要求满足力和力矩的平衡条件、库伦的强度准则和应力的边界条件。用它分析问题的基本方法是：先根据理论和经验预设一个一定形状的可能滑动面，建立由它围定的楔形土体（刚体）在处于极限平衡状态时力和力矩的平衡方程（$\Sigma X=0$，$\Sigma Z=0$，$\Sigma M=0$），建立一个用某种方式表达的稳定安全系数 F 计算式。然后，用由它们计算得到的稳定安全系数 F 来评定土坡的稳定性趋向。当这个安全系数 F 正好等于1时，土体将处于极限平衡状态；当 F 小于1时，土体将处于不稳定状态；当 F 大于1时，土体将处于稳定状态，其大于1的程度表示土体对沿该滑动面发生滑动的稳定程度。这样，当对一系列认为可能的滑动面求得不同的安全系数 F_i 后，其中安全系数最小的那个滑动面即认为是最危险的滑动面。设计时要求这个最小的安全系数 F_{min} 不低于设计要求的安全系数值 $[F]$，即：

$$F_{min} \geqslant [F] \tag{8-1}$$

如果这个要求得不到满足，则可以重新改变坡比，或改变坡形，或设法提高材料强度，直至计算能够满足要求为止。

二、土坡稳定性分析的方法

由上可见,基于极限楔体平衡理论的任何一种土坡稳定性分析方法都必须解决滑动面形状,基本平衡方程,计算参数和安全系数问题。

(一) 滑动面形状

土坡中极限楔体发生的滑动面形状受土坡内土质均匀性、成层性、结构构造、土体的外部几何特征与其边界条件以及它们随时间而发生的变化等一系列因素的影响。它可以是曲线型(圆弧、对数螺旋线),也可以是直线、折线型或复合型。同一类型的滑动面也还可以视土坡的坡形而有单级型或多级型。计算与应用的长期经验表明,对土质比较均匀的黏性土坡,滑动面形状多为圆弧形,它可能通过坡脚、坡面、坡底等(图8-1)。在地基土较硬时出现坡脚圆;地基土较软而薄时出现坡面;地基土较软而厚时出现坡底;在无黏性土坡中,土质比较均匀时,滑动面形状多为直线形;有外水位时会在水位高程处出现折线形,土质潮湿时也会出现曲线形。土坡体中的结构构造面、软硬结合面、含水层的硬底面等,也常是滑动面的组成部分。复杂坡面形状时会出现组合滑动面和多级滑动面。但是,通常在土的结构构造没有明显变化、或坡面没有较大荷载的条件下,土体中的滑动面总可以近似为圆弧形。即使在实际出现如对数螺旋等更复杂的或组合滑动面的情况下,采用计算相对比较简单的圆弧滑动面也不会造成太大的误差。因此,圆弧滑动面在实用上一直得到了广泛的应用。但是,能够考虑土的结构与构造以及其他复杂条件的任意形状滑动面的应用,成了近些年来研究的重要方面。

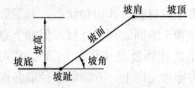

图 8-1 土坡各部分的名称

(二) 基本方程

在对由滑动面在土体中所切出的滑楔体进行力学分析时,通常采用将滑楔体划分成若干个竖直的分条来进行分析的条分法。原则上,对各个土条和滑楔体,均应在其自重、边界上的各种外荷载以及滑动面上稳定土体的反力作用下满足全部的平衡方程,即 $\Sigma Y=0$,$\Sigma Z=0$ 及 $\Sigma M=0$,而且在滑动面上还要满足土的极限平衡条件,在各分条间也要满足合理性限制条件。合理性限制条件(由 Morgenstern,Price 提出)要求各分条间切向力的作用不违反土体破坏准则,即切向条间力不超过土的平均抗剪强度,而且条间也不出现张力,即条间法向力的作用点必须限制在上下三分点之内。但是,实际上,由于对它们可能列出的方程式数总是少于实际的未知量数,故计算中需要作出一定的简化,以减小未知量的数目。简化处理的方法不同就形成了不同的计算方法。有些简化的方法只用满足对稳定性起主要影响的平衡方程来解决实用问题。如著名的瑞典圆弧法以及 Terzaghi 的改进圆弧法,只满足了圆弧整体的力矩平衡方程 $\Sigma M=0$;Bishop 法在满足了圆弧整体的力矩平衡方程 $\Sigma M=0$ 外,还满足了竖向力的平衡方程 $\Sigma F_z=0$。后来从更严格的力学和实用条件出发而研究提出的 Morgenstern-Price 法(1965)、Spenser 法(1967)、Janbu 法(1973)以及 Sarma 法(1973)等,它们全面涉及了楔体整体的力矩平衡方程 $\Sigma M=0$ 以及力平衡方程 $\Sigma F_x=0$,$\Sigma F_z=0$,也涉及了各土条的力矩平衡方程 $\Sigma M_i=0$,更涉及了任意的滑动面形状,从而形成了"通用条分法"。目前,从工程应用的角度,对于无黏性土坡,采用直线滑动面法;对于黏性土坡,一般多用 Terzaghi 改进圆弧法;重大一点的工程多用

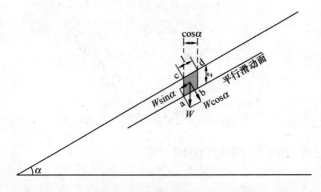

图 8-2 无渗水的无黏性土坡

Bishop 简化法；要求更高时可用其他不受圆弧滑动面限制、而且理论上更加合理的其他"通用条分法"。本节只介绍对无黏性土坡和黏性土坡常用的方法，其他方法可参见有关文献。

1. 无黏性土土坡稳定性计算的基本方程

（1）如果无黏性土坡没有渗水的作用，则在计算中常采用直线滑动面。而且它只需验算土坡（坡角为 α）的表面滑动（图 8-2），其稳定系数的计算公式为：

$$F_s = \frac{W\cos\alpha \text{tg}\varphi}{W\sin\alpha} = \frac{\tan\varphi}{\tan\alpha} \tag{8-2}$$

可见，只要土坡的坡角小于土的内摩擦角，土坡就会有一定的安全储备，它应该满足工程对安全储备的要求。

（2）如果无黏性土坡有渗水的作用，则对它的下游坡应该验算浸润线逸出点处土体的土骨架在渗透力作用下的稳定性。在渗透力与水平面的夹角为 θ，坡面与水平面的夹角为 α 时，单位体积土体上的渗透力为 $\gamma_w i$，其稳定系数的计算公式为：

$$\begin{aligned} F_s &= \frac{[\gamma'V\cos\alpha - \gamma_w iV\sin(\alpha-\theta)]\tan\varphi}{\gamma'V\sin\alpha + \gamma_w iV\cos(\alpha-\theta)} \\ &= \frac{[\gamma'\cos\alpha - \gamma_w i\sin(\alpha-\theta)]\tan\varphi}{\gamma'\sin\alpha + \gamma_w i\cos(\alpha-\theta)} \end{aligned} \tag{8-3}$$

另外，对于有渗水土坡的上游坡，水位使上游坡的大部分浸水，应该验算土坡的深层滑动，滑动面在水位高程处发生转折。此时，可通过转折处的竖线将滑动土楔分为上、下两块，再按力的平衡关系计算下块（滑面倾角为 α_2）在受到上块（滑面倾角为 α_1）传来的推力 P_1 作用下

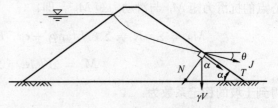

图 8-3 有渗水土坡的下游坡

发生滑动的安全系数（假定竖面上的作用力与上块滑面平行），如图 8-4 所示。计算应满足下列两个关系式，它们需要迭代求解。土坡稳定的最小安全系数也需要假定不同的滑动面，在作出如上计算的基础上确定。计算用的方程式为：

$$F_s = \frac{[P_1\sin(\alpha_1-\alpha_2) + W_2\cos\alpha_2]\tan\varphi_2}{P_1\cos(\alpha_1-\alpha_2) + W_2\sin\alpha_2} \tag{8-4}$$

式中：

$$P_1 = W_1\sin\alpha_1 - \frac{1}{F_s}(W_1\cos\alpha_1\tan\varphi_1) \tag{8-5}$$

2. 黏性土坡稳定性计算的基本方程

对于黏性土坡，滑动面常采用圆弧形，用 Terzaghi 改进圆弧法和简化 Bishop 法分析

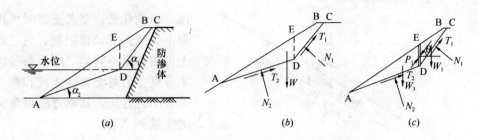

图 8-4 无黏性土坡上游坡在有渗水时的稳定计算

它的稳定性。

(1) Terzaghi 改进圆弧法（忽略土条间的作用力，如图 8-5 所示）

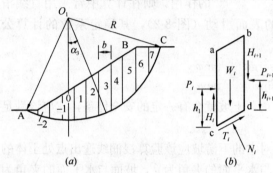

图 8-5 圆弧条分法

一般来讲，对于每一个分条（其滑面中点与滑心连线的夹角为 α_i），它所受的作用力有垂直作用的分条本身重力 W_i（在滑动面上可分解为平行于滑动面的剪切力 $T_i = W_i \sin\alpha_i$ 和垂直于滑动面的法向力 $N_i = W_i \cos\alpha_i$）；有垂直于滑动面作用的孔隙水压力 u_i；有由未滑土体产生并与滑动面法线成内摩擦角 φ 的反力 R_i；有平行作用于滑动面上的黏阻力 $C = c'l_i$；还应有分条两侧作用的条间水平力 P 和条间垂直力 H。如果在总应力下进行分析，即不计孔隙水压力，且假定各分条两侧的条间力（P、H 的合力）等值、同线、反向，可以互相抵消，也不计入计算，则在用抗滑力矩 M_R 与滑动力矩 M_s 之比表示稳定系数 F_s 时，可以由滑动面上诸力对滑弧中心点的抗滑力矩 M_R 与滑动力矩 M_S，即：

$$M_R = \sum \tau_{fi} R = \sum (N_i \tan\varphi_i + c_i l_i) R = \sum (W_i \cos\alpha_i \tan\varphi_i + c_i l_i) R$$

$$M_s = \sum T_i R = \sum W_i \sin\alpha_i R$$

得到土坡的稳定系数为：

$$F_s = M_R/M_S = \frac{\sum(c_i l_i + W_i \cos\alpha_i \tan\varphi_i)}{\sum W_i \sin\alpha_i} \tag{8-6}$$

式中：M_R，M_s 为滑楔体的抗滑力矩与滑动力矩；W_i 为分条 i 的重力；α_i 为分条 i 滑面的倾角。

为了寻找最危险的滑动面，可利用图 8-6（a）所示的方法，先由土坡的坡比 1∶m 确定出 o 点，并定出 D 点；再在 OD 线上选择几个滑动面的圆心，计算出与它们相对应的稳定系数值；然后，通过这些稳定系数中的最小值所对应的圆心作 OD 线的垂线，再在其上选择几个滑动面的圆心，计算出它们的稳定系数值。这些稳定系数中的最小值即为最险滑动面的稳定系数。

(2) 简化 Bishop 法

简化 Bishop 法考虑了条间力的作用，即在分条的两侧面作用有垂直条间力 H。可以

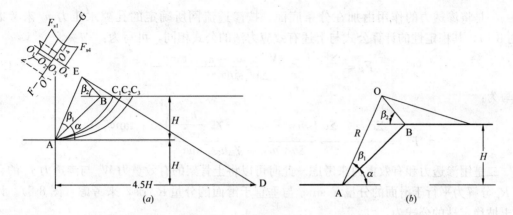

图 8-6 黏性土坡圆弧圆心的位置

证明,它在总应力下计算土坡稳定系数的公式为:

$$F_s = \frac{\sum \frac{1}{m_{\alpha i}}[c_i l_i \cos\alpha_i + W_i \cos\alpha_i \tan\varphi_i]}{\sum W_i \sin\alpha_i} \tag{8-7}$$

式中:$m_{\alpha i}$ 由下式计算;其他符号见图 8-13,即:

$$m_{\alpha i} = \cos\alpha_i + \frac{\tan\varphi_i \sin\alpha_i}{F_s} \tag{8-8}$$

显然,在用简化 Bishop 法计算土坡的稳定系数时,需要采用迭代的方法,迭代计算稳定系数的步骤为:令 $F_s=1$,由式(8-8)算出 m_α,代入式(8-7),求得 F_s,再将其回代入式(8-8),求得 m_α,再代入式(8-7),计算出 F_s,……,如此,直至相邻两次计算得到的安全系数差值满足计算要求的精度为止。

还可以看出,如 α 为负,可能使 $m_\alpha \to 0$,则 $F_s \to \infty$,Bishop 法不能应用。其实当 $m_\alpha \le 0.2$ 时,就会使 F_s 产生较大误差,此时,就应该考虑条间力 P_i 的影响。

(三)基本方程在复杂条件下的应用

当将上述基本方程拓展应用于复杂条件下的土坡稳定性计算时,一般需要针对具体条件作出相应的处理。

(1)当采用有效应力法计算时,应该在分条的总重力 W_i 外,再考虑法向作用于滑动面上的孔隙水压力 u_i 的作用,并采用有效应力的强度指标,例如,对 Terzaghi 法为:

$$F_s = M_R/M_s = \frac{\sum[c'_i l_i + (W_i \cos\alpha_i - u_i l_i)\tan\varphi'_i]}{\sum W_i \sin\alpha_i} \tag{8-9}$$

对简化 Bishop 法为:

$$F_s = \frac{\sum \frac{1}{m_{\alpha i}}[c'_i l_i \cos\alpha_i + (W_i - u_i l_i \cos\alpha_i)\tan\varphi'_i]}{\sum W_i \sin\alpha_i} \tag{8-10}$$

式中:

$$m_{\alpha i} = \cos\alpha_i + \frac{\tan\varphi'_i \sin\alpha_i}{F_s} \tag{8-11}$$

(2)当有水的渗流作用时,需要考虑渗透水流对土坡稳定性的影响。考虑渗透水流作用有如下不同的方法。现以 Terzaghi 公式为例讨论各自的计算公式。

一是将渗透力的作用由加在分条底面、按渗透流网所确定的孔隙水压力 u_i 来考虑（图 8-7），其稳定性的计算公式与上述有效应力法的公式相同，可写为：

$$F_s = \frac{\sum[c'_i l_i + (W_i \cos\alpha_i - u_i l_i)\tan\varphi'_i]}{\sum W_i \sin\alpha_i} \tag{8-12}$$

或写为：

$$F_s = \frac{\sum c'_i l_i + \sum b_i \left(\gamma h_{1i} + \gamma_m h_{2i} - \gamma_w \dfrac{h_{wi}}{\cos^2\alpha_i}\right)\cos\alpha_i \tan\varphi'_i}{\sum b_i (\gamma h_{1i} + \gamma_m h_{2i})\sin\alpha_i} \tag{8-13}$$

二是用渗透力和有效重力来考虑。此时可以将土骨架的有效重力 W_i 与渗透力 J_i 的合力 R_i 分解为平行于滑面的分量 $R_i \sin\alpha_i$ 与垂直于滑面的分量 $R_i \cos\alpha_i$ 来考虑（图 8-8）。计算土坡稳定性的公式为：

$$F_s = \frac{\sum(c'_i b_i + R_i \cos\alpha_i \tan\varphi'_i)}{\sum R_i \sin\alpha_i} \tag{8-14}$$

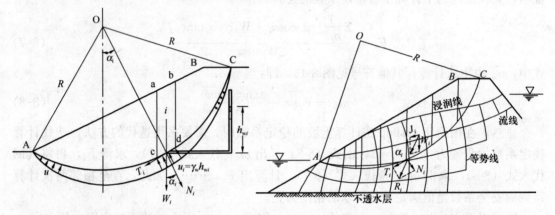

图 8-7　用滑面上的孔隙水压力考虑渗流作用　　图 8-8　用渗透力和有效重力考虑渗流作用之一

也可以将渗透力 J_i 加入到公式的分母来考虑（如图 8-9），或将简化计算得到的平均渗透力 $\overline{J}$（如图 8-10）加入到公式的分母来考虑。此时，太沙基法计算土坡稳定性的公式可写为：

$$F_s = \frac{\sum(c'_i l_i + W_i \cos\alpha_i \tan\varphi')}{\sum W_i \sin\alpha_i + \sum \dfrac{J_i d_i}{R}} = \frac{\sum(c'_i l_i + W_i \cos\alpha_i \tan\varphi')}{\sum W_i \sin\alpha_i + \dfrac{\overline{J}d}{R}} \tag{8-15}$$

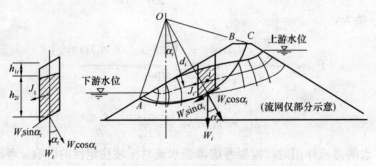

图 8-9　用渗透力和有效重力考虑渗流作用之二

三是用条间作用的渗透压力与饱和重力来考虑。如图 8-11 中的力多边形所示，这种方法与上一种方法是等效的。

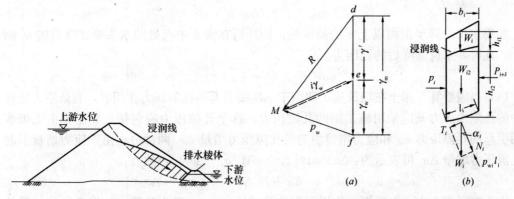

图 8-10 简化计算得到的平均渗透力　　图 8-11 用条间作用的渗透压力与饱和重力考虑渗流的作用

四是采用所谓的"替代容量法"，即在计算各分条的重量时，对于浸润线以下的土体部分取其饱和重度计算滑动力矩，取其浮重度计算抗滑力矩，强度指标取用固结不排水剪的指标 c,φ，不再采用其他处理，即认为已经考虑渗流的作用。它计算稳定系数的公式为：

$$F_s = \frac{\sum c_i l_i + \sum b_i (\gamma h_{1i} + \gamma'_m h_{2i}) \cos \alpha_i \tan \varphi_i}{\sum b_i (\gamma h_{1i} + \gamma'_m h_{2i}) \sin \alpha_i} \tag{8-16}$$

可以看出，如果比较式（8-12）和式（8-15），则可以看出，只有当 $\gamma' h_{2i} = \gamma_m h_{2i} - \gamma_m h_{wi}/\cos^2 \alpha_i$，且有效应力指标 c'_i, φ'_i 等于固结不排水剪指标 c_i, φ_i，及 $h_{2i} = \dfrac{h_{wi}}{\cos^2 \alpha_i}$ 时，它们才有相同的稳定系数 F_s 值。故"替代容量法"只为一种常用的简化方法，它有上述一定条件的限制，并不总是偏于安全的。

（3）当上游坡的外水位骤降时，水位的快速下降，使得原浸润线的位置来不及改变，但因此时的水不再有浮力作用，原浸润线至降后水位间的土体变为饱和状态，它将产生一个应力增量 $\Delta\sigma$，从而引起孔隙水压力也有一个增量，即 $\Delta u = \overline{B} \cdot \Delta\sigma$（其中的 $\overline{B}$ 为孔压系数）。在计算外水位骤降时的土坡稳定中，应该采用水位骤降后的孔压 $u_{降后}$，按有效应力法进行。

如果滑弧分条中点处的坡体高度为 h，水位降以前分条中点处坡体外的水深为 h_w，水位降以前分条中点处等势线的水位降为 h'，如图 8-12，则因：

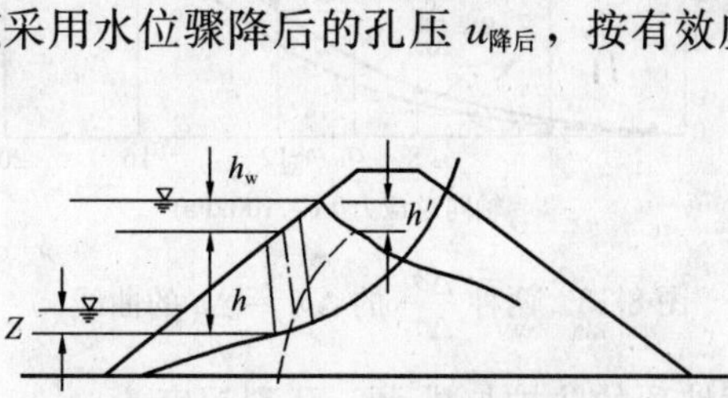

$$\Delta\sigma = \sigma_{降后} - \sigma_{降前}$$
$$= \gamma_m h - (\gamma_m h + \gamma_w h_w) = -\gamma_w h_w$$

图 8-12　水位骤降后土坡中的孔压 $u_{降后}$

故水位骤降前后孔隙水压力的变化为：$\Delta u = \overline{B} \cdot \Delta\sigma = -\overline{B}\gamma_w h_w$。由于水位降前的孔压为：$\gamma_w(h + h_w - h')$，故水位降后的孔压为：

$$u_{降后} = u_{降前} + \Delta u = u_{降前} - \overline{B}\gamma_w h_w = \gamma_w(h + h_w - h') - \overline{B}\gamma_w h$$

$$= \gamma_w[h+(1-\overline{B})h_w - h']$$

如取 $\overline{B}=1$,则得水位骤降后的孔压为:

$$u_{降后} = \gamma_w(h-h') \tag{8-17}$$

如果水位只降至滑面以上 z 的高度处,则降后在滑弧中点处的水头要比降前的 h' 减小 z,此时,水位骤降后的孔压为:

$$u_{降后} = \gamma_w(h-h'+z) \tag{8-18}$$

(4) 当需要算三相土在填筑施工期由于土压缩引起的孔隙压力作用时,有效应力法计算中的孔隙水压力 u_i 应采用施工期的孔隙压力。这个孔隙压力应包括三相土中由毛细水作用引起的孔隙压力 u_{0i} 和应力增量引起的孔隙压力增量 Δu_i 两部分。由于应力增量引起的孔隙压力增量 Δu_i 可表示为:$\Delta u_i = B[\Delta\sigma_3 - A(\Delta\sigma_1 - \Delta\sigma_3)]$,故有:

$$u_i = u_{0i} + \Delta u_{i_{0i}} = u_{0i} + B[\Delta\sigma_3 - A(\Delta\sigma_1 - \Delta\sigma_3)] \tag{8-19}$$

由于在三相土中,由毛细水作用引起的孔隙压力 u_{0i} 一般为负值。如果考虑到一般的填筑含水量 w_{op} 已大于塑限,这个孔隙压力的值已经很小,可略去不计时,则施工期的孔隙压力为:

$$u_i = \Delta u_i = B[\Delta\sigma_3 + A(\Delta\sigma_1 - \Delta\sigma_3)] = B[A\Delta\sigma_1 + (1-A)\Delta\sigma_3]$$

$$= B \cdot \Delta\sigma_1 \left[A+(1-A)\frac{\Delta\sigma_3}{\Delta\sigma_1}\right] = B\left[A+(1-A)\frac{\Delta\sigma_3}{\Delta\sigma_1}\right] \cdot \Delta\sigma_1 = \overline{B} \cdot \Delta\sigma_1 \tag{8-20}$$

且

$$\overline{B} = B\left[A+(1-A)\frac{\Delta\sigma_3}{\Delta\sigma_1}\right] \tag{8-21}$$

式中:$\overline{B}$ 为孔隙压力系数,它与土性及应力增量比 $\frac{\Delta\sigma_3}{\Delta\sigma_1}$ 有关。通常需要由三轴不排水剪的试验求得。试验时,试样在保持一定的 $\frac{\Delta\sigma_3}{\Delta\sigma_1}$(对土坝常为 $\frac{\Delta\sigma_3}{\Delta\sigma_1}=K_0$)下施加轴向荷载 $\Delta\sigma_1$,测出相应的 Δu,作出 $\Delta\sigma_1 - \Delta u$ 曲线(图 8-13),曲线的斜率即为 $\overline{B}$(取平均值)。

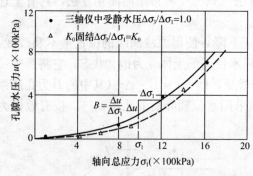

图 8-13 两种 $\frac{\Delta\sigma_3}{\Delta\sigma_1}$ 的 $\Delta\sigma_1 - \Delta u$ 的曲线

(5) 此外,当有其他条件需要考虑时,也需要针对情况作出处理。如有坡顶超载,则可将超载分别计入各所在土条的重量;如有地下水位,则可将地下水位以下的土取浮重度进行计算,地下水位以上的土取实际的土重度计算。地下水位上、下土的 c,φ 值也按对应的湿度确定;如坡顶有开裂,则可在开裂深度 z_0 范围内不计入产生抗滑的力,并注意坡顶的防护与排水,开裂深度为:

$$z_0 = \frac{2c}{\gamma\sqrt{K_a}} \tag{8-22}$$

式中:

$$K_a = \tan^2\left(\frac{\pi}{4}-\frac{\varphi}{2}\right) \tag{8-23}$$

如坡体为成层土，则可分层计算土楔各分条的土重，并按滑弧通过的土层取用相应的 c、φ 值。如有水平向地震力的作用，则需将地震力所产生的力矩作为滑动力矩，加入到计算公式的分母中。

（四）计算参数

计算参数问题主要是指通常土坡稳定性分析时需要的土性参数（如土的各类重度和强度指标 c、φ 值）、有限元法计算时所用本构模型的参数（如邓肯—张模型的 8 个参数等）以及其他为计算所需用的参数。对于这些参数，其确定的基本原则应该是"具体问题具体分析"，使它们获取的条件与土坡的具体工作条件相一致。实践与计算表明，参数选择对于边坡稳定影响的敏感性往往大于滑动面形状或滑动面位置的影响（主要对填方边坡）。而且，各种参数所显示的影响，也会因其他条件不同（如坡高）而表示出不同的敏感性。但黏聚力的影响往往总是十分显著的。

（五）稳定（安全）系数

稳定系数是土坡稳定性评判的依据。最终的结论是在计算的稳定系数 F_s 与设计要求的稳定系数 $[F_s]$ 之间对比的结果。这里既有合理确定计算稳定系数 F_s 的问题，又有合理确定设计稳定系数 $[F_s]$ 的问题。对于稳定系数 $[F_s]$，其问题主要是选择一个土坡至少应该满足的安全度。它是设计中最重要的决策，具有重要的技术经济意义。它的确定应该考虑到建筑物的等级（等级越高，$[F_s]$ 越大），要求保持稳定的期限（期限长者较大），造成生命财产损失的大小（损失大者较高），新设计或是验算复核（新设计者较高），计算方法的合理性，试验成果的可靠性，考虑因素的全面性以及工作条件的特殊性（地震、渗流、骤降、降雨重现期等）。一般，如果没有特殊的问题，建筑物的等级以及计算方法的合理性是选择设计要求安全系数的主要依据，再考虑不同的计算性质和工作条件适当调整。它在不同的规范中均有明确的规定。不过，需要注意，由于这个规定常是长期经验的总结，它与这个经验建立时所用计算方法关于稳定系数 F_s 的表述方式有密切的关系。显然，用抗滑力矩与滑动力矩之比来表述稳定系数时计算得到的结果，和用阻抗剪应力和与作用剪应力和之比来表述稳定系数时计算得到的结果是不会相同的，甚至是不会相近的。这一点必须引起注意。

三、土坡稳定性分析主要公式的推导

这一节关于土坡稳定性分析的主要公式应该是太沙基（Terzaghi）改进圆弧条分法的公式和简化的毕肖普（Bishop）法的公式。Terzaghi 改进圆弧条分法的公式已有推导，故本节再推导简化 Bishop) 法的公式，以便进一步加深关于土坡稳定性分析的概念。

图 8-14（a）示出了 Bishop 滑楔体一个分条上作用的力，它包括垂直作用于分条重心的重力 W_i；与滑动面法线的夹角等于土内摩擦角、由未滑土体产生的反力 R_i；平行作用于滑动面上的黏阻力 $C=c'l_i$；还有分条两侧作用的水平分条间力 P_i 和垂直条间力 H_i。这样，任意分条上的作用力的关系如图 8-14（b）所示。如再考虑垂直作用于滑动面上的孔隙水压力 u_i，并取稳定系数 F_s 为强度折减系数，则滑动面分条上的剪切力 T_i 应为：

$$T_i = \frac{c'_i l_i}{F_s} + (N_i - u_i l_i)\frac{\tan\varphi'_i}{F_s} \tag{8-24}$$

由竖向力的平衡条件，即 $\Sigma F_z=0$ 的条件，有：

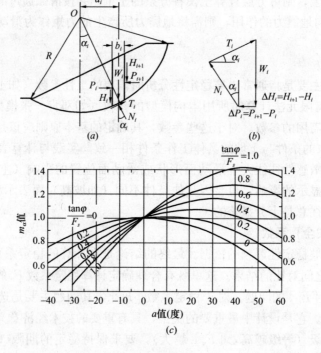

图 8-14 黏性土坡的简化 Bishop 法

$$W_i + (H_i - H_{i+1}) - T_i\sin\alpha_i - N_i\cos\alpha_i - u_i l_i\cos\alpha_i = 0$$

故得：

$$N_i\cos\alpha_i = W_i + (H_i - H_{i+1}) - T_i\sin\alpha_i - u_i l_i\cos\alpha_i = 0 \tag{8-25}$$

将式（8-23）代入式（8-24），可得法向力为：

$$N_i = \left[W_i + (H_i - H_{i+1}) - \frac{c'_i l_i}{F_s}\sin\alpha_i + \frac{u_i l_i\tan\varphi'_i\sin\alpha_i}{F_s}\right]\frac{1}{\cos\alpha_i + (\tan\varphi'_i\sin\alpha_i/F_s)}$$

$$= \left[W_i + (H_i - H_{i+1}) - \frac{c'_i l_i}{F_s}\sin\alpha_i + \frac{u_i l_i\tan\varphi'_i\sin\alpha_i}{F_s}\right]\frac{1}{m_{\alpha i}} \tag{8-26}$$

式中：$m_{\alpha i}$ 为：

$$m_{\alpha i} = \cos\alpha_i + \frac{\tan\varphi'_i\sin\alpha_i}{F_s} \tag{8-27}$$

再考虑整个滑楔体的整体力矩平衡条件，即 $\Sigma M_0 = 0$ 的条件。因条间力的水平分力 P 和垂直分力 H 成对出现，大小相等，方向相反，其力矩的总体作用可以互相抵消；又滑动面上的法向力 N 通过圆心，不会产生力矩；故只有重力 W 和切向力 T 产生的力矩。如果再考虑作用在分条重心处的水平力 Q_i（如地震力，力臂为 e_i），则可写出：

$$\Sigma W_i d_i - \Sigma T_i R + \Sigma Q_i e_i = 0 \tag{8-28}$$

将式（8-23）的 T_i 和式（8-25）确定的 W_i 一并代入上式，即可解得：

$$F_S = \frac{\Sigma \frac{1}{m_{\alpha i}}[c'_i l_i \cos\alpha_i + (W_i - u_i l_i \cos\alpha_i + H_i - H_{i+1})\tan\varphi'_i]}{\Sigma W_i \sin\alpha + \Sigma Q_i e_i/R_i} \tag{8-29}$$

由于式（8-28）中的（$H_i - H_{i+1}$）仍然是未知量，故为了使问题可以得到解答，Bishop 又作了 $\Sigma(H_i - H_{i+1}) = 0$ 的简化假定，即得所谓的"简化 Bishop 法"。它的计算

公式 (7-28) 即可写为：

$$F_S = \frac{\sum \frac{1}{m_{\alpha i}}[c'_i l_i \cos \alpha_i + (W_i \cos \alpha_i - u_i l_i \cos \alpha_i) \tan \varphi'_i]}{\sum W_i \sin \alpha_i + \sum Q_i e_i / R} \tag{8-30}$$

在无地震力及孔隙水压力作用时，为：

$$F_S = \frac{\sum \frac{1}{m_{\alpha i}}[c_i l_i \cos \alpha_i + W_i \cos \alpha_i \tan \varphi_i]}{\sum W_i \sin \alpha_i} \tag{8-31}$$

以上的式 (8-30) 与式 (8-26) 分别为前述简化 Bishop 法的计算式 (8-7) 与式 (8-8)，即证。

第5节 增强土坡稳定性的基本途径与措施

从根本上讲，增强土坡稳定性的基本途径与措施都是设法使滑动力减小和使抗滑力增大。排水、支挡、减荷和改善土体是一般土坡工程增强土坡稳定性采取的四大措施。但在采用它们时，仍然应该区别自然土坡、滑坡、挖方土坡和填方等土坡的差异。

(1) 对于自然土坡，应尽量采取措施保持原土坡的条件不发生大的变化，并经常观察它的变化，及时采取相应的措施。

(2) 对于滑坡，可以清方减载（包括防止坡上部堆载），控制或减小雨水下渗，坡脚增加反压荷重，用锚杆锚桩加固，设置抗滑桩或其他支挡，降低水位，加强排水，疏导坡内水体，减小内水压力，并且要特别重视防止因结构面因素、降水因素和人为因素而造成不利的影响。

(3) 对于挖方土坡，应分析土坡因卸荷可能引起的不利影响，可以置换软弱带，提高软弱层带强度，充分利用土体的自稳能力，合理进行开挖，及时做好衬护，采用锚杆锚桩加固等施工期的支护。

(4) 对于填方土坡，可以提高土的压实度，放缓坡比，选择合理坡型（一坡到顶，上陡下缓，上缓下陡，大平台，多级坡等），防止坡上部堆载，控制减小雨水下渗，优化施工方法和施工顺序，坡脚反压，降低水位，加强排水，减小浸润区范围，做好护面的抗冲、抗渗蚀设施，加强维护和监测工作。

应该注意，不同措施应用的关键在于结合实际条件，合理组合，灵活运用。一般，对于浅层失稳型的边坡，应注意大气降雨的入渗下界；对深层失稳型的边坡，应注意常年地下水位的变动幅域；对整体失稳型的边坡，应注意原来的主滑带或基岩的界面；对解体失稳型的边坡（后推型和后退型），应注意将其分解为几个独立的运动体；对泥石流失稳型边坡，应注意表层土质及土类块石区的分布与稳定；对水土流失型边坡，应注意它的自然减载过程。同时，在对边坡进行支护时，对于边坡上已经出现的松动带，应视其范围和特性，采用挂网喷浆、锚固或清除，要经过计算或监测使松动区域不再发展和扩大。采用不同支护的出发点，或者在于利用外来施加的力系抵消或平衡边坡的下滑力（如墙锚、支承桩、反压、滑坡趾部施加抗滑力及加筋土大块体的挡墙等）；或者在于增加土体的内在强度，帮助边坡保持其必要的稳定状态（如地下排水、化学处理、高压喷射混凝土等）。此外，还要特别注意集中流水（断层、裂理带、裂隙密集带、松动风化带内）、多层脉状裂隙水、潜水及承压水等的空间展布格局，不使边坡的初始渗流场发生不利的变化，防止产生二次变形失稳的威胁。

第6节 小 结

（1）在土坡工程中，自然土坡和工程土坡（挖方土坡与填方土坡）具有不同的变形和强度稳定特性。在土坡的变形问题中，填方土坡的沉降是人们最关注的问题。在土坡的强度问题中，对自然土坡主要是评判它在自然条件下或某些其他条件发生变化时的稳定性，需要分析坡体现存条件和状态可能发生变化的因素及其所可能引起的正、负面影响与影响的大小和总趋势，以便在必要时采取相应的措施；对工程土坡中的挖方边坡和填方边坡，都要回答"一定条件下土坡是否能够稳定"和"一定稳定性要求的土坡应有多大的坡比和合理的坡形"等问题。但是，由于挖方土坡属于在原有地层中的卸荷过程，不仅原有的应力平衡受到破坏，而且复杂的地质构造和裂隙与地下水的干扰，使得它成了土坡工程中的难点。相对地讲，填方土坡的密度、材料、坡形可以有较大的人为控制或选择的余地。

（2）不管自然土坡或工程土坡，一旦出现了某种破坏征兆、迹象，就成了一个特殊的土坡问题，即滑坡问题。在处理滑坡问题上，它的紧迫性、被动性、风险性和综合性以及在具体条件上的复杂性，使得研究滑坡的特征、机理、规律、规模、预报和防治等问题已经形成了一个专门性的土工课题。

（3）土坡的变形问题包括沉降变形量与沉降变形过程的计算。它们仍然可采用类似于地基变形与地基固结计算的方法。它要解决的问题是沉降量或工后沉降量是否会影响到工程实际应用功能的问题。除了一般的分层总和法和土的渗透固结理论外，对重要的工程可以采用有限单元法来分析土坡的变形场，同时也分析土坡的稳定性。

（4）土坡的强度问题主要是土坡的稳定性分析。它要求在满足设计对稳定性基本要求（达到设计要求的安全系数）的前提下，根据坡比、坡高、坡形与土坡内外各种影响边坡稳定性因素（坡前水位、坡体渗流、运行条件、地震）之间的关系，寻求一个稳定而且经济的最优组合。目前，基于极限楔体平衡理论的圆弧条分法仍然是工程中简化而实用的方法。通用条分法的出现使楔体平衡的理论得到了更好的理论支撑，但它还是需要作出适当的假定，才可以使问题变为静力问题来解决。

（5）在应用极限楔体平衡理论的方法解决实际问题时，不仅需要解决好选择滑动面形状，建立基本方程，确定计算参数和安全系数等问题，而且需要针对一系列较复杂的条件提出合理可用的处理方法，并了解实际应用的经验。

（6）增强土坡稳定性的基本途径与措施是都是设法使滑动力减小和设法使抗滑力增大。目前，采取排水、支挡、减荷和改善土体是一般土坡工程增强土坡稳定性的四大措施。它们需要紧密结合对自然土坡、滑坡、挖方土坡和填方土坡等的稳定特性分析，使其发挥最有效的作用。结合实际条件，合理组合，灵活运用，是不同措施应用中的关键。

思 考 题

1. 自然土坡、挖方土坡与填方土坡在其稳定特性上各有什么特点？各有什么变形和强度方面的问题？

试分别对它们作出分析。

2. 什么是滑坡？为什么说它滑坡问题是一个特殊的土坡问题？解决滑坡问题需要研究哪些问题？
3. 为什么说高陡的挖方土坡是土坡工程中的难点？
4. 如何从坡高、坡比、坡形和坡工（施工方法）等方面寻求填方土坡既稳定又经济的方案？
5. 在用一般的分层总和法和土的渗透固结理论分析土坡的沉降变形量与沉降变形过程问题时，它与地基工程解决这类问题的方法有哪些异同？
6. 用圆弧条分法分析土坡稳定性时如何寻找最危险滑动圆心的位置？
7. 试述用极限楔体平衡理论的方法解决土坡稳定性问题的基本步骤。在每一个步骤上需要考虑的主要问题是什么？
8. 如果用 Terzaghi 圆弧条分的有效应力法分析土坡的稳定性，你能说出考虑坡前水位骤降、坡体渗流、三相土施工等影响时较常应用的处置途径吗？
9. 基本条分法与通用条分法有什么不同之处？试各举一个代表性的方法来说明。
10. 为了增强土坡的稳定性通常采取哪几类措施？采取它们可以增稳的依据是什么？
11. 在寻求有效的土坡增稳方案时，对自然土坡、挖方土坡、填方土坡和工程滑坡各应注意些什么问题？

习　题

1. 在土坡稳定分析中考虑渗透水流作用的方法中，哪些方法较好？为什么？
2. 一坡到底、上缓下陡、上陡下缓、大平台等不同坡形各适用于什么条件下？为什么？
3. 请参考有关书籍就土坡稳定性分析的杨布（Janbu）法简要地写出一个"小教材"。
4. 已知某土堤下有一厚度为 5m 的饱和淤泥土层（图 8-15）。在建造土堤前测得该淤泥土的比重为 $G=2.70$，饱和重度为 18.0kN/m³。土堤建造一年后，现场测定的饱和重度为 18.5kN/m³。如果估计该淤泥层在堤体压力作用下最终可能达到的饱和重度为 $\gamma_m = 19.0$kN/m³，且假定固结过程中固结系数 C_v 为常数，等于 57500cm²/a，试根据这些资料确定：
(1) 建堤一年后淤泥层的压缩量和固结度；
(2) 固结度达到 90% 时所需要的时间（年）。
5. 试将圆弧法计算图 8-16 土坡在不同情况下的稳定性时，对于滑体内各个不同分区的体力计算所应该采用的土重度填入给出的表内。

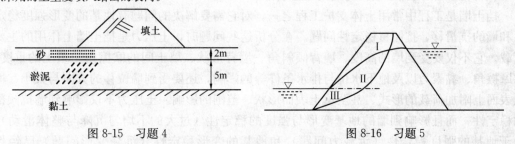

图 8-15　习题 4　　　　　　　　　　图 8-16　习题 5

习题 5　　　　　　　　　　　　　　表 8-1

情况 \ 分区	I	II	III
施工期			
稳定渗流期（用变换重度法）			
计算地震力			

第9章 土的静力变形强度特性参数与规律在工程计算分析中的应用（三）

——支护工程

第1节 支护工程中土的变形强度问题

为了保证土体的稳定性，在土体不能自稳的情况下，必须采取适当的支护工程。通常，对于倾斜的土体有各种形式的挡土墙（或其他必要的护坡结构）或板桩墙，对于地下隧道周围的土体有衬砌结构（或施工期的支撑结构）。对于这类起支护作用的结构来说，土力学的基本任务主要是要为支护结构的设计提供出侧向土压力（对挡土墙和板桩墙）和周围土压力（对衬砌和管道）的合理数值。总体上讲，它要解决的问题是有关土压力的问题。当然，支护结构本身的计算和支护结构整体的稳定性都离不开它地基的沉降、承载力和抗滑移或抗倾覆的稳定性，以及与它相邻土体的变形强度特性。但它们不难基于第7、第8章的知识来解决，故本章着重于土压力问题。

第2节 挡土墙上的土压力问题

一、概述

（一）土压力是挡土墙上作用的主要荷载

挡土墙是工程中常用土体支护工程之一。对它需要解决的问题有地基的变形强度稳定性和墙的抗滑移、抗倾覆稳定性问题。在分析这些问题时，土压力是挡土墙上作用的主要荷载。它不仅要受到墙的高度、墙背倾斜角、墙背形状、墙土间的摩擦角，填土的重度、内摩擦角、黏聚力以及地下水位与排水条件等的影响，还要受到墙位移的方向与大小、填土表面上附加荷载的形式、甚至填土表面形状、范围的影响。土压力不仅影响到墙抗倾覆的稳定性，而且影响到墙的地基变形与强度的稳定性（过大的不均匀沉降与整体滑动）。由于地基的强度稳定性（承载力问题）和地基的变形稳定性（沉降变形问题）已经作了讨论，对挡土墙的地基来说，它只不过是地基在附加压力上的不同。因此，本章讨论的问题应在于土压力的正确计算，包括土压力的计算理论与复杂条件下土压力的近似确定方法。

（二）主动土压力、被动土压力与静止土压力

尽管挡土墙可有重力式、悬臂式、扶壁式、衡重式以及板桩式等不同形式，如图9-1，但它们所受的土压力却不外乎是主动土压力、被动土压力或静止土压力（图9-2）。这些

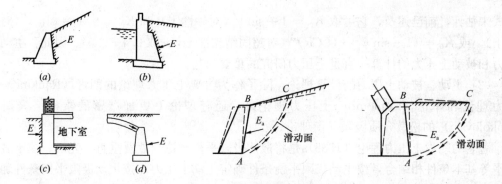

图 9-1 挡土墙的主要形式

土压力区别的主要原因在于墙与土之间在位移特性上的差别。而且，主动土压力和被动土压力都是墙后的填土有滑楔体产生，并处于极限平衡状态时墙上作用的土压力，只是主动土压力发生在墙离开土体移动的情况，而被动土压力发生在墙挤压土体移动情况。静止土压力则是发生在墙不发生任何方向的移动，土体仍然处于弹性平衡状态的情况。静止土压力大于主动土压力，但小于被动土压力。这样，当不动的墙开始向前（离开土体）移动时，墙上的土压力就愈来愈小，对填土来说，它的支撑力逐渐减小。在最终出现滑动时，墙上的土压力达到主动土压力。由于这种主动土压力的产生只需要较小的墙体位移，一般都能满足，因此，只要有墙的前倾，总会引起主动土压力。但同样是墙体前移，如

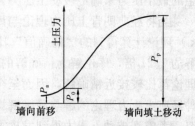

图 9-2 主动土压力、被动土压力与静止土压力

墙前移的方式不同，即绕顶部移动、绕踵部移动或水平移动等，墙上土压力的分布也有不同。绕顶部移动时，土压力的分布为三角形，作用点在墙高的下三分点处，即 $0.33H$ 处；绕踵部移动或水平移动时，土压力的作用点要提高一些，约为 $0.40\sim0.43H$，即土压力分布在墙的下部要较三角形分布为低。不过，试验表明，在墙前移的不同方式下，总的土压力值仍然比较接近。类似地，当不动的墙开始向后（挤压土体）移动时，填土逐渐受到挤压，墙上的土压力愈来愈大。在最终土体出现滑动时，土压力达到被动土压力。由于这种被动土压力需要有较大的墙位移，一般很难满足，故仅有墙的后倾，而没有足够的位移量时，还不一定会引起被动土压力。如果工程不容许墙发生向后倾的大位移，则不能认为墙上会作用有被动土压力。此时，从安全角度，实际计算中常可采用静止土压力，甚至主动土压力。由此可见，正确地确定土压力的性质及其大小具有重要的意义。

自然，当墙前移或后倾的位移量达不到主动土压力或被动土压力要求的值时，挡土墙上仍然有与位移量相应的土压力值。墙前移时的土压力要大于主动土压力；墙后倾时的土压力要小于被动土压力。近年来，对不同有限位移时土压力（不是极限平衡问题）的计算已经有了一些研究，从而使土压力的研究超出了原来极限平衡问题的范畴。

（三）挡土墙上侧土压力的计算理论

（1）土压力的计算是土力学中的一个经典性课题。由于静止土压力 p_0 的问题相对简单，一般可用竖向压力与侧压力系数 K_0 的乘积来计算，即：$p_0 = \sigma_h = K_0 \sigma_v = K_0 \gamma \cdot h$。$K_0$ 可由三轴试验在控制侧向不发生变形的条件下测定；在缺乏试验资料时，常可由经验

公式来估计，前已述及，它可取 $K_0 = 1 - \sin\varphi'$（对砂性土）和 $K_0 = 0.95 - \sin\varphi'$（对黏性土），或 $K_0 = (1 - \sin\varphi') \cdot (OCR)^m$（对超固结黏性土，$m$ 取 $0.4 - 0.5$）。因此，主动土压力和被动土压力的计算一直是土压力研究的重要问题。

(2) 主动、被动土压力的计算理论，除了作为古典土压力理论的朗肯（Rankine）土压力理论和库伦（Conlomb）土压力理论外，还有理论上更加严密的索科洛夫斯基（Sokolovski）的松散介质极限平衡理论。

著名的朗肯土压力理论（1885）是将散体极限平衡理论与墙背垂直、光滑、填土表面水平等基本条件相结合，按主动极限平衡条件确定主动土压力，按被动极限平衡条件确定被动土压力。

著名的库伦土压力理论（1773）则是基于楔体极限平衡理论，以墙背倾斜、非光滑、填土表面水平、无黏性土，以及楔体的滑动面为平面等为基本假定条件，按处于极限平衡的楔体在向前移动时墙背产生的最大压力来确定主动土压力，按楔体在向后移动时墙背产生的最小压力来确定被动土压力。

当将经典朗肯土压力理论与库伦土压力理论的计算结果同索科洛夫斯基（Sokolovski）理论计算得到的"精确值"比较时，可以看出，对于主动土压力 P_a，朗肯解为精确解的 1.24 倍，库伦解为精确解的 0.98 倍。这说明对主动土压力的计算，两种经典土压力理论都比较接近精确解，因而至今仍有实际应用的价值。但是，对于被动土压力 P_p，两种经典土压力理论的解与精确解均相差较大，故在计算被动土压力时，有采用精确解的必要。考虑到被动土压力得到发挥需要有较大的墙体位移，而这种大的位移往往为建筑物的应用所不许，故实际上按古典理论算得到的、偏小的被动土压力（因被动土压力时的滑面不是平面，而是一个明显的曲面），在实际上仍有重要参考价值。这可能可以看作是古典土压力理论在今天不仅仍然被广泛采用，而且还被扩展应用到复杂条件下，或者发展了它们的土压力图解法等的一个理论根据。

如果将上述古典土压力理论在各自建立时的假定条件作为基本条件，而将它们在被扩展应用的条件称为复杂条件，则土压力问题的讨论就变为讨论基本条件下的古典土压力理论，和讨论它们在扩展到复杂条件时的处理方法问题了。因此，古典土压力理论仍是研究土压力问题的基础。对它的研究，应该注意到如下的多种影响因素，包括：挡墙的高度 H、墙背位移的方向（向前，向后）和大小、填土的重度 γ、内摩擦角 φ 和黏聚力 c、填土表面超荷载的分布与大小、填土表面的倾角 β、填土的成层性和范围、填土中的地下水位以及可能的地震作用等。

二、朗肯土压力理论

(一) 基本条件下朗肯土压力理论的公式

如前所述，墙背垂直、光滑，填土表面水平，是朗肯土压力理论的基本条件。由于在填土表面水平的半无限土体中，如土体处于极限平衡状态（图 9-3），则土体中任一点处的应力应该满足的条件为：

$$\sigma_3 = \sigma_1 \left(\frac{1 - \sin\varphi}{1 + \sin\varphi}\right) - 2c \left(\frac{1 - \sin\varphi}{1 + \sin\varphi}\right)^{\frac{1}{2}} \tag{9-1}$$

故当某点的应力达到主动极限平衡状态时，应有：$\sigma_h = \sigma_3$，$\sigma_v = \sigma_1$；当某点的应力达

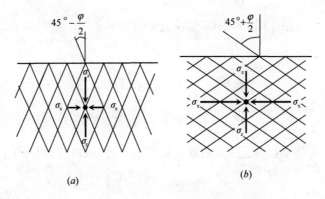

图9-3 土体的极限平衡

到被动极限平衡状态时,应有:$\sigma_h = \sigma_1$,$\sigma_v = \sigma_3$。因此,由式(9-1)可知,作为侧向作用压力的 σ_h,在主动破坏和被动破坏时分别为:

$$(\sigma_h)_{min} = \sigma_v \left(\frac{1-\sin\varphi}{1+\sin\varphi}\right) - 2c\left(\frac{1-\sin\varphi}{1+\sin\varphi}\right)^{\frac{1}{2}} \tag{9-2}$$

和

$$(\sigma_h)_{max} = \sigma_v \left(\frac{1+\sin\varphi}{1-\sin\varphi}\right) + 2c\left(\frac{1+\sin\varphi}{1-\sin\varphi}\right)^{\frac{1}{2}} \tag{9-3}$$

如果设想在土中插入一个光滑墙背的挡土墙,而它并不改变土体中的应力状态,则式(9-2)和式(9-3)可直接用以计算墙背各处的主动土压力强度和被动土压力强度,即:$(\sigma_h)_{min} = p_a$,$(\sigma_h)_{max} = p_p$,如图9-4。由它们可以求出墙背土压力的分布、总土压力和土压力的作用点位置。由此可见,用这样的方法计算土压力时必须满足如下的条件,即:挡土墙的墙背必须是垂直、光滑的,填土表面必须是水平的,因此,它们是朗肯(Rankine)土压力理论的基本条件。这样,朗肯土压力理论关于主动土压力强度与被动土压力强度的计算公式可以分别写为:

$$p_a = \gamma z \tan^2\left(45° - \frac{\varphi}{2}\right) - 2c \cdot \tan\left(45° - \frac{\varphi}{2}\right) = \gamma z K_a - 2c\sqrt{K_a} \tag{9-4}$$

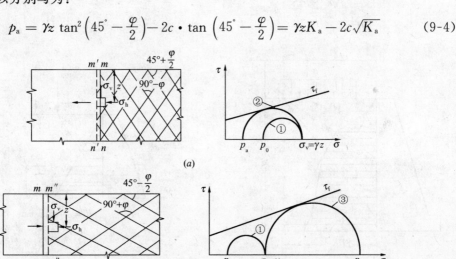

图9-4 朗肯土压力理论

$$p_p = \gamma z \tan^2\left(45° + \frac{\varphi}{2}\right) + 2c \cdot \tan\left(45° + \frac{\varphi}{2}\right) = \gamma z K_p + 2c\sqrt{K_p} \tag{9-5}$$

写成总土压力时为：

$$P_a = \frac{1}{2}\gamma H^2 K_a - 2cH\sqrt{K_a} \tag{9-6}$$

$$P_p = \frac{1}{2}\gamma H^2 K_p + 2cH\sqrt{K_p} \tag{9-7}$$

式中：K_a，K_p 分别为主动土压力系数、被动土压力系数，它们等于：

$$K_a = \tan^2\left(45 - \frac{\varphi}{2}\right)$$

$$K_p = \tan^2\left(45 + \frac{\varphi}{2}\right) \tag{9-8}$$

而且，土压力分布为三角形，作用点在墙高的下 1/3 点处。

（二）复杂条件下朗肯土压力理论的实用算法

作为朗肯理论的复杂条件，以下主要介绍表面超荷载、填土倾斜、地下水、成层土、复合墙背、黏聚力和地震等条件下作用在挡墙上的土压力。

1. 表面超荷载

（1）如果填土的全部表面上有均布超载 q，如图 9-5（a），则可将此超荷载转换为一定厚度 H' 的填土，即 $H' = q/\gamma$。再由新的填土高度（$H + H'$）作出土压力的分布图形，取在墙高范围内的压力图作为土压力的分布图，它包括一个矩形和一个三角形；并按它们

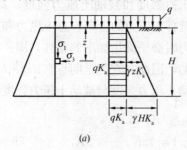
(a)

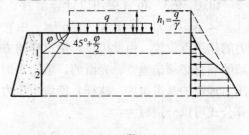
(b)

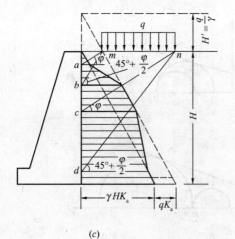
(c)

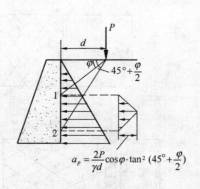
(d)

图 9-5 表面超荷载的朗肯土压力实用方法

图形的面积分别得到各自的总土压力及其作用点的位置,由各自总土压力求和计算挡土墙上的总土压力,由各自总土压力和它的作用点位置,求出挡土墙上土压力和力作用点的位置。

(2) 如果均布超载 q 的起点距墙顶有一定距离,如图9-5(b),则可由超载起始点 a 向墙作夹角为 φ 和夹角为 $45°+\frac{\varphi}{2}$ 的两条斜线,交墙背于1点和2点,在1点以上按无超载的土压力三角形作出压力图,在2点以下按有全超载的三角形作土压力图,1~2之间由直线相连,即可得到完整的墙背土压力图,并以它作为计算总土压力和作用点的依据。

(3) 如果均布超载 q 仅作用在局部表面,如图9-5(c),则可在超载的起点 m 和终点 n 均作夹角为 φ 和 $45°+\frac{\varphi}{2}$ 的两条斜线,交墙背于 a,b,c,d 各点。在 abc 段的墙背上,土压力图可如上作出,在 d 点以下按无超载的土压力三角形作出土压力图,cd 段的土压力图由直线相连,从而得到全墙背上的土压力图,并以它作为计算总土压力和作用点的依据。

(4) 如果超载为集中荷载 P,如图9-5(d),则可由集中荷载的作用点向墙作夹角为 φ 及 $45°+\frac{\varphi}{2}$ 的两条斜线,交墙背于1,2点,认为集中力的超载仅在1,2间的墙背上增加一个形状为三角形,大小 $a_p = \frac{2P}{\gamma \cdot d} \cos\varphi \cdot \tan^2(45°+\frac{\varphi}{2})$ 的土压力图,它和无超载时的土压力图一起构成全墙背的土压力图。

2. 非水平填土表面

当墙后的填土表面并非水平,有倾角为 β 时,可以推导出相应的主动土压力公式为:

$$p_a = \gamma z \cos\beta \frac{\cos\beta - \sqrt{\cos^2\beta - \cos^2\varphi}}{\cos\beta + \sqrt{\cos^2\beta - \cos^2\varphi}} \tag{9-9}$$

3. 倾斜墙背

当墙背倾斜时,如图9-6,应视墙背为陡坡或缓坡采用不同的方法(判断墙背为陡坡还是缓坡的方法可见讨论库仑土压力时所介绍的方法)。如墙背为陡坡($\varepsilon \leqslant \varepsilon_{cr}$),则可由墙脚作竖线,并将其竖直面视为朗肯土压力的墙背(垂直光滑),计算其上作用的主动土压力 P_a,再将此主动土压力 P_a 与竖线与墙背间土楔体的重量 W 合成,即得倾斜墙背上的主动土压力。否则,如墙背为缓坡($\varepsilon > \varepsilon_{cr}$),则因在填土中会出现第二滑动面,其上的摩擦角应等于土的内摩擦角(不会为光滑的),故一般需用库仑土压力理论计算。

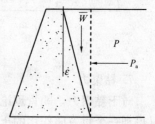

图9-6 墙背倾斜时的朗肯土压力实用方法

4. 地下水位

当填土中有地下水位时,如图9-7,对地下水位以上采用实际重度 γ 计算,得到地下水位处的土压力;再往下,对地下水位以下部分按浮重度 γ' 计算出土压力的三角形,它与地下水位以上土压力处在水下部分的土压力矩形一起,构成水下部分的土压力图。用此法计算土压力时,挡土墙的稳定分析需要再考虑水压力的作用,称为水土分算法。它一般对透水性较好的填土比较适宜。如果填土的透水性很差,可用水土合算法,即计算地下水位以下部分的土压力时，采用土的饱和重度，不再单独计入水压力。

5. 成层填土

当填土为成层的填土时，可对各分层按各自的参数计算本分层内墙背上的土压力，其土压力图如图9-8所示。

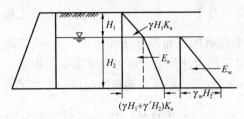
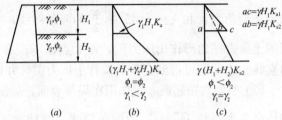

图9-7　有地下水位时的朗肯土压力实用方法　　图9-8　成层填土时的朗肯土压力实用方法

6. 复杂墙背

当墙背并非一般的单坡时，称为复杂墙背。复杂墙背通常有折线型和衡重型，如图9-9所示。此时，可以将每段墙背视为独立的挡土墙，在考虑各自的土压力图以后，再将其组合得到全墙背上的土压力（图9-9a）。只是对衡重型墙，在墙背减压平台以下一定范围内（图9-9b）的土压力不再计入总的土压力图，它反映减压平台对挡墙土压力的减压作用。

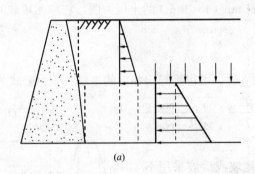
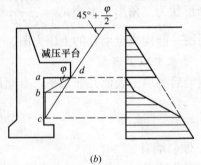

图9-9　复杂墙背时的朗肯土压力实用方法

7. 黏聚力

对于黏聚力，朗肯理论已有所考虑，只是由于按主动土压力公式在顶部 Z_0 范围内可以得到一个负方向作用的土压力三角形，它在计算总土压力时，抵消了以下正方向作用的土压力三角形，如图9-10所示，但在实际上，它并不能作用在挡墙上起到这种抵消作用，故真正的土压力应按全部正压力的三角形来考虑，即在计算得到的总主动土压力中再加上一个被计算所抵消掉的那一部分土压力，即 $\dfrac{2c^2}{\gamma}$，才可得到实际作用在挡墙上的土压力。此时，Rankine理论关于挡墙上总主动土压力的计算公式（9-6）应该写为：

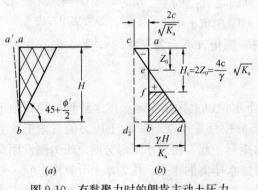

图9-10　有黏聚力时的朗肯主动土压力

$$P_a = \frac{1}{2}\gamma H^2 K_a - 2cH\sqrt{K_a} + \frac{2c^2}{\gamma} \tag{9-10}$$

三、库伦土压力理论

（一）基本条件下库伦土压力理论的公式

库伦土压力理论是一个典型的极限楔体理论。它以墙背倾斜（倾角为 ε）、非光滑（摩擦角为 δ）、填土表面非水平（倾角为 β）、无黏性土（$c=0$）、滑动面为平面等条件作为理论公式推导的基本假定条件，如图 9-11 所示。如果对墙后土体中一系列假定的滑动面（与水平成 α 角）与墙背形成的土楔体作出主动破坏和被动破坏时的极限平衡分析，则可由土楔体上作用的体积力 W（垂直方向）、墙背反力 P（与墙背法线成墙摩擦角）和滑面反力 R（与滑面法线成土内摩擦角）在主动破坏和被动破坏时的平衡关系的基础上，得到墙上的反力 P。这些对应于不同滑动面的墙背反力中的最大值即为墙上作用的主动土压力值，对应于不同滑动面的墙背反力中的最小值即为墙上作用的被动土压力值。如此确定的总主动土压力 P_a 和总被土压力 P_p 的计算式可分别写为：

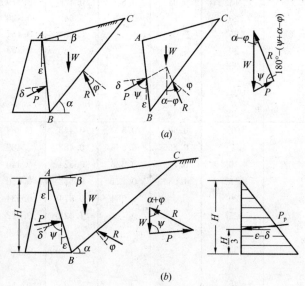

图 9-11 库伦土压力理论的计算图式
（a）主动土压力；（b）被动土压力

$$P_a = \frac{1}{2}\gamma H^2 \cdot K_a \tag{9-11}$$

$$P_p = \frac{1}{2}\gamma H^2 \cdot K_p \tag{9-12}$$

式中：K_a，K_p 分别为主动土压力系数、被动土压力系数，它们等于：

$$K_a = \frac{\cos^2(\varphi-\varepsilon)}{\cos^2\varepsilon\cos(\varepsilon+\delta)\left[1+\sqrt{\dfrac{\sin(\varphi+\delta)\sin(\varphi-\beta)}{\cos(\varepsilon+\delta)\cos(\varepsilon-\beta)}}\right]^2} \tag{9-13}$$

$$K_p = \frac{\cos^2(\varphi+\varepsilon)}{\cos^2\varepsilon\cos(\varepsilon-\delta)\left[1+\sqrt{\dfrac{\sin(\varphi+\delta)\sin(\varphi+\beta)}{\cos(\varepsilon-\delta)\cos(\varepsilon-\beta)}}\right]^2} \tag{9-14}$$

为了减小计算工作量，可以由上式作成主动土压力系数和被动土压力系数的表格，直接查取，表 9-1（a）和表 9-1（b）为墙摩擦角 δ 分别为 10°和 20°时主动土压力系数表格的示例。

墙摩擦角 δ 为 10°和 20°时主动土压力系数 表 9-1 (a)

$\delta=10°$

ε	ϕ \ β	15°	20°	25°	30°	35°	40°	45°	50°
0°	0°	0.533	0.447	0.373	0.309	0.253	0.204	0.163	0.127
	5°	0.585	0.483	0.398	0.327	0.266	0.214	0.169	0.131
	10°	0.664	0.531	0.431	0.350	0.282	0.225	0.177	0.136
	15°	0.947	0.609	0.476	0.379	0.301	0.283	0.185	0.141
	20°		0.897	0.549	0.420	0.326	0.254	0.195	0.148
	25°			0.834	0.487	0.363	0.275	0.209	0.156
	30°				0.762	0.423	0.306	0.226	0.166
	35°					0.681	0.359	0.252	0.180
	40°						0.596	0.297	0.201
	45°							0.580	0.238
	50°								0.420
10°	0°	0.603	0.520	0.448	0.384	0.326	0.275	0.230	0.189
	5°	0.665	0.566	0.482	0.409	0.346	0.290	0.240	0.197
	10°	0.759	0.626	0.524	0.440	0.369	0.307	0.253	0.206
	15°	1.089	0.721	0.582	0.480	0.396	0.326	0.267	0.216
	20°		1.064	0.674	0.534	0.432	0.351	0.284	0.227
	25°			1.024	0.622	0.482	0.382	0.304	0.241
	30°				0.969	0.564	0.427	0.332	0.258
	35°					0.901	0.503	0.371	0.281
	40°						0.823	0.438	0.315
	45°							0.736	0.374
	50								0.644
20°	0°	0.695	0.615	0.543	0.478	0.419	0.365	0.316	0.271
	5°	0.773	0.674	0.589	0.515	0.448	0.388	0.334	0.285
	10°	0.890	0.752	0.646	0.558	0.482	0.414	0.354	0.300
	15°	1.298	0.872	0.723	0.613	0.522	0.444	0.377	0.317
	20°		1.308	0.844	0.687	0.573	0.481	0.403	0.337
	25°			1.298	0.806	0.643	0.528	0.436	0.360
	30°				1.268	0.758	0.594	0.478	0.388
	35°					1.220	0.702	0.539	0.426
	40°						1.155	0.640	0.480
	45°							1.074	0.572
	50°								0.981
−10°	0°	0.477	0.385	0.309	0.245	0.191	0.146	0.109	0.078
	5°	0.521	0.414	0.329	0.258	0.200	0.152	0.112	0.080
	10°	0.590	0.455	0.354	0.275	0.211	0.159	0.116	0.082
	15°	0.847	0.520	0.390	0.297	0.224	0.167	0.121	0.085
	20°		0.773	0.450	0.328	0.242	0.177	0.127	0.088
	25°			0.692	0.380	0.268	0.191	0.135	0.093
	30°				0.605	0.313	0.212	0.146	0.098
	35°					0.516	0.249	0.162	0.106
	40°						0.42	0.191	0.112
	45°							0.339	0.139
	50°								0.258

续表

ε	β \ φ	15°	20°	25°	30°	35°	40°	45°	50°
−20°	0°	0.427	0.330	0.252	0.188	0.137	0.096	0.064	0.039
	5°	0.466	0.354	0.267	0.197	0.143	0.099	0.066	0.040
	10°	0.529	0.388	0.286	0.209	0.149	0.103	0.068	0.041
	15°	0.772	0.445	0.315	0.225	0.158	0.108	0.070	0.042
	20°		0.675	0.364	0.248	0.170	0.114	0.073	0.044
	25°			0.576	0.288	0.188	0.122	0.027	0.045
	30°				0.475	0.220	0.135	0.082	0.047
	35°					0.378	0.159	0.091	0.051
	40°						0.288	0.108	0.056
	45°							0.205	0.066
	50°								0.135

$\delta = 20°$ 表 9-1 (b)

ε	β \ φ	15°	20°	25°	30°	35°	40°	45°	50°
0°	0°			0.357	0.297	0.245	0.199	0.160	0.125
	5°			0.384	0.317	0.259	0.209	0.166	0.130
	10°			0.419	0.340	0.275	0.220	0.174	0.135
	15°			0.467	0.371	0.295	0.34	0.183	0.140
	20°			0.547	0.414	0.322	0.251	0.193	0.147
	25°			0.874	0.487	0.360	0.273	0.207	0.155
	30°				0.798	0.425	0.306	0.225	0.166
	35°					0.714	0.362	0.252	0.180
	40°						0.625	0.300	0.202
	45°							0.532	0.241
	50°								0.440
10°	0°			0.438	0.377	0.322	0.273	0.229	0.190
	5°			0.475	0.404	0.343	0.289	0.241	0.198
	10°			0.521	0.438	0.367	0.306	0.254	0.208
	15°			0.586	0.480	0.397	0.328	0.269	0.218
	20°			0.690	0.540	0.436	0.354	0.286	0.230
	25°			1.111	0.639	0.490	0.388	0.309	0.245
	30°				1.051	0.582	0.437	0.338	0.264
	35°					0.978	0.520	0.381	0.288
	40°						0.893	0.456	0.325
	45°							0.799	0.389
	50°								0.699
20°	0°			0.543	0.479	0.422	0.370	0.321	0.277
	5°			0.594	0.520	0.454	0.395	0.341	0.292
	10°			0.659	0.568	0.490	0.423	0.363	0.309
	15°			0.747	0.629	0.535	0.456	0.387	0.327
	20°			0.891	0.715	0.592	0.496	0.417	0.349
	25°			1.467	0.854	0.673	0.549	0.458	0.374
	30°				1.434	0.807	0.624	0.501	0.406
	35°					1.379	0.750	0.569	0.448
	40°						1.305	0.685	0.509
	45°							1.214	0.615
	50°								1.109

续表

ε	φ\β	15°	20°	25°	30°	35°	40°	45°	50°
−10°	0°			0.291	0.232	0.182	0.140	0.105	0.076
	5°			0.311	0.245	0.191	0.146	0.108	0.078
	10°			0.337	0.262	0.202	0.153	0.113	0.080
	15°			0.374	0.284	0.215	0.161	0.117	0.083
	20°			0.437	0.316	0.233	0.171	0.124	0.086
	25°			0.703	0.371	0.260	0.186	0.131	0.090
	30°				0.614	0.306	0.207	0.142	0.096
	35°					0.524	0.245	0.158	0.103
	40°						0.433	0.180	0.115
	45°							0.344	0.137
	50°								0.262
0°	0°			0.231	0.174	0.128	0.090	0.061	0.038
	5°			0.246	0.183	0.133	0.094	0.062	0.038
	10°			0.266	0.195	0.140	0.097	0.064	0.039
	15°			0.294	0.210	0.148	0.102	0.067	0.040
	20°			0.344	0.233	0.160	0.108	0.069	0.042
	25°			0.566	0.274	0.178	0.116	0.073	0.043
	30°				0.468	0.210	0.219	0.079	0.045
	35°					0.373	0.153	0.087	0.049
	40°						0.283	0.104	0.054
	45°							0.202	0.064
	50°								0.183

(二) 复杂条件下库伦土压力理论的实用算法

作为库伦土压力理论的复杂条件，以下主要讨论表面超荷载、地下水、成层填土、复合墙背、黏聚力作用和留坡限制等条件下作用在挡土墙上的土压力。

(1) 表面超荷载

当有表面超荷载时，只需将滑面以内作用于地表的超载计入到楔体重量中进行计算。

(2) 地下水位

当填土内有地下水位时，应在计算楔体重量 W 时，对地下水位上、下的土体分别采用实际重度 γ 及浮重度 γ'；同时，在计算墙背上作用的压力时，除上述的土压力外，还应计入水压力。这种方法通过称之为"水土分算法"。一般对透水性较好的填土比较适宜。如前所述，如填土的透水性很差，可用"水土合算法"，即对地下水位上、下的土体分别采用实际重度及饱和重度，此时，不再需要单独计入水压力。

(3) 倾斜墙背

当墙背倾斜时，对于库伦土压力理论也有一个墙背为陡坡或缓坡的问题。如果墙背为陡坡（$\varepsilon \leqslant \varepsilon_{cr}$），则可直接采用上述的理论公式计算；如果墙背为缓坡（$\varepsilon > \varepsilon_{cr}$），则在填土中可能有第二滑动面出现（图 9-12）。此时，可将第二滑动面视为库伦土压力理论的墙背，但取其上的摩擦角等于土的内摩擦角，利用库伦土压力理论计算出其上作用的土压力；然后，再

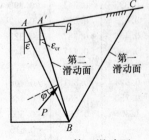

图 9-12 第二滑动面

将这个土压力和第二滑动面与挡土墙背间楔体的体积力矢量求和，即得墙上作用的总土压力。

在这里，为了判断墙背属于陡坡或缓坡，可以假定第二滑动面的一系列位置（它与通过墙脚的竖线成 ε_i 的倾角），按上述方法计算出各第二滑面上的土压力值；然后，以土压力的水平分力最大、垂直分力与墙后土楔重量之和最小这个条件，求得与它所对应第二滑面的倾角。这个倾角即为最可能的第二滑面的临界倾角。或者，第二滑面的临界倾角值也常用下式计算，即：

$$\varepsilon_{cr} = 45° - \frac{\varphi}{2} + \frac{\beta}{2} - \sin^{-1}\frac{\sin\beta}{\sin\varphi} \tag{9-15}$$

（4）成层填土

当填土为成层土时，应在作滑楔体的分析时，对楔体内的各土层取各自的实际重度计算重力 W，对滑动面上的强度参数 φ 值取滑动面通过各土层的加权平均值（其权值取滑面在各土层中的长度），用它来确定滑面上反力 R 作用的方向。

（5）复杂墙背

当墙背为复杂墙背（有折线型和衡重型）时，可对每段墙视为独立的挡墙来考虑各自墙背上作用的土压力，由它们的组合得到墙上的总土压力。由于衡重型墙背下半部可以起到减小挡墙土压力的作用，故它的土压力可不再计入上半部土压力的影响。

（6）黏聚力

当填土为黏性土时，只需在推导公式时，在滑动面上再加入黏聚力 c 的影响（图9-13）。为方便计算，可以采用图示的作图方法。

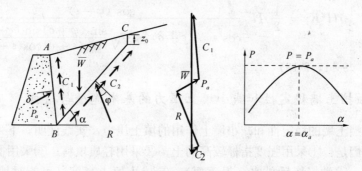

图 9-13 黏聚力 c 的影响

（7）留坡限制

有时，当在削坡处筑间挡土墙时，削坡留下来的土坡（留坡）常陡于通常填土条件下滑面的坡度，墙后填土仅限于墙背与留坡之间（图9-14）。此时，留坡会对挡墙上的土压力有所影响。在确定有留坡存在时挡土墙上作用的土压力时，墙后土楔体力计算的范围应按实际留坡的坡面考虑，并对此坡面上反力的方向（坡面反力 R 与坡面法线的夹角）取填土与坡土间接触摩擦角 δ。

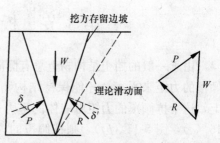

图 9-14 留坡限制时的土压力

四、土压力理论主要计算公式的推导

本节的主要公式为基本条件下的朗肯公式和库伦公式。朗肯公式只是极限平衡条件与符合基本条件挡土墙的结合；复杂条件下的各种处理方法也只是建立在一般土力学理论结合实际的分析基础上。因此，下面仅以库伦土压力理论关于主动土压力计算的基本公式为例作出推导。

如取墙后的滑动土楔体为脱离体，滑动面与水平面成 α 角，滑动楔体上的作用力有楔体的重力 W，它竖直作用，通过重心；有墙背上土压力的反力 P，它与作用面的法线成 δ 角（墙与土间的摩擦角）；有滑动面上不动部分土体的反力 R，它与滑动面法线成土的内摩擦角为 φ。这三力的方向已知，可以作成力矢量的闭合三角形，并算得各力之间的夹角，如图 9-11 所示。这样，根据正弦定理，有：

$$\frac{P}{\sin(\alpha-\varphi)} = \frac{W}{\sin[180°-(\psi+\alpha-\varphi)]}$$

故得：

$$P = \frac{W\sin(\alpha-\varphi)}{\sin(\psi+\alpha-\varphi)} \tag{9-16}$$

式中：$\psi = 90° - (\delta + \varepsilon)$

由于主动土压力应该对应于不同 α 角的滑动面中能够产生最大土压力值的滑动楔体，故可利用 $\dfrac{dP}{d\alpha} = 0$ 的条件求出 P 为最大值时的 α 角，再将其代入式（9-16），解出这个最大的 P 值，得到主动土压力，即有：

$$P_A = \frac{1}{2}\gamma H^2 K_a = \frac{1}{2}\gamma H^2 \frac{\cos^2(\varphi-\varepsilon)}{\cos^2\varepsilon\cos(\varepsilon+\delta)\left[1+\sqrt{\dfrac{\sin(\varphi+\delta)\sin(\varphi-\beta)}{\cos(\varepsilon+\delta)\cos(\varepsilon-\beta)}}\right]^2}$$

即证，式（9-11，9-13）

五、增强挡土墙稳定性和减小填土压力的基本途径与措施

为了增强挡土墙的稳定性和减小墙上作用的填土压力，实践证明，下列的途径和措施是有效的。它们是：①采用强度指标较高的土；②采用轻质填料；③采用衡重式或仰斜式的挡土墙型式；④做好墙后排水（很重要）；⑤减小填土高度（可能时填土可以低于墙顶）；⑥采用锚杆式挡土墙；⑦采用带有墙底齿坎或外伸底板的挡土墙（有利于抗滑移和抗倾覆）；⑧填土表面防护、防渗；⑨采用有加筋或加土工织物的填土等。

第3节 板桩墙上的土压力问题

由于一般的挡土结构物上总有侧向土压力的作用，它所产生的倾覆力矩需要有一个抗倾覆的力矩来平衡，才能保持结构物的稳定性。在前述的普通挡土墙（重力式挡土墙）上，这个抗倾覆的力矩由墙体的重力来产生；如果采用悬臂式或扶壁式的挡土墙（图 9-15(a)，图 9-15(b)），则抗倾覆的力矩主要由底板上填土的压重来产生。对它们来说，土压力的计算基本上类似于重力式的挡土墙，土压力可以由过墙底板后边缘竖直面上的土

压力（计算方法如前）与底板上填土重力的矢量和来确定（图9-15c）。但是，如果采用柔性板桩式的挡土墙，则抗倾覆的力矩主要由板桩墙变形并位移后入土深度范围内板桩挤压土体一侧的土体中所发展的被动土压力来产生（图9-15d）。考虑到板桩式挡土墙的这个特点，本节将对它的土压力问题略作讨论。

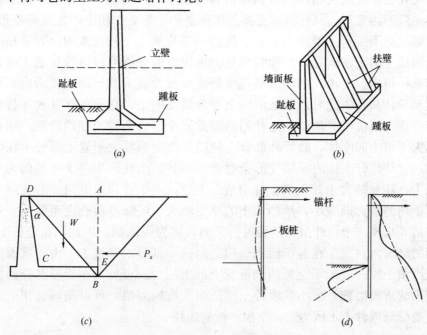

图9-15 不同形式挡墙上的土压力

图9-16示出了板桩墙上土压力的分布。由于板桩墙后填土压力的作用，板桩墙在上部要向前倾，下部要向后倾，绕着c点旋转。因此，在墙的填土一侧，c点以上产生主动土压力，以下产生被动土压力，在墙的地基土一侧，c点以上产生被动土压力。以下产生主动土压力。随后在板桩墙上形成了影划线所示的土压力分布图式。一般，c点的位置可由墙左侧的被动土压力强度等于右侧主动土压力强度的条件算出，而入土深度D的大小则需由挡土墙维持稳定的要求计算确定，使土压力和土抗力绕c点所产生的力矩达到平衡。

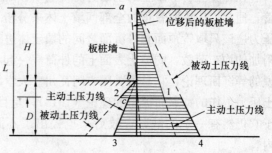

图9-16 板桩墙上土压力的分布

可见，板桩墙上土压力作用的特点应该是旋转点的存在和其上两类土压力的协同工作。

第4节 地下埋管上的土压力问题

一、地下埋管上土压力的特点

地下埋管常用于水利工程（坝下埋管）、市政工程（给排水管）和能源工程（煤气管、输油管）。作用于埋管上的土压力是埋管设计（采用荷载结构法进行设计时）中的主要荷载。埋管上的土压力与埋置方式、埋置深度、管道刚度、管周填土性质以及管座与基础形式等有关，尤其是埋管的不同方式（沟埋式与上埋式）对土压力的影响更大。沟埋式是先在土中开挖沟槽至设计高程后放入涵管，再回填沟槽而成。由于沟槽外的原有土体一般不再变形，只有回填土将会在自重和外荷载作用下产生沉降变形。此时，槽壁将对填土的下沉产生摩阻力，它会抵消一部分填土土柱的重力，故管顶上的土压力要小于回填土的土柱重量，沟埋式埋管上土压力的分析可以由管顶填土体在竖向诸力的平衡条件得出。上埋式的涵管是将埋管直接敷设在天然地面或浅沟内，然后再在上面填土至设计高程。此时，因地面以上均为新填的土，它要在自重和外荷载作用下产生沉降变形。但由于管顶以上土柱的高度常要小于管两侧土柱的高度，涵管的刚度一般又远大于填土的刚度，故管外部分土柱的压缩变形要大于管上部分土柱的压缩变形，这样，管外部分土柱的压缩变形会对管上部分的土柱产生一个下拽的力，使得管顶的土压力往往会颇大于其上的土柱重量。不过，由于管顶以上内外的沉降差值要随着距管顶距离的增大而减小，故如填土的厚度较大，沉降差值会在距管顶一定高度后减小到零值，出现一个内外沉降量相等的平面，称为等沉面。因此，在分析土压力时，填土侧面的摩擦力只发生在等沉面到管顶之间这一部分的高度上，由等沉面向上到填土顶面之间填土层的变形不会影响到涵管上的土压力。可见，在管顶部分的填土中采取增大变形的适当措施，减小管内外土层压缩变形的差值，可以使埋管顶上的土压力降低。这是降低埋管上土压力的一个根本性的途径。

二、埋管上土压力的计算理论

（一）马斯顿理论

在计算埋管上产生的土压力时，马斯顿的工作得到了广泛的传播。它对于沟埋式的埋管，通常，应该取管顶的全部回填土体来分析（图 9-17）；对于上埋式的埋管，其上的土压力应该只取管顶面到等沉面之间的填土体进行分析，并将等沉面到填土面间的土体作为附加的均布荷载，同填土表面上的外荷载一起考虑（图 9-18）。这种计算方法就是通常所说的等沉面理论，它是由美国衣阿瓦州立大学教授马斯顿（Marston A）针对上埋式埋管土压力工作的特点而提出的理论（1913），是目前埋管土压力计算常用的一种方法。但由于它仍然有一定的缺陷，故后来也提出了不同的新思路。它们也将是本节讨论的重要内容。

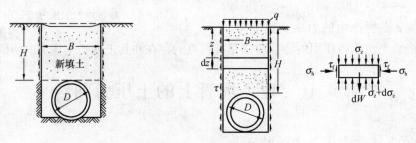

图 9-17 沟埋式埋管

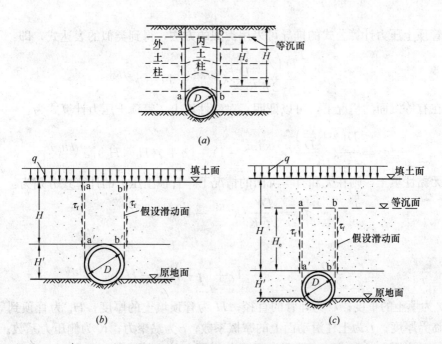

图 9-18　上埋式涵管与马斯顿（Marston A）的等沉面理论
(a) 等沉面；(b) 无等沉面的上埋式；(c) 有等沉面的上埋式

1. 沟埋式埋管上的土压力公式

沟埋式埋管上土压力公式的推导以管顶土体所受诸力的平衡关系为基础。在推导中，先取厚度为 dz 的微土体，建立其在重力、两侧作用力（等于由朗肯主动土压力作用引起的摩擦阻力和黏阻力）、上与下作用土压力等作用下力的平衡方程，如图 9-15 所示；再对其按边界条件求解，得到管顶上垂直向的土压力 σ_z，进而，还可由它求取埋管上侧向的土压力为 $\sigma_h = k_a \sigma_z$。

如在黏性填土任意深度 z 处取一个薄层，则由竖向力的平衡条件得：

$$dW + B\sigma_z = D(\sigma_z + d\sigma_z) + 2\tau_l \cdot dz$$

或写为：

$$\gamma B dz - B d\sigma_z - 2c dz - (2K\sigma_z \cdot \tan\varphi) dz = 0$$

故：

$$\frac{d\sigma_z}{dz} = \gamma - \frac{2c}{B} - 2K\frac{\tan\varphi}{B} \tag{9-17}$$

根据边界条件 $z=0$ 时，$\sigma_z = q$ 对上式求解，得沟埋式埋管顶上土压力的计算公式为：

$$\sigma_z = \frac{B\left(\gamma - \dfrac{2c}{B}\right)}{2fK}(1 - e^{-2fK\frac{H}{B}}) + qe^{-2fK\frac{H}{B}} \tag{9-18}$$

2. 上埋式埋管上的土压力公式

对于上埋式的埋管，如果填土较小，在其中无等沉面，但填土表面有均布荷载 q 的作用，则管顶土压力计算公式的推导可采用类似的方法，得到类似的表达式，即：

$$\sigma_z = \frac{D\left(\gamma + \frac{2c}{D}\right)}{2fK}(e^{2fK\frac{H}{D}} - 1) + qe^{2fK\frac{H}{D}} \tag{9-19}$$

但是，在有等沉面的情况下，可以证明，对黏性填土，管顶土压力计算式为：

$$\sigma_z = \frac{D\left(\gamma + \frac{2c}{D}\right)}{2fK}(e^{2fKH_e/D} - 1) + [q + \gamma(H - H_e)]e^{2fKH_e/D} \tag{9-20}$$

如果为无黏性填土，则在无和有等沉面的情况下，管顶土压力的计算式分别为：

$$\sigma_z = \frac{D\gamma}{2fK}(e^{2fK\frac{H}{D}} - 1) + qe^{2fK\frac{H}{D}} \tag{9-21}$$

和

$$\sigma_z = \frac{D\gamma}{2fK}(e^{2fKH_e/D} - 1) + [q + \gamma(H - H_e)]e^{2fKH_e/D} \tag{9-22}$$

式中：γ 为填土的重度；D 为埋管的直径；H 为管顶填土的厚度；H_e 为管顶到等沉面间填土的临界厚度；f 为土柱滑动面上的摩擦系数；c 为黏聚力；K 为侧压力系数。

可见，应用上述公式时，需要先得到剪切面上的摩擦系数 f，侧压力系数 K 和填土临界厚度 H_e。Marston 建议：取 f 等于 $\tan\varphi$，取 K 为主动土压力系数（按理应介于主动土压力系数和静止土压力系数之间）即：$K = \tan^2(45° - \varphi/2)$，临界厚度为 $H_e = 2.25D$。对于临界厚度 H_e，很多人直接按等沉面的定义做过推导，但视假定不同而仍有所差异，下列公式常被用以计算等沉面的临界厚度，即：

$$e^{2fK\frac{H_e}{D}} - 2fK\frac{H_e}{D} = 2fKr_{sd}\zeta + 1 \tag{9-23}$$

通常，上埋式埋管管顶的土压力可采用土压力集中系数 K_s 表示为：

$$\sigma_z = K_s \gamma H \tag{9-24}$$

管顶的总土压力 G_s 即为：

$$G_s = K_s \gamma H D \tag{9-25}$$

根据 Marston 对于砂性填土中上埋式埋管在管顶填土厚度 H 小于和大于临界厚度 H_e 的情况得到的计算式 (9-21) 和式 (9-22)，管顶竖向土压力的集中系数分别为：

$$K_s = \frac{1}{2fK}\frac{D}{H}(e^{2fKH_e/D} - 1) \tag{9-26}$$

和

$$K_s = \frac{1}{2fK}\frac{D}{H}(e^{2fKH_e/D} - 1) + \frac{H - H_e}{H}e^{2fKH_e/D} \tag{9-27}$$

此外，对于埋管侧面的侧向土压力，可直接按 $\sigma_x = K\sigma_z$ 计算。它在涵管顶面处按 $z = H$ 或 H_e 计算 σ_z 值，在底面处按 $z = H + H'$ 或 $z = H_e + H'$ 计算 σ_z 值。为简化，实用上也只按朗肯主动土压力计算涵管的侧向土压力。

(二) 顾安全对于上埋式埋管土压力的研究

应该指出，虽然马斯顿 (Marston A) 等沉面理论首次揭示了上埋式埋管上垂直土压力的本质，但它在两侧滑面上的摩擦力、滑动面形状、等沉面高度计算等方面仍然有其不足之处，故后来的很多研究对马斯顿 (Marston A) 等沉面理论从不同侧面进行了不同的改进；在不同的假定下推导得出了不同的计算式（或 K_s 值）。例如，基于有限元计算分析的结果，将影响埋管土压力的土体范围由原来管顶上的土柱形改为一个更大范围的梯形。这个梯形的上边为等沉面，其上作用有填土重力的分布压力；梯形的下边为管直径的水平面，宽度取管径的2倍；梯形的两腰为过下边两端的斜线（滑动面），斜线的倾角为 $\alpha = 45° + \dfrac{\varphi}{2}$。这样，可以通过对梯形土体上作用诸力的平衡推导出相应的计算公式。但是，在不同的改进中，具有突破性进展的应该提到顾安全 (1963) 的工作。

顾安全对于上埋式埋管土压力进行了长期的研究，在以下三个方面作了可喜的工作（详见文献）：

(1) 假定管顶填土中的应力分布与半无限匀质直线变形体内的应力分布相当，并从变形条件出发，在弹性理论的基础上得到了垂直土压力的计算公式，为：

$$\sigma_z = \gamma H + \frac{\gamma\left(H + \dfrac{H'}{2}\right)H'E}{\omega_c D(1-\mu^2)E_h}\eta \tag{9-28}$$

同样，如写为 $G_s = K_s \gamma H D$ 的形式，则垂直土压力集中系数 K_s 为：

$$K_s = 1 + \frac{\left(1 + \dfrac{H'}{2H}\right)H'E}{\omega_c D(1-\mu^2)E_h}\eta \tag{9-29}$$

式中：γ 为填土的重度；D 为埋管的直径；H 为管顶填土的厚度；H' 为埋管突出原地面的高度；E 为管顶以上填土的变形模量；E_h 为管两侧 h 高度内填土的变形模量；ω_c 为与刚性埋管长宽比 L/D_1 有关的系数（表9-2）；η 为埋管截面外形的影响系数，即截面宽度 D 或 B 与截面的换算宽度 $D_1 = B_1 = A/H'$ 之比；A 为涵管外形截面的面积；μ 为填土的泊松比。

系 数 ω_c 表9-2

L/D_1	ω_c	L/D_1	ω_c	L/D_1	ω_c	L/D_1	ω_c	L/D_1	ω_c
3.0	1.466	6.5	1.895	10.0	2.147	13.5	2.268	17.0	2.307
3.5	1.540	7.0	1.941	10.5	2.171	14.0	2.278	17.5	2.308
4.0	1.610	7.5	1.983	11.0	2.192	14.5	2.286		
4.5	1.675	9.0	2.022	11.5	2.211	15.0	2.293		
5.0	1.736	9.5	2.058	12.0	2.228	15.5	2.298		
5.5	1.793	9.0	2.091	12.5	2.243	16.0	2.302		
6.0	1.846	9.5	2.120	13.0	2.256	16.5	2.305		

(2) 他不仅计算了垂直土压力的量值，而且提出了用减小埋管顶平面内外土柱沉降差的思路来减小垂直土压力的措施与计算式。采用了在埋管顶部铺设 EPS 板（单、多层型或变模量组合型）减小沉降差来适应高填土时减压的要求，其计算公式为：

$$\sigma_z = \gamma H \frac{\omega_c D(1-\mu^2)E_h E^* + \left(1+\dfrac{H'+h^*}{2H'}\right)\times(H'+h^*)EE^*\eta}{\omega_c D(1-\mu^2)E_h E^* + h^* EE_h} \quad (9-30)$$

且

$$E^* = E_0 + \frac{1}{2}\gamma H \tan\alpha_0, \quad E = E_{h0} + \frac{1}{2}\gamma\left(H+\frac{H'}{2}\right)\tan\alpha_h \quad (9-31)$$

式中：E_0，E_{h0} 分别为埋管顶部填土和管侧高度 H' 范围内填土变形模量的初始值；α_0，α_h 分别为埋管顶部填土和管侧高度 H' 范围内填土变形模量随自重应力增长直线的倾角；H' 为埋管突出原地面的高度，它与埋管外径 D 之比，称为突出比，一般表示为 ζ，必要时尚需考虑它的影响；h^* 为减荷材料的铺设厚度；E^* 为减荷材料的变形模量；其他符号同上。

（3）他提出了无和有减荷措施时管侧土压力的计算公式和管顶与管侧有和无减荷措施不同组合时管侧土压力的计算公式，进而提出了 EPS 减荷板密度与厚度设计计算的方法和施工要点，大大地推动了减荷板的实际应用。

三、埋管工程减压增稳的基本途径与措施

既然埋管上的土压力与管顶内外土柱的沉降差密切相关，并且随沉降差的增大而增大，那么，要减小土压力就必须减小沉降差，也就是要增大管顶内土柱的沉降量，或减小管顶外土柱的沉降量，但一般前者更为有效。为此，虽然可以利用天然窄深的河谷，开挖成沟埋式，但在管顶用较高压缩性的材料（柔性填料）替代填土料更为有效。在试验中，当取谷壳、松土、锯末、海绵、聚苯乙烯泡沫塑料（EPS）等作为这种较高压缩性的材料时，它们均得到了显著的减压效果（可能使土压力集中系数由大于 1 降到 0.5 左右）。由于 EPS 板既具有一定的压缩性，又具有一定的强度，因此它是目前工程中用以减压的良好材料。减压时 EPS 板需要铺设的厚度和需要的模量取决于填土的高度和埋管的几何尺寸等因素；铺设的范围宜取为管的宽度，且距管顶愈近，效果愈好。但铺设的厚度不宜过大，以能提供必要的压缩量为准。对于铺设所用 EPS 板的模量也要选择适当（填土高时宜用高的模量），否则，它不是在较低填土高度下已经压密（模量太小时），就是在完成后提供不出必要的压缩量，而影响减压效果（模量太大时）。由于 EPS 板的应力应变曲线可以分为弹性段和塑性硬化段，而应力在弹性段增大时的应变很小，减压效果不明显，故 EPS 板在有一定高度的填土后才能显示出减压的效果。在高填土情况下，采用多层变模量 EPS 板的组合层可以大大增大减荷的效果。在管侧设置竖向布置的减荷板层，同样会起到减小管侧土压力的作用。自然，管顶上土压力的减小会伴随有管外侧一定范围内土压力的增加，从而也会改善地基中的不均匀沉降状况。对于 EPS 板应用的理论计算方法还需要进一步的研究工作。

顺便指出，埋管增稳的另一个问题是减小埋管纵向的不均匀沉降。适当缩短管节的长度，增大管的柔性是一种有效的方法。为了使轴向的不均匀沉降减小，依据其上填土高度的变化铺设相应厚度的 EPS 板也有较好的效果。有人用地基处理的方法来解决埋管纵向不均匀沉降问题，但如果处理宽度较小，则会有加大土柱内外沉降差从而加大土压力的可能性。

第5节 隧道（洞）衬砌结构上的土压力问题

一、隧道（洞）衬砌结构上土压力的特点

隧道常指公路铁路工程用于交通的地下通道；在水利工程中，地下通道常用于输引水流，称为隧洞。作用在隧道和隧洞衬砌结构上的土压力也是衬砌结构设计（采用荷载结构法进行设计时）中的主要荷载。隧道（洞）的衬砌结构虽然与埋管同样都是以土体作为环境的结构，但衬砌与埋管不同。埋管以填埋的方法形成，对土体是加荷问题；而隧道多用开挖的方法形成，对土体是卸荷问题。

对于隧道（洞），洞顶上的土压力不仅与周围土岩的性质和环境有关，而且随土中应力的释放和洞顶向洞内方向的位移而变化。经验表明，及早地进行衬护会减小周围土岩的位移，但它却会因土岩的弹性应变受到衬护的限制后，它的继续变形会使支护上的压力进一步增大，称为形变压力；支护过晚时，虽然会减小这种形变压力，使土压力最多达到隧道（洞）顶上一部分岩土塌落时产生的压力，称为松动压力，但万一控制得不好，就会造成洞顶的塌落破坏。因此，常需要控制最佳的支护时机来减小隧道（洞）周围的土体作用在衬砌结构上的土压力。由此可见，隧道（洞）衬砌结构上的土压力与其周围岩土的类型有很大的关系。对于硬岩，它产生的压力主要是形变压力；对于软岩（包括一般的土类），则主要是松动压力。一般来讲，对土中的隧道（洞），土压力问题的讨论多以松动压力为对象。

在计算隧道（洞）衬砌结构上的土压力时，首先要看隧道（洞）是深埋隧道（洞）还是浅埋隧道（洞）。从概念上讲，隧道在施工中能否保证周围土中有承载拱形成，或者周围土中的松动能否会达到地表，应该是界定深、浅埋隧道的一个重要标志。也就是说，深埋隧道衬砌结构上的土压力仅由承载拱以下范围内土的重力所产生；而浅埋隧道衬砌上的土压力要受到洞顶以上全部土层重力的影响。因此，深、浅埋隧道上土压力计算应该具有明显不同的模式。目前，对深、浅埋隧道也还提出了多种经验的界定方法。在《公路隧道设计规范》（JTG D70—2004）中将分界深度表示为与等效荷载高度（与围岩级别、宽度影响系数有关）的关系，有的还简化写为与洞宽之间的关系；在有限元计算中，由于随着拱顶上土层厚度的加大，拱顶中心线上土体的侧压力系数有一个由逐渐增大到基本稳定的变化过程，如果将它视为拱效应逐渐形成的过程，则可将隧道埋深超过使土体侧压力系数达到稳定所对应深度的隧道称为深埋隧道的这种思路还是有一定理论根据的。目前，深埋隧道衬砌上土压力计算的理论主要有以洞顶土体局部塌落为基础的塌落拱理论（或称平衡拱理论）；浅埋隧道衬砌上土压力计算的理论主要有以洞顶土体整体塌落为基础的散体平衡理论。

二、隧道衬砌结构上土压力计算的平衡拱理论

（一）牢固系数

隧道衬砌上土压力计算的平衡拱（亦称压力拱、塌落拱）理论是由普罗达基雅卡诺夫（продадьяконов，M. M.，1907）提出的，故常也称为"普氏平衡拱理论"。普氏经过长

期的观察，发现深埋隧洞开挖后，洞顶上土体在其塌落到一定程度后会自然平衡，形成一个平衡拱（或称塌落拱）。因此，平衡拱理论认为在洞顶的土中会形成一个抛物线形的平衡拱，平衡拱以外的土体仍处于弹性平衡状态，洞顶上的土压力应由塌落拱以内土体的重量来计算。平衡拱理论将拱脚的压力 R 作用在它的切线方向，拱顶的土荷载均匀分布（图 9-19b）；平衡拱的高度 h 可以经过力的平衡计算得到，它与隧道的宽度及周围土的抗剪强度具有密切的关系。如果用换算内摩擦角 φ_K 表示土的强度特性（将土视为无黏聚力的散体，黏聚力的作用由增大内摩擦角来补偿），并称它的正切值为牢固系数 f_K，则它可由经验确定，见表 9-3。换算内摩擦角 φ_K、牢固系数 f_K 与土的单轴抗压强度 R_c 之间具有如下的经验关系式，即：

$$f_K = \tan\varphi_k = \frac{\tau_f}{\sigma} = \frac{\sigma \cdot \tan\varphi + c}{\sigma} = A\frac{R_c}{100} \tag{9-32}$$

式中：A 为经验性修正系数，对不同的土应取不同的值（如对微风化的完整岩体取 0.5～0.6；裂隙发育且规模大、有地下水时取 0.1 等）。

但是，按理说，这个牢固系数 f_K 或修正系数 A 还需要综合地反映地质和力学意义上的影响（实际上还有衬砌、初始地应力以及施工因素的影响），它既难于用一个简单的牢固系数来反映，也难于用一般的科学方法来确定。而且，普氏平衡拱理论得到的洞顶垂直土压力总是中间偏大（比实测大 2～4 倍），两边偏小。实践表明，普氏塌落拱理论对于软岩和土层（$f_K \leqslant 2～3$）比较接近于实用。

牢固系数与换算内摩擦角 φ_K 表 9-3

岩 土 名 称	f_K	γ kN/m³	换算内摩擦角 φ_K，°
软岩，冻土，破碎的砂岩，胶结的卵砾石	2.0	24	65
碎块石，堆积的砾石，硬黏土，	1.5	18～20	60
致密的黏土，黏土质土	1.0	18	45
轻砂质黏土，黄土，砾砂	0.8	16	40
轻砂质黏土，湿砂土	0.6	15	20

（二）计算公式

在推导土压力的计算公式时，如图 9-19（b），可对半拱上任意点 M 取力矩，令其力矩之和等于零，即有：

$$Ty - px \cdot \frac{x}{2} = 0$$

或

$$y = \frac{p}{2T}x^2 \tag{9-33}$$

它表明平衡拱为抛物线型，由它在拱脚处的 y 值可以得到平衡拱的高度为：

$$h = y = \frac{p}{2T}b^2 \tag{9-34}$$

再考虑到拱脚处反力 R 的水平分力 H 应该与 T 相平衡，垂直分力 F 应该等于 pb，故水

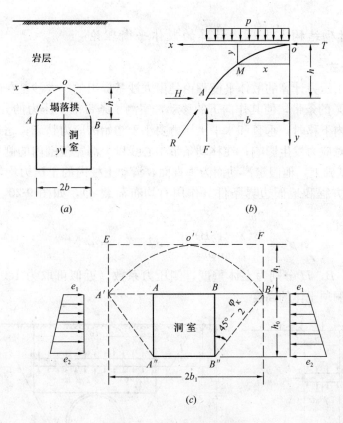

图 9-19 普氏平衡拱理论

平分力 H，或 T 应该等于该处的摩阻力。如取安全系数为 2 时，即有：

$$T = \frac{1}{2}H = \frac{1}{2}f_K F = \frac{1}{2}f_K pb$$

则可将其代入抛物线的方程得到拱高为：

$$h = \frac{b}{f_K} \tag{9-35}$$

故作用在衬砌每一延米上的总垂直荷载，即拱下土体的总重力，或总土压力为：

$$P = \frac{2}{3} \cdot 2b \cdot h \cdot \gamma \cdot 1 = \frac{4}{3}\gamma bh = \frac{4}{3}\gamma b \frac{b}{f_K} \tag{9-36}$$

它在拱顶处的压力为最大，等于：

$$p_{max} = \gamma h = \frac{\gamma b}{f_K} \tag{9-37}$$

任意点 x 处的压力为：

$$p = (h-y)\gamma = \frac{\gamma b}{f_K} - \frac{\gamma x^2}{b f_K} \tag{9-38}$$

为简化计算，可取洞顶部分拱的抛物线为矩形（偏于安全），其均布的压力为 γh，隧洞两侧的土压力按梯形分布计算（或取洞顶和拱底处侧土压力的平均值按均匀分布计算）。计算侧土压力可以用朗肯主动土压力的公式，只是由于两侧滑楔体的存在而使拱高计算公式中的 b 变为 b_1（图 9-19c），并将这个拱高作为计算土压力时的附加荷载来处理（偏于安全）。

三、隧道衬砌结构上土压力计算的散体平衡理论

(一) 计算公式

隧道衬砌上土压力计算的散体平衡理论是由太沙基提出的。太沙基在砂土中埋入一个宽度为洞宽（2B）的条带，使其作向下的移动，实测了条带上土压力的分布。试验表明，在3倍洞宽范围内下移时，垂直和水平土压力要小于初始的应力状态；超过3倍洞宽范围后的下移，没有对应力发生影响；在移动条带中心线以上洞宽范围内的侧压力系数由1增加到1.5。在此基础上，他假定滑动面为垂直面，滑动土柱内的土压力均匀分布，利用水平微元体的平衡方程和地面边界条件（作用有均布荷载 q），如图9-20，得到了计算公式，即：

$$p_v = \frac{B(\gamma - c/B)}{K\tan\varphi}(1 - e^{-K\tan\varphi\frac{H}{B}}) + qe^{-K\tan\varphi\frac{H}{B}} \tag{9-39}$$

式中：γ，K，q，B，H 分别为土体重度，侧压力系数（近似可取为1.0），地面均布荷载，洞的半宽，洞顶土体的高度。

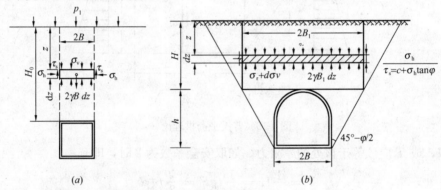

图 9-20 太沙基公式的计算图式

不难看出，这里的计算条件和计算图式与沟埋式埋管完全相似，因而太沙基的计算公式 (9-39) 也与马斯顿的相应于沟埋式埋管土压力的公式 (9-18) 相同。但是，当将土中的滑动面取为倾斜时，如图9-20b 所示，洞顶处的宽度为 $2B_1$，此时，在计算中，原公式中的 B 应该改为 B_1。

(二) 若干讨论

很明显，在推导公式 (9-39) 时关于滑动土柱宽度等于2倍洞宽、土柱内的土压力为均匀分布等假定（有时还假定滑动面上侧压力系数等于1）均与实际有所差异（尤其是在黏性土中）。

为了对它如上的不足作出改进，周小文（1999）在对土柱内的土压力均匀分布和滑动面上侧压力系数等于1等假定进行修正后提出了计算公式；比尔鲍曼（Bierbaumer）采用了图9-21所示的计算图式，将土柱GJKH的重力与两侧

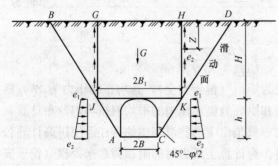

图 9-21 比尔鲍曼（Bierbaumer）的计算图式

挟制力之差作为洞顶的土压力；谢家烋采用了图 9-22 所示的计算图式，提出了一个土压力的计算公式（已为我国铁路和公路的有关规范所采用）。谢家烋的公式除了考虑洞顶土体的影响外，又考虑了旁侧土体对洞顶土体的牵制作用，同时在两侧又增加了由破裂面形成的另外两个土楔体，对它们还考虑了黏聚力和土内摩擦角的影响。但是，由于通过洞脚的竖直面并非滑动面，其上的摩擦角就不应是土的内摩擦角，而应该小于土的内摩擦角，其值需要凭经验来确定（表9-4）。这就使得他的公式在理论上也不够严密，尤其是在实际应用上造成了新的困难。

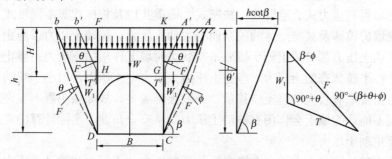

图 9-22 谢家烋公式的计算图式

下面给出谢家烋提出的浅埋隧洞上土压力计算公式，即：

$$p_v = \gamma H \left(1 - \frac{H \cdot k \cdot \tan\theta}{2B}\right) \tag{9-40}$$

且有：

$$k = \frac{\tan\beta - \tan\varphi}{\tan\beta \left[1 + \tan\beta(\tan\varphi - \tan\theta) + \tan\varphi\tan\theta\right]} \tag{9-41}$$

$$\tan\beta = \tan\varphi + \sqrt{\frac{(\tan^2\varphi + 1)\tan\varphi}{\tan\varphi - \tan\theta}} \tag{9-42}$$

式中：β 为旁侧滑动面的倾角；θ 为垂直面上强度的发挥角；其他符号同前。

θ 与计算内摩擦角 φ 值的关系　　表 9-4

围岩级别	Ⅰ、Ⅱ、Ⅲ	Ⅳ	Ⅴ	Ⅵ
θ 值	0.9φ	$(0.7-0.9)\varphi$	$(0.5-0.7)\varphi$	$(0.3-0.5)\varphi$

四、隧道衬砌结构减压增稳的措施与途径

隧道衬砌结构减压增稳的关键是采取正确的施工和支护方法（开挖、锚固、支撑、衬砌），掌握最佳的支护时机（配合现场监测与信息化分析），选择合理的结构形式，尤其要注意做好防渗排水的工程设施，注意病害的及时处置。长期的工程实践已经总结出了"管超前、严注浆、短开挖、弱爆破、强支撑、快封闭、勤量测"，或者"管超前、预注浆、勤排水、小断面、留核心、短进尺、弱爆破、强支护、早成环、勤量测"这一整套在软弱围岩中成洞的施工原则。

第6节 小 结

一、关于挡土墙及其上的土压力

（1）挡土墙是工程中常用支护工程之一。在解决挡土墙地基的变形、强度稳定性和墙体的抗滑移、抗倾覆稳定性问题时，土压力是作用的主要荷载。

（2）挡土墙可有重力式、悬臂式、扶壁式、衡重式以及板桩式等不同形式；它们所受的土压力可视墙的位移及其与土体的关系而有主动土压力、被动土压力或静止土压力。主动土压力和被动土压力都是填土处于极限平衡状态时墙上作用的土压力；静止土压力是土体仍然处于弹性平衡状态的土压力。静止土压力大于主动土压力，但小于被动土压力。由于被动土压力需要墙有较大的挤土位移量，一般很难满足，故如果工程不容许墙发生后倾的大位移，则不能认为墙上会作用有被动土压力。从安全角度，实际计算中常可采用静止土压力，甚至主动土压力。

（3）土压力的计算是土力学一个经典性的课题。主动土压力和被动土压力的计算一直是研究的重要问题。朗肯（Rankine）土压力理论和库伦（Coulomb）土压力理论是两个古典土压力理论。由于它们同后来的索科洛夫斯基（Sokolovski）理论的"精确解"比较时，两种理论的主动土压力都比较接近精确解，因而至今仍有实际应用的价值。但两种理论的被动土压力与精确解均相差较大，故有采用精确解计算被动土压力的必要。

（4）朗肯土压力理论（1885）是将散体极限平衡理论与墙背垂直、光滑，填土表面水平等基本条件相结合，按主动极限平衡条件确定主动土压力，按被动极限平衡条件确定被动土压力；库伦土压力理论（1773）则是基于楔体极限平衡理论，以墙背倾斜、非光滑、填土表面水平、无黏性，滑楔体的滑动面为平面等为基本条件，分别按墙体在向前移动和向后移动且墙背土楔处于极限平衡时墙背上产生的土压力分别确定主动土压力和被动土压力。

（5）古典土压力理论是计算支挡结构侧向土压力的基础。它们可以扩展到考虑挡墙的高度 H、墙背位移的方向（向前，向后）和大小、填土的重度 γ、内摩擦角 φ 等基本影响因素以外的其他影响因素：黏聚力 c、填土表面超荷载的分布与大小、填土表面的倾角 β、填土的成层性、地下水位以及地震等。

（6）为了增强挡土墙稳定性和减小填土压力，可以采用强度指标较高的土；采用轻质填料；采用衡重式或仰斜式的挡土墙型式；做好墙后排水；减小实际填土的高度；采用锚杆式挡土墙；采用带有墙底齿坎（抗滑）或外伸底板（抗倾覆）的挡土墙；采取表面防护、防渗和采用有加筋或土工织物的填土等有效措施。

二、关于板桩墙上的土压力

（1）一般挡土结构物上侧向土压力引起的倾覆力矩需要有一个抗倾覆的力矩来平衡，普通挡土墙（重力式挡土墙）的抗倾覆力矩由墙体的重力来产生；悬臂式或扶壁式的挡土墙的抗倾覆的力矩主要由底板上填土的压重来产生；板桩式的挡土墙的抗倾覆的力矩主要由板桩墙变形并位移后入土深度范围内板桩挤压土体一侧的土体中所发展的被动土压力来产生。

(2) 由于板桩墙在上部要在填土压力的作用下向前倾,在某一点以下的下部要向后倾。由这个基本特点可以分别对上、下部和左、右侧绘出土压力的分布图,由它计算维持板桩墙稳定性所必需的入土深度。

三、关于埋管与隧道衬砌上的土压力

(1) 在埋管与隧道衬砌上作用的土压力不仅与土的变形强度特性直接相关,而且,对埋管上的土压力与埋置方式、埋置深度、管道刚度以及管座与基础形式等有关(尤其是埋管的沟埋式与上埋式等不同方式对土压力的影响更大);土压力是埋管设计需要考虑的主要作用荷载。

(2) 对沟埋式的埋管,管顶上的土压力要小于土柱的重力,因为沟壁上的摩擦力对填土的重力有一定的消减作用;对上埋式的埋管,管顶上的土压力要大于土柱的重力,因为管顶上的土柱高度小于管两侧的土柱高度,管内、外部分变形差引起的下曳力会导致管顶的土压力颇大于其上土柱的重量。因此,减小管内外土的变形差是减小上埋式的埋管上土压力的基本途径。

(3) 填土在沟埋式埋管上产生的土压力常可根据沟内土体上各种作用力的平衡关系来确定;填土在上埋式埋管上产生的土压力,如果管顶填土的高度小于等沉面的高度,则土压力仍可用上述方法确定;如果管顶填土的高度大于等沉面的高度,则马斯顿(Marston A)的等沉面理论(1913)是目前计算方法发展的主要途径。

(4) 为了减小埋管上的土压力,可以采用在管顶设置较高压缩性材料区的措施。谷壳、松土、锯末、海绵、聚苯乙烯泡沫塑料(EPS)等都可以作为这种较高压缩性的材料。聚苯乙烯泡沫塑料(EPS)板,因其既具有一定的压缩性,又具有一定的强度,是目前工程中用于减压的良好材料。为了减小埋管纵向的不均匀沉降,可以适当缩短管节的长度,增大管的柔性,但通过地基处理来解决埋管纵向不均匀沉降时需要有适当的处理宽度,否则可能会因土柱内外沉降差的加大导致埋管上土压力的增大。

四、关于隧道衬砌结构上的土压力

(1) 隧道(洞)衬砌结构上的土压力不仅与土的变形强度特性直接相关,而且还与隧道的尺寸、型式、埋深、周围环境、衬砌的刚度、开挖施工的方法、支撑的时机等有关,随土中应力的释放和洞顶向洞内方向的位移而变化。它和埋管上土压力由填土方法形成(土的加荷问题)不同,隧道(洞)上的土压力用开挖的方法形成,是土的卸荷问题。

(2) 隧道衬砌上的土岩压力要随着土岩体中应力的释放程度和洞顶位移的发展而变化。如果把岩土体因自重作用向洞内发生松动位移而产生的压力称为松动压力,把岩土体因弹性、塑性变形受到支护的阻挡而产生的压力称为形变压力,则早支护会减小周围土岩向洞内发生的位移,但会增大土岩的形变压力;迟支护会减小形变压力,但会增大土岩的松动压力,甚至造成洞顶的塌落破坏。因此,在隧洞施工中需要选择最佳的支护时机。

(3) 由于硬岩中隧道衬砌上的土压力一般主要是形变压力;软岩(包括一般的土类)中隧道衬砌上的土压力主要是松动压力,因此,对土体中开挖的隧道,其衬砌上的土压力

为松动压力，常可按普氏的平衡拱理论与太沙基的散体平衡理论来计算。目前，以散体平衡理论为基础来发展隧道土压力的计算方法是一条广泛被采用的途径。

（4）浅埋隧道与深埋隧道上的土压力不同。在实际计算中，应该首先对隧道作出关于深、浅埋的界定，然后据以选择适宜的土压力计算公式。

（5）为了减小隧道支护上的土压力，关键问题是采取正确的施工和支护方法（开挖、锚固、支撑、衬砌），掌握最佳的支护时机（配合现场监测与信息化分析），选择合理的结构形式，做好防渗排水的工程设施，和及时处置出现的病害。"管超前、预注浆、勤排水、小断面、留核心、短进尺、弱爆破、强支护、早成环、勤量测"是长期工程实践总结的出的一套在软弱围岩中成洞的施工原则。

思 考 题

1. 关于挡土墙及其上的土压力

（1）挡土墙设计需要验算哪些方面的变形和强度稳定性问题？

（2）常用的挡土墙形式有哪些？各有什么特点或优点？

（3）试比较主动土压力、被动土压力和静止土压力在其产生条件、数值大小上的不同，并举出它们不同应用的工程例子。

（4）为什么古典的朗肯（Rankine）土压力理论和库伦（Coulomb）土压力理论至今仍然在实际工程设计中得到应用？目前土压力计算的发展有什么新动向？

（5）为什么朗肯土压力理论建立的基本条件是墙背垂直光滑、填土表面水平？它计算主动土压力和被动土压力的公式与散体极限平衡条件有什么联系？

（6）库伦土压力理论建立的基本条件是什么？它如何利用楔体极限平衡的方法推导主动土压力与被动土压力的计算公式？

（7）在利用古典土压力理论考虑黏聚力 c、填土表面超荷载、填土表面倾斜、填土成层性、地下水位、削土留破等因素时通常采用些什么处理方法？

（8）试列举 8～10 种可以增强挡土墙稳定性和减小填土压力的有效措施，并说明其理论依据。

2. 关于埋管与隧道衬砌上的土压力

（1）在埋管与隧道衬砌上作用的土压力问题有什么不同？它们为什么不能简单地用其上土柱的重力来计算？

（2）影响埋管与隧道土压力的主要因素各有哪些？

（3）什么是等沉面？马斯顿（Marston A）用等沉面理论来获得上埋式管上土压力的计算公式时做了哪些假定？试讨论这些假定的合理性与修正的可能途径。

（4）什么是隧道土压力的形变压力和松动压力？弄清楚它们的概念对于隧道土压力的计算有什么实际意义？

（5）普氏的平衡拱理论与太沙基的散体平衡理论是如何考虑隧道土岩压力问题的？哪种理论更具有发展前景？为什么？

（6）为了减小埋管与隧道的土岩压力，常采用哪些有效的措施？这些措施的理论依据在哪里？

习 题

1. 如在无黏性土中开挖深基坑时采用悬臂式板桩墙来挡土。试绘出图 9-23 所示板桩墙上土压力的分布图形。为了保证该板桩墙抗倾覆的稳定性，应该如何作出相应的验算？

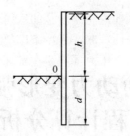

图 9-23 习题 1

2. 图 9-24 示出了对某挡土墙试验测得的墙上土压力。由图 9-24 可以得出哪些有关挡土墙上土压力的重要结论？试就该图确定此挡土墙上主动土压力、被动土压力和静止土压力的数值。

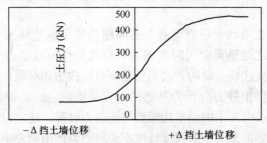

图 9-24 习题 2

3. 某挡土墙高为 6m，墙背垂直、光滑，填土表面水平，在其上作用有竖向均布荷载 $q=20\text{kN/m}^2$，填土的重度 $\gamma=18\text{kN/m}^3$，黏聚力 $c=16\text{kN/m}^2$，内摩擦角 $\varphi=22°$，试求：

(1) 沿墙背土压力的分布；

(2) 墙背土压力的合力及作用点；

(3) 填土中可能发生的裂缝深度。

4. 库尔曼图解法是一种对库仑土压力理论的图解法。图 9-25 是一个用库尔曼图解法确定主动土压力的作图。你能根据库伦土压力理论列出图 9-25 求取主动土压力的步骤吗？

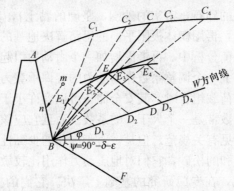

图 9-25 习题 4

5. 试绘出挡土墙上被动土压力情况下填土中的滑楔体、其上作用力与力的矢量三角形。并说明推导被动土压力公式的步骤。

第10章 土的动力变形强度特性参数与规律在工程计算分析中的应用

第1节 土木工程中土的动力变形强度问题

在土木工程中，与土的动变形强度有关的问题仍然是地基问题、土坡问题及挡土墙问题，它不同于以前各章之处是需要同时考虑动力荷载的作用或动力荷载对土变形强度的影响。在动荷载作用下解决这些问题的方法仍然是荷载结构法和有限单元法。荷载结构法只需要引入动力荷载，建立以拟静力分析为基础的计算关系，它的关键是确定控制性的动力荷载；而有限单元法则需要引入土的动本构模型与动应力时程，建立以动力时程分析为基础的计算关系。实践表明，如果土的变形强度特性不会因动力作用而发生显著变化，则拟静力分析法仍然可以得到相当准确的结果；反之，如果土的变形强度特性会因动力作用而发生显著变化，则需用考虑动力引起的土性变化，采用动力分析法或动力时程分析法。本章从建立土动力分析的基础出发，仅涉及动强度无显著变化时地基的动承载力问题、边坡的动力稳定性问题与挡土墙的动土压力问题。对于土的动变形和动强度会有显著变化的情况，拟只就饱和砂土地基液化可能性的估算问题进行简要的讨论，其他问题可参见《土动力学》。

第2节 地基的动承载力

对于一般地基（中密的碎石，密实的砂土，坚硬的黏土），动力作用不会丧失承载力或产生过大的变形。因此，再用楔体极限平衡的思路解决地基的动承载力问题时，可以在计算极限荷载的土楔体平衡分析中，再考虑增加一个由动力引起的附加惯性力来分析。简化的方法是将静承载力乘上一个调整系数作为动力的容许承载力。由于考虑到地震荷载属于特殊荷载，当它与其他荷载组合时，其安全储备可以容许小于正常荷载组合，动承载力可以适当提高，故调整系数常是一个大于1的系数。而且它应该随静力容许承载力的增大而提高，其具体数值可参见有关规范。但是，对于饱和的少黏性土、淤泥和淤泥质土、冲填土及杂填土、尤其是饱和的松砂，它们对地震动力作用比较敏感，其承载力问题需要考虑动变形和动强度的变化，在专门研究的基础上解决。它们的振陷问题，尤其是液化问题，往往是需要结合土动力学研究、认真作出判断，并给予合理处置的重要问题。

第3节 地基液化可能性的分析

一、饱和砂土振动液化可能性的估计

为了估计饱和砂土振动液化的可能性，目前已经提出了一系列的方法，如临界孔隙比法、振动稳定密度法、临界标贯击数法、标准爆破沉降法、抗液化剪应力法、剪切波速法、综合指标法、静力触探法和统计法。各种方法的共同特点是将对比促使液化方面和阻抗液化方面的某种代表性物理量作为液化可能性判断的依据。本节仅对目前比较常用的方法作一简要的介绍，包括临界标贯击数法和抗液化剪应力法。

（一）临界标准贯入击数法

临界标准贯入击数法就是对比砂土实际的标准贯入击数 N 与临界标准贯入击数 N_{cr}，临界标准贯入击数 N_{cr} 是在产生液化与不液化的临界状态时，砂土应该具有的最低标准贯入击数值。由于实际的标准贯入击数 N 可用规范规定的现场标贯试验确定，故本节讨论的关键问题是临界标准贯入击数 N_{cr} 的确定。由于临界标准贯入击数应是反映地基土层、土质特性和地震动力特性的综合性指标，确定它的最好方法是实际条件下大量资料成果的总结，我国现行规范给出的经验公式正是应用了这个途径。它依据于地震中的大量关于液化点和不液化点上的实测资料，先在砂层埋深 H_s 为 3m，地下水深 H_w 为 2m 为基本情况下统计得到一个对应于不同震级的临界标准贯入击数 $\overline{N}_{cr}$，然后再将其在应用时依据实际的砂层埋深 H_s 与地下水深 H_w 予以修正，得到对应的临界标准贯入击数 N_{cr}。研究与应用实践表明，$\overline{N}_{cr}$ 的取值应在考虑地震影响时注意到近震与远震的不同以及烈度大小的影响。对于近震地区（设计地震第一组）的 7、8 度和 9 度地震（基本地震加速度为 0.10、0.20 和 0.40）可取 6、10 和 16；对于远震地区（设计地震第二、三组，按《中国地震烈度区划图》规定）的 7、8 度和 9 度地震可取 8、12 及 18；对于中间的设计地震加速度可内插取值。考虑砂层埋深 $H_s(m)$ 和地下水深 $H_s(m)$ 修正时的临界标准贯入击数 N_{cr} 应为：

$$N_{cr} = \overline{N}_{cr}[1 + 0.1(H_s - 3) - 0.1(H_w - 2)]\sqrt{\frac{3}{p_c}} \tag{10-1}$$

或可简写为：

$$N_{cr} = \overline{N}_{cr}[0.9 + 0.1(H_s - H_w)]\sqrt{\frac{3}{p_c}} \tag{10-2}$$

式中：p_c 为黏粒含量，如 $p_c < 3\%$，则仍取 $p_c = 3\%$ 计算。

这样，如果 $N \leqslant N_{cr}$，则该处发生液化，否则不液化。

可以看出，这种方法基本上反映了影响饱和砂土振动液化的各个主要因素，可以使用于地震烈度为 7～9 度、砂层埋深在 15m 范围以内的饱和砂层和粉质黏土层。由于它具有比较简单、可以和场地勘察工作同时进行等优点，而且在近年来的应用中，能得到基本上满意的结果，故仍为我国地基抗震规范所采用，并得到了不断地改进。但是，对于标准贯入击数，它的测定也必须准确可靠，测定时最好采用对土扰动较小的泥浆回转钻进法和能量消耗较低的自动脱钩落锤法（因此时测的结果较近于各种方法多次测定的平均值，而且离散较小）；而且标贯试验的钻孔数目，对于主要建筑物最好不少于 5 个，评定应区别基础下不同土性分段平均分析，不能对松密不同的两端采取平均值来判定。

（二）抗液化剪应力法

抗液化剪应力法就是对比实际的地震剪应力 $\overline{\tau}_e$ 与砂土的抗液化剪应力 τ_l。它是由 Seed（西特）等人提出的方法。抗液化剪应力法的基本出发点是把地震作用看作是一个由基岩垂直向上传播的水平剪切波，并将它不规则变化的剪应力时程等效为一种以一定循环次数 $\overline{N}$ 均匀作用的剪应力 $\overline{\tau}_e$ 时程。根据对大量资料的统计分析，这个均匀作用的剪应力可取地震最大剪应力的 65%（相当于均值），即 $\bar{\tau}_e=0.65\tau_{max}$；对应的等效循环次数 $\bar{N}$ 可对 7、7.5 级和 8 级的地震分别取 10、20 和 30 次。

在这里，所谓的等效是指在破坏意义上的等效，就是说，如果把地震的不规则波变化时程和它经过概化的均匀波与等效振次分别地施加到相同的土试样上时，则它们将最终产生相同的破坏效果，即达到相同的破坏应变或其他的破坏标准。此时，如果地震引起的平均地震剪应力 $\bar{\tau}_e$ 大于振动三轴试验时对应于地震等效振次 $\bar{N}$ 所测定的抗液化剪应力 $\tau_{l,N}$，即：$\bar{\tau}_e \geqslant \tau_{l,\bar{N}}$，则地基土在该处会有发生液化的可能性，否则不会液化。液化发展的范围可由抗液化剪应力小于地震剪应力的深度得到。可见，应用这个方法时，不仅需要确定出地震的平均剪应力 $\bar{\tau}_e$，而且需要确定出地震等效振次 $\bar{N}$ 下的抗液化剪应力 $\tau_{l,N}$。

1. 地震的平均剪应力

地震的平均剪应力由统计和分析得到。Seed 的研究得出，地面以下 h 深处一点上地震的平均剪应力 $\bar{\tau}_e$ 为：

$$\bar{\tau}_e = 0.65 \cdot \gamma h \cdot \gamma_d \frac{\alpha_{max}}{g} \tag{10-3}$$

式中：γ_d 为地震剪应力的减小系数，决定于土体的密度和深度。由于在深度较小时（10m 左右），密度的影响相对较小，故一般可只按深度取平均值。Seed 给出了应力减小系数，岩崎敏男建议了一个关系式，即 $\gamma_d = 1 - 1.015z$，其对应得出的数值示于表 10-1；$\frac{\alpha_{max}}{g}$ 为地震地面运动最大加速度的地震系数；γ 为土的实际重度；h 为计算点的深度。

应力减小系数 γ_d　　　　　　　　　　　　表 10-1

z (m)	按 Seed		按岩崎敏男
		平　均	平　均
10	0.84～0.95	0.90	0.85
20	0.42～0.82	0.60	0.70
30	0.30～0.70	0.50	0.55

2. 土的抗液化剪应力

土的抗液化剪应力 $\tau_{l,N}$ 需要通过动三轴试验确定。由于常规动三轴试验（均压固结，$\sigma_{1c} = \sigma_{3c} = \sigma_0'$，$K_c = \sigma_{1c}/\sigma_{3c} = 1$）下试样在 45°面上剪应力 τ 可以模拟地基水平面上的剪应力，其值与动应力 σ_d 的关系为 $\tau = \frac{\sigma_d}{2}$，故对地面以下 h 深处一点上，剪应力比，即剪应力与上覆有效应力之比为：$\frac{\tau}{\sigma_0'} = \frac{\tau}{\gamma'h} = \frac{\sigma_d}{2\sigma_0'}$。当由动三轴试验得到在地震等效振次 $\bar{N}$ 下发生液化的剪应力比 $\left[\frac{\sigma_d}{2\sigma_0'}\right]_{\bar{N}}$，并考虑到现场条件与室内试验条件之间差别，引入一个应力校正系数 c_r 时，地基土的抗液化的剪应力可写为：

$$\tau_{l,N} = c_r \gamma' \cdot h \left[\frac{\sigma_d}{2\sigma_0'}\right]_{\bar{N}} \tag{10-4}$$

式中：c_r 为考虑现场条件与室内试验条件之间差别的应力校正系数，其值可以视等效循环数的增大，在 0.59～0.55 之间采用；γ' 为地基土的有效重度；σ_0' 为动三轴试验时的均等固结应力。

(三) 地基液化危害性的分析

由于地基中有可液化土层存在时并不一定会造成危害，或意味着必须采取直接的处理措施，故当地基中有可液化土存在时是否需要处理或如何处理，应该根据建筑物的特性及实际的液化危害性来确定。

液化的危害性不仅与地基中可液化土层的埋深 Z_1、可液化土层的厚度 D_e、可液化土层的液化势 L 超过抗液化势 R 的程度，以及可液化土层上非液化土层的厚度 D_1 等一系列因素有关，而且也与基础的埋置深度 D_f，基础的形式和基础传递荷载的均匀程度，上部结构的型式、刚度、质量分布和使用特点有关。如果地基的可液化层埋深愈小、可液化土层愈厚，可液化土层的液化势 L 超过抗液化势 R 的液化的危害性就愈小，可液化土层上的非液化土层愈薄，基础埋深愈小、荷载偏心愈大、能综合反映型式、刚度和质量分布影响的结构基本周期愈长（建筑物本来具有较长周期时反应愈大），则液化的危害性就愈大。通常，在分析液化危害性时，对于地基的因素的影响常用一个综合指标，即液化指数 I 来反映，而对于基础和建筑物因素的影响，则通过对处理提出的不同要求来反映。这个地基的液化指数 I 常表示为：

$$I = \sum_{i=1}^{n} \int_{0}^{R} (1 - F_{L,i}) \overline{W}_i(z) \Delta z_i \tag{10-5}$$

式中：F_L 为土的液化安全系数，可用前述判定液化可能性不同的指标求出。例如，对于临界标贯击数法，$F_L = N/N_{cr}$；对于抗液化剪应力法，$F_L = \tau_l / \tau_e$ 等。$F = (1 - F_L)$ 之值在 $F_L \geqslant 1$ 时均取为零；$\overline{W}(z)$ 为与深度有关的权函数。因深度愈小，危害性愈大，故一般取上大下小的倒三角形或倒梯形。现行规范采用了梯形分布权函数的液化指数，表 10-2 示出了在梯形分布权函数的液化指数基础上提出的地基液化危害性分级标准和处理要求。

地基液化危害性分级标准和处理要求　　表 10-2

液化等级	液化指数 I	液化程度	工 程 措 施
0	<1	不考虑	可不考虑
Ⅰ	1～5	轻微	除特别重要的建筑物外，可不考虑工程措施
Ⅱ	5～15	中等	对重要建筑物应采取措施
Ⅲ	15～30	严重	详细研究采取可靠措施
Ⅳ	>30	极严重	一般不宜进行建筑

第 4 节　土坡的动力稳定性分析

地震作用下土坡的稳定性分析，如前所述，除土的强度会在动荷作用下显著降低的情况外，一般仍可采用拟静力分析法。该方法只需要在用圆弧条分法时，再在土条的重心 M 处增加一个水平向外作用的地震水平惯性力 Q_i 即可。必要时（重要土坡或地震动的垂直分量不容忽视时）再在土条重心处增加一个垂直向上作用的地震垂直惯性力 Q'_i（图 10-1）。计算附加地震惯性力时，水下土体的重度应该取用土的饱和重度。

(1) 如果不考虑临坡面水体的影响，不计静、动孔隙水压力，则计算土坡地震动力稳定性系数的总应力公式为：

$$F_s = \frac{\Sigma\{c_i l_i + [(W'_i \pm Q'_i)\cos\alpha_i - Q_i\sin\alpha_i]\tan\varphi_i\}}{\Sigma[(W'_i \pm Q'_i)\sin\alpha_i + M_C/R]} \quad (10\text{-}6)$$

式中：

F_s 为地震作用情况下的安全系数；R 为滑弧半径；l_i 为分条滑动面的长度；α_i 为过分条底面中点的半径对垂线的夹角（当半径由铅垂线偏向坡顶时取正号，反之取负号）；z 为坝坡外水位高出条块地面中点的竖直距离。

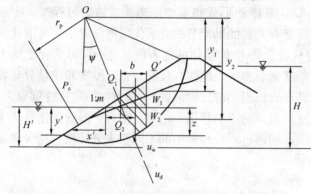

图 10-1　地震作用下土坡稳定性分析

W_{1i} 为分条在坝坡外水位以上部分的实际重量，即分条在水位以上各土层的重量，按相应各层土石材料的实际重度（包括孔隙水的重量）计算；W_{2i} 为分条在坝坡坡外水位以下部分的有效重量按相应各层土石料的浮重度计算。

Q 为作用在条块重心处的水平向地震惯性力，$Q = \Sigma K_h \cdot c_z a_{hi} \overline{W}_i$，式中：$K_h$ 为水平地震系数（地面最大水平加速度的统计平均值与重力加速度之比，对 7、8、9 度的地震分别为 0.1、0.2、0.4）；c_z 为综合影响系数，反映地震动力特性的改变，材料性能的改变，建筑物容许的塑性变形和建筑物与地基的相互作用，即体现按实测地面加速度统计平均值进行理论计算与宏观震害实践的差异，常取为 0.25；a_{hi} 为沿坡高的水平向地震加速度分布系数，它应考虑土坡的固有动力特性，如考虑土坡为刚体，则取为矩形分布；通常，在坡高小于 40m 时取为自地面向坡顶由 1 变到 2.5 的梯形分布；在坡高较大时，自地面到 3/5 坡高处取为由 1 变到 1.5 的梯形分布，再向上到坡顶取为由 1.5 变为 2.5 的梯形分布；$\overline{W}_i$ 为计算分条附加地震力的重量，包括分条水位以上各土层的重量（按实际重度计算）与外水位以下各土层的重量（按饱和重量计算）。

Q' 为作用在分条重心处的竖向地震惯性力（向下为正，向上为负，取最不利于稳定的方向），对 Ⅰ、Ⅱ 级挡水建筑物，按 8、9 度设计时，其大小为 $Q' = \Sigma K_v c_z a_{vi} \overline{W}_i$；式中 a_{vi} 为竖向地震加速度分布系数；K_v 为垂直地震加速度系数，它在单独作用时取 $\frac{2}{3} K_h$；在与 K_h 同时作用时取 $\frac{1}{3} K_h$（考虑水平地震力与垂直地震力最大值在时间上的遇合几率，迁合系数取 0.5），即 $Q' = \Sigma \frac{1}{3} K_h c_z a_{vi} \overline{W}_i$。

M_c 为各分条水平地震惯性力 Q 对滑弧中心的力矩，$M_c = \Sigma y_i k_h c_z a_{hi} \overline{W}_i$，式中：$y_i$ 为各条块分层高度中心点至滑弧中心的铅直距离；c、φ 为坝体土石材料的凝聚力和内摩擦角。

（2）如果为简便计，采用"替代容重法"分析土坡在有水平地震力 Q_i 和垂直地震力 Q'_i 作用时的动力稳定性，则稳定系数的计算式为：

$$F_s = \frac{\Sigma\{C_i l_i + [(W'_i \pm Q'_i)\cos\alpha_i - Q_i\sin\alpha_i]\tan\varphi_i\}}{\Sigma[(W_i \pm Q_i)\sin\alpha_i + M_c/R]} \tag{10-7}$$

式中：W'_i 为计算抗滑力矩时分条水下部分土体的重量，按浮重度 γ' 计算；W_i 为计算滑动力矩时分条水下部分土体的重量，按饱和重度 γ_{sat} 计算；其他符号同前。

第5节 挡土墙上动土压力的分析

挡土墙上动土压力的分析仍然可用拟静力法。冈部－物部法是一个有代表性的方法。它是在用库伦土压力理论的基础上，再在墙后填土滑楔体的重心上增加一个地震惯性力 E 后进行分析，计算得到动土压力的。

（1）如果取地震惯性力为水平方向（图 10-2），其大小为 $E = \dfrac{W}{g}\alpha = W \cdot \dfrac{\alpha}{g} = WK_H$。重力与水平地震力的合力同铅垂线间的夹角（地震偏角）为 $\theta = \arctan\dfrac{E}{W} = \arctan\dfrac{WK_H}{W} = \arctan K_H$；则冈部－物部得到的主动动土压力 P_{ad} 和被动动土压力 P_{pd} 的计算式为：

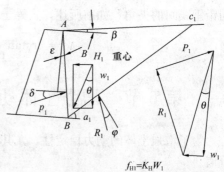

$$P_{ad} = \frac{1}{2}\gamma H^2 K_{ad} \tag{10-8}$$

图 10-2　挡土墙上动土压力的分析

和

$$P_{pd} = \frac{1}{2}\gamma H^2 K_{pd} \tag{10-9}$$

故墙上土压力的分布仍为三角形，它在不同填土深度 z 处的动土压力强度 p_{ad} 和 p_{pd} 为：

$$p_{ad} = \gamma z K_{ad} \tag{10-10}$$
$$p_{pd} = \gamma z K_{pd} \tag{10-11}$$

式中：

$$K_{ad} = \frac{\cos^2(\varphi - \varepsilon - \theta)}{\cos\theta\cos^2\varepsilon\cos(\varepsilon + \theta + \delta)\left[1 + \sqrt{\dfrac{\sin(\varphi + \delta)\sin(\varphi - \beta - \theta)}{\cos(\varepsilon + \theta + \delta)\cos(\varepsilon - \beta)}}\right]^2} \tag{10-12}$$

$$K_{pd} = \frac{\cos^2(\varphi + \varepsilon - \theta)}{\cos\theta\cos^2\varepsilon\cos(\varepsilon - \theta + \delta)\left[1 + \sqrt{\dfrac{\sin(\varphi + \delta)\sin(\varphi + \beta - \theta)}{\cos(\varepsilon - \theta + \delta)\cos(\varepsilon - \beta)}}\right]^2} \tag{10-13}$$

如用 $K_a\Big|_{\beta+\theta}^{\varepsilon+\theta}$ 表示在无地震作用时的主动土压力系数公式中，经过以 $\varepsilon+\theta$ 代替 ε 和以 $\beta+\theta$ 代替 β 所得的土压力系数；$K_p\Big|_{\beta-\theta}^{\varepsilon-\theta}$ 表示在无地震作用时的被动土压力系数公式中，经过以 $\varepsilon-\theta$ 代替 ε 和以 $\beta-\theta$ 代替 β 所得的土压力系数；则式（10-12）和式（10-13）可以简记为：

$$K_{ad} = K_a\Big|_{\beta+\theta}^{\varepsilon+\theta}\frac{\cos^2(\varepsilon+\theta)}{\cos\theta\cos^2\varepsilon} \tag{10-14}$$

$$K_{pd} = K_p\Big|_{\beta-\theta}^{\varepsilon-\theta}\frac{\cos^2(\varepsilon-\theta)}{\cos\theta\cos^2\varepsilon} \tag{10-15}$$

(2) 如果取水平地震作用 Q 和竖向地震作用 Q'（向上作用）同时作用，其重力、竖向地震作用与水平地震作用的合力同铅垂线间的夹角为 $\theta' = \arctan\dfrac{Q}{Q'+W} = \arctan\dfrac{K_H}{1 \pm K_v}$；则墙上动土压力仍为三角形分布，主动动土压力强度和被动动土压力强度为：

$$p_{ad} = (1-K_v) \cdot \gamma z \cdot K'_{ad} \tag{10-16}$$

$$p_{pd} = (1-K_v) \cdot \gamma z \cdot K'_{pd} \tag{10-17}$$

式中：K'_{ad} 和 K'_{pd} 为水平地震作用 Q 和竖向地震作用 Q'（向上作用）同时作用时的主动和被动的动土压力系数，它们的计算仍可用式（10-12）和式（10-13），或式（10-14）和式（10-15），只是其中的 θ 应该代之以 θ'，即重力、竖向地震作用和与水平地震作用的合力同铅垂线间的夹角，如前所述，它等于：

$$\theta' = \arctan\dfrac{Q}{Q'+W} = \arctan\dfrac{K_H}{1 \pm K_v} \tag{10-18}$$

第 6 节 增强土体动力稳定性的基本途径与措施

为了增强土体的动力稳定性，尤其是抗液化能力，下列的各类措施有重要的参考应用价值。

一、增强地基动力稳定性的措施

为了增加地基的动力稳定性，尤其需要对判定为可液化的土层进行处理以确保建筑物的抗液化稳定性时，可以对建筑物的地基根据需要采用避开、挖换、加密、围封、排水或深基等措施。

避开就是尽量不要把建筑物放在容易发生液化的地段，如地下水位高、砂层埋藏浅、相对密度低、颗粒级配差、覆盖土层薄等情况下的地段；

挖换就是将可液化土部分挖除或全部挖出，然后用非液化土置换；

加密就是采用振冲加密法、挤密砂桩法、直接振密法和爆炸加密法等提高土的密度，增压就是利用具有抗液化能力的稳定性材料作为上覆的盖重，通过压力的提高获取较好的稳定性；

围封就是基础周围用板桩、砾石桩或其他方式穿越可液化土层，限制地基砂土在液化时发生侧流的可能性；

排水就是采用砂井或减压井、砾石排水桩，使地基土中孔压的发展水平降低，以提高稳定性；

深基就是增大基础的埋置深度，以增大地基砂土的抗液化能力。如果能够利用桩基，全部穿过可液化土层，就可以有效地防止地基液化的危害性。

二、增强坡体动力稳定性的措施

为了增加土坡体（主要指有水作用的填方土坡）的动力稳定性，应该在进行土坡的设计时，尽可能考虑如下的有效措施：选择抗液化能力较强或动力性质较好的土料；提高土的填筑密度是一种带有根本性的增稳措施；降低渗透水流的浸润线（均质坝采用水平褥垫或竖向排水，坝基为强透水性地层时，采用垂直防渗），或减小浸湿范围、降低含水量；对下部浸湿、饱和的砂土增大上覆压力，或在上游坝坡增加盖重层（如用混凝土板时，既为盖重，又为护面）；将抗液化能力较差的土料布置在浸润线以上的干燥区，或布置在坝坡体的中、下部等上复有效压力较大的区域；在上游坝址处设置堆石棱体或板桩墙，防止坝基最初小区域的挤出，或减小大范围内发展液化的可能性；尽可能保持土坡体在结构上的均匀性，在防渗体的上、下游面均设置反滤层和过渡层，防止内部结构的突变等。此外，放缓上游坝坡，尤其是动力作用较大的上段坡的坡比；在坝体内尽可能避免埋设涵管和设置廊道；适当增大坝顶的超高（地震涌浪约为 0.5~1.5m），增大预留沉降超高，增大防渗体的厚度（特别在坝顶、坝和两岸地基或混凝土建筑物的连接部位）和横断面的尺寸等，以免坝坡体在地震时发生库水漫顶或在出现裂缝时形成集中渗透；用密实的土填平峡谷变化最大的地方，以免因坝高不同引起坝轴线过大的纵向弯曲；适当增厚坡址处上游铺盖；选用抗震稳定性较好的坡型也都是值得注意的措施。在土坝设计中，由于地震时坝体要受到变向交替作用的剪切和弯曲，坝体内的土粒会向两侧移动，使坝体中部产生疏松区，容易发生纵向裂缝，因此，采用塑性心墙坝型对抗震较为有利。但心墙坝在地震时还可能因为夹在两个无黏性土料之间的心墙因承受很大的压缩和膨胀的动变形，使坝壳的工作状态恶化，而斜墙坝因其能迅速降低坝内浸润线，防止库水位的波动对无黏性土坝壳的破坏，以及对砂粒侧移起限制作用，从全面考虑将具有更大的优越性。

三、增强挡土墙动力稳定性的措施

对于挡土墙，它的动力稳定性需要从地基与填土以及墙体诸方面全面考虑。对地基增稳有效的措施，如避开、挖换、加密、围封、排水或深基等，也应是从地基方面增强挡土墙动力稳定性可以考虑的措施。对土坡增稳有效的措施，如：选择较强或动力性质较好的填土材料；提高土的填筑密度；减小填土中的浸湿范围、做好墙后排水，降低含水量等，以及减小土压力的各种措施，如采用强度指标较高的土，采用轻质填料，也是从填土方面增强挡土墙动力稳定性可以考虑的措施。此外，从墙体结构上，采用衡重式或仰斜式的挡土墙型式，减小填土高度（可能时填土可以低于墙顶），采用锚杆式挡土墙，采用有加筋或加土工织物的填土等也是可以考虑的方面。

第7节 小 结

（1）在土木工程中，地基的动承载力问题、边坡的动力稳定性问题与挡土墙的动土压力问题等，都仍然是同土的动变形强度特性规律密切相关的问题。在解决这些问题时，如果土的变形强度特性不会因动力作用而发生显著的变化，则拟静力分析法仍然可以得到相当准确的结果。否则，如果土的变形强度特性会因动力作用而发生显著变化，则需用考虑土性的变化，最好采用土体的动力时程分析法，将土的动本构模型引入计算。

（2）地基的动容许承载力，对一般的土，可以采用将静容许承载力乘上一个根据经验得到的调整系数的方法来计算。在极限荷载折减法中，除需适当调整对安全系数的要求外，在分析极限荷载时还需将动力引起的附加惯性力考虑进去；对于饱和的少黏性土、松砂等对地震动力作用比较敏感的地基土，判断其发生振动液化的可能性及分析液化的危害性是一个重要问题。

(3) 在评判饱和砂土振动液化可能性的许多方法中，临界标贯击数法和抗液化剪应力法是目前比较常用的方法。临界标准贯入击数法对比了砂土实际的标准贯入击数 N 与临界标准贯入击数 N_{cr}，临界标准贯入击数的数值应由大量实际的资料成果总结得出；抗液化剪应力法对比了实际的地震剪应力 $\bar{\tau}_e$ 与砂土的抗液化剪应力 τ_l。地震的平均剪应力 $\bar{\tau}_e$ 由大量实际资料的统计和分析得到，而抗液化剪应力 $\tau_{l,N}$ 需要通过动三轴试验，并考虑试验条件与现场条件之间差别确定。

(4) 地基中有可液化土层存在时，还需要根据它对建筑物可能产生的危害性来决定是否需要采取处理措施，或处理到什么程度。危害性可根据地基的因素液化指数来分级，再根据液化危害性等级的高低，确定需要采取的基础措施和结构措施。

(5) 土坡的动力稳定性分析，在土的动强度无显著降低的情况下，一般仍可采用拟静力分析法。此时只需在静力分析的稳定系数公式中再考虑地震惯性力的作用。地震惯性力应加在土条的重心处，一般只需加指向坡外的水平地震惯性力，必要时再加一个竖直向上作用的竖向地震惯性力。

(6) 挡土墙上动土压力的分析常采用冈部—物部法。它以库伦土压力理论为基础，但在楔体重心上增加了一个水平方向作用的地震惯性力，对计算公式作了推导。

(7) 为了增强地基土体的动力稳定性，尤其是增强抗液化能力，根据土动力特性的基本规律，可以采用避开、挖换、加密、增压、排水、或深基等措施。

(8) 为了增强土坡体（主要指有水作用的填方土坡）的动力稳定性，可以在进行土坡的设计时，根据具体情况，选择抗液化能力较强或动力性质较好的土料；提高土的填筑密度；降低渗透水流的浸润线；减小浸湿范围或降低含水量；增大下部浸湿、饱和土上的覆盖压力；增厚上游坝坡的盖重层；将抗液化能力较差的土料布置在干燥区或上覆有效压力较大区；在上游坝址处设置堆石棱体或板桩墙；尽可能保持土坡体在结构上的均匀性；放缓上游坝坡；避免在坡体内埋设涵管和设置廊道；适当增大坝顶的超高；增大防渗体厚度；用密实的土填平变化最大的峡谷断面；适当增厚坡址处上游铺盖；以及选用抗震稳定性较好的坡型等有效的措施。

(9) 为了增强挡土墙的动力稳定性，可以从地基与填土以及墙体诸方面全面考虑，寻求对具体条件经济而有效的措施，尤其是它们的组合。

思 考 题

1. 在解决地基的动承载力问题、边坡的动力稳定性问题与挡土墙的动土压力问题时，对于土的变形强度特性不会和会因动力作用而发生显著变化的情况应如何区别对待？
2. 为什么在确定一般土地基的动容许承载力时，它的安全储备还可以较静力情况有所降低？
3. 什么是饱和砂土振动液化的可能性判定的临界标贯击数法？它的判断准则是什么？
4. 临界标准贯入击数法是如何确定临界标准贯入击数 N_{cr} 的？我国规范对它做了哪些建议？其根据是什么？
5. 试写出临界标贯击数法确定临界标贯击数的公式，并说明各符号的含义与确定方法。

6. 什么是饱和砂土振动液化的可能性判定的抗液化剪应力法？它的判别准则是什么？

7. 抗液化剪应力法是如何确定地震剪应力 $\bar{\tau}_e$ 的？不同地震烈度下的地震剪应力应如何计算？

8. 如何确定对应于一定地震震级和地震烈度时的土抗液化剪应力？这种确定抗液化剪应力的方法与土性、地震和现场等的具体特性相联系的思路是什么？

9. 试写出抗液化剪应力法确定地震剪应力和抗液化剪应力的公式，并说明各符号的含义与确定方法。

10. 为什么说地基中有可液化土层存在时并不一定会对建筑物造成危害？试从地基、基础、上部结构诸方面予以说明。

11. 如何评判地基液化危害性的等级？对于不同的液化危害性等级应采取什么基础或结构措施？

12. 在分析土坡的动力稳定性和挡土墙上的动土压力时，其与静力分析的不同点何在？

13. 为什么避开、挖换、加密、围封、排水、或深基等措施可以增强地基土体的动力稳定性和抗液化能力？

14. 为了设计一个具有较高抗地震作用的土坝坝坡，哪些考虑你认为是可行的？试按其有效性对它们作出大体上的排序。

15. 请说出增强挡土墙动力稳定性的原则与途径。

习　题

1. 试写出确定土坡动力稳定性系数的公式，并说明各符号的含义与确定方法。

2. 试写出确定当土墙上动力主动土压力的公式，并说明各符号的含义与确定方法。

3. 请绘图注明用临界标贯击数法和抗液化剪应力法对饱和砂土地基确定的液化深度范围。

4. 什么是土体地震动力分析的时程分析法？它与拟静力分析法相比有什么特点？

5. 如果有一个在深度 40m 以下为饱和砂土的高坝地基，当对它按临界标贯击数法分析时有可能发生液化；对它按抗液化剪应力法分析时，仍然有可能发生液化，但液化势相对较低；根据预估，如果按时程分析法分析，则很可能不会发生液化。您认为这种预估有合理性吗？为什么？

6. 如欲在图 10-3 所示地质条件下的 8 度地震区建造一座水塔，试分析地基基础设计可能遇到的问题，并提出两种地基基础的比较方案，阐述各方案在设计和施工中所应该考虑的主要问题。

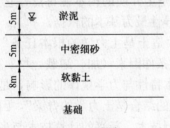

图 10-3　习题 6

第11章 结 论

(土力学走向实用的道路)

本章的目的，一方面是要对以前各章的主要线索和内容作一个简要的回顾与清理，帮助学生们进行总复习，另一方面，重点地讨论一下"土力学走向实用"这一个十分重要的问题。

第1节 对土力学认识的简要回顾

一、土力学的主要观点和线索

在前述的十章里，我们已经接触了"普通土力学"或"基础土力学"的主要内容，建立了对土力学的基本认识，通过各章的结论搭起了土力学的框架体系。在对它的回顾中，重温一下下列的观点与线索应该是大有益处的。

(1) "世间绝不会有空中楼阁"，一语道出了一个土木工程工作者研究岩土工程学和土力学的重要性。

(2) "研究土和土体变形强度特性规律及其工程应用问题的基础学科"简洁地给出了土力学的学科特点。

(3) "多孔、多相、松散"是土介质的根本性特点，它是土具有低强度、高压缩、易透水等特性及其显著的时空变异性最为基本的依据。

(4) "认识土、利用土、改造土是土力学的根本任务"，充分揭示物质结构因素（粒度、密度、湿度和结构）、环境条件因素（加、卸载，增、减湿，渗透力，地震力和扰动力）以及时间过程因素对土基本特性与力学规律的影响，是解决这个任务的基础。

(5) "土工试验与力学原理的结合是土力学的脊梁"，因此，土复杂的本质特性、力学研究的创新成果、现代化的量测技术、新兴的计算技术与多种类型的工程实际问题间不断地紧密结合是土力学学科发展和土力学工程应用无限活力的源泉。

(6) "土的压缩特性、抗剪特性、渗透特性、击实特性以及静动力三轴条件下的变形强度特性是土与力紧密结合的土性规律"，它们的各种试验、曲线、定理与指标，既是揭示和描述土力学特性规律的重要手段与方法，又是计算分析土体变形强度稳定性的依据。

(7) "静动条件下地基的承载力问题，土坡的稳定性问题，挡墙、埋管与隧道上的土压力问题是土力学中最直接的工程问题"。它们都涉及土体变形与强度的稳定性。除了必须对它们作出正确的计算外，从工程与土体的相互作用出发来寻求增强土体的稳定性的有效途径和措施，具有更重要的实际意义。

(8) "土力学的发展可以由太沙基 (Terzaghi)《理论土力学》的问世（1925）和 Ros-

coe 弹塑性本构模型研究（剑桥模型）的出现（1963）作为两个特征点划分为三个阶段（准备阶段、形成阶段和发展阶段）。现在，"土力学已经形成了一个庞大的家族"，"理论土力学，试验土力学，应用土力学和计算土力学各方面的发展与相互结合正在开辟学科发展的新面貌"，代表了当代土力学发展的新趋势。

二、土力学的重要名词、公式与图或曲线

（一）名词

（1）土力学，土与土体，土的三相，三相图，原生矿物，次生矿物；

粒度与粒组，颗粒分析曲线，不均匀系数 C_u，曲率系数 C_c，平均粒径 d_{50}，控制粒径 d_{60}，有效粒径 d_{10}；

结合水，自由水，毛细水，重力水，含水量，饱和度，液限，塑限，缩限，塑性指数，液性指数；

密度，干密度，湿密度，饱和密度，浮密度；

孔隙比，孔隙率，相对密度；

巨粒土、粗粒土与细粒土，黏性土与无黏性土，湿陷性土，膨胀性土，分散性土，黄土，冻土，盐渍土。

双电层，收缩膜，结构性，灵敏度，结构强度，综合结构势；

（2）自重应力，附加应力，基底应力，Boussinesq 课题，Cerruti 课题，Mindlin 课题，附加应力系数，角点法，感应图法，应力泡；

应力历史，应力水平，应力路径，应力状态，应力性质，应力水平；

先期固结压力，准先期固结压力，超固结比，正常固结土，超固结土，欠固结土；

总应力，有效应力，孔隙水压力，孔隙气压力，有效应力原理；

渗透性，总水头，位置水头，测压管水头，流速水头，静水压力，超静水压力，动水压力；

水力梯度，临界水力梯度（临界水力坡降），渗流流速，达西定律，渗透系数，渗透力，流土，管涌，接触冲刷；

流线，浸润线，等势线，流网，反滤层，截渗墙，铺盖，排水褥垫，降压井，振动液化；

固结，蠕变，松弛，标准强度，长期强度，峰值强度，残余强度。

（3）压缩性，压缩系数，压缩模量，体积压缩模量，变形模量，压缩指数，回弹指数；

侧压力系数，侧胀系数（泊松比），主固结，次固结，固结度，时间因数，固结系数，次固结系数；

渗透固结，时间平方根法，时间对数法，载荷试验，十字板剪切试验，静力触探试验，标准贯入试验，旁压试验；

抗剪强度，破坏标准，强度包线，黏聚力，内摩擦角，大主应力，小主应力，中主应力，极限平衡条件；

直接剪切试验，快剪，固结快剪，慢剪；

应变硬化，应变软化，剪胀，剪缩，等压固结，偏压固结；

渗透系数，孔隙水压力，孔隙气压力，基质吸力，渗水系数，渗气系数；

单位击实功，经济功能，最大击实干密度，最优含水量，压实性指标 F，压实系数 K；

三轴剪切试验，不排水剪，固结不排水剪，固结排水剪，无侧限抗压强度，十字板剪切强度；

骨干曲线，滞回曲线，动剪模量，阻尼比，初始动模量，参考应变。

（4）地基，基础，上部结构，持力层，下卧层；

地基的整体破坏，局部破坏，刺入破坏，地基承载力，地基极限承载力，地基容许承载力；

地基承载力基本值、标准值、设计值、特征值，临塑荷载，极限荷载；

极限荷载折减法，塑性区深度控制法，承载力因数；

天然地基，人工地基，复合地基，浅基础，深基础，刚性基础，柔性基础；

地基处理的垫层法，强夯法，预压法，灌浆法，密实法，挤密桩，振冲桩，搅拌桩，旋喷桩；

堆载预压，砂井预压，真空预压；

独立基础，条形基础，筏板基础，箱形基础，桩箱基础，桩筏基础，壳式基础，补偿基础；

桩基础，沉井基础，沉箱基础，管桩基础，墩式基础。

（5）土坡，边坡，天然边坡，工程边坡，填方边坡，挖方边坡；

瑞典圆弧法，太沙基圆弧条分法，简化毕肖普法，通用条分法，替代重度法。

（6）重力式挡土墙，扶壁式挡土墙，衡重式挡土墙，加筋式挡土墙，板桩式挡土墙；

静止土压力，主动土压力，被动土压力，静止土压力系数，主动土压力系数，被动土压力系数；

朗肯土压力理论，库伦土压力理论，埋管的土压力，隧道土压力，等沉面，平衡拱。

（7）地震震级，地震烈度，地震角，地震系数，近震，远震，震中距，震源距；

平均地震剪应力，抗液化剪应力，抗液化剪应力法，临界标贯击数法，拟静力分析法，动力时程分析法。

（二）公式

物理性各有关参数定义的公式；

用三个基本试验指标计算孔隙比、孔隙率、饱和度和各种重度的公式；

压缩定理、剪切定理、渗透定理的数学表示式；

用各种参数表示的土压缩变形计算式与分层总和法表示式；

基底压力、埋深压力与基底附加压力间的关系式；

一点上应力极限平衡条件的各种表示式；

渗透力的计算式；

检验流土、管涌可能性的公式；

定水头、变水头试验确定渗透系数的公式；

水流平行于和垂直于土层面渗流时平均渗透系数的公式；

地基附加应力计算的统一表达式与应力分布系数影响因素的函数式；

地基极限承载力的统一表示式；

Terzaghi 圆弧条分法稳定系数计算的总应力公式与有效应力公式；

简化 Bishop 法计算稳定系数的总应力公式与有效应力公式；

朗肯理论的土压力计算公式；

库伦理论的土压力计算公式；

冈部－物部法的动土压力计算公式；

渗流的连续方程，静力平衡方程，虎克定律，几何方程的表示式；

有效应力原理的表达式。

（三）图或曲线

颗粒分析曲线，三相图，塑性图，相对稠度状态曲线，相对密度状态曲线；

压缩曲线，强度包线，渗透曲线，击实曲线，载荷试验曲线；

流网图，渗透固结模型，固结过程曲线，固结度与时间因数关系曲线；

基底接触应力分布曲线，基础中心点下自重应力与附加应力分布曲线；

附加竖向应力等值线，附加剪应力等值线，附加水平应力等值线；

极限平衡条件的几何表示曲线，硬化、软化的应力应变曲线，稳定蠕变与不稳定蠕变的曲线，长期强度曲线；

典型应力路径的曲线，动应力应变曲线，骨干曲线，滞回曲线，动模量与动应变曲线，阻尼比与动应变曲线；

库仑土压力理论的力多边形图；

朗肯土压力理论考虑填土重、黏聚力、均布超荷载时的土压力分布图。

第 2 节 土力学走向实用的道路

土力学走向实用是土力学最根本的方向。但是，如前所述，由于土力学具有自己特殊的对象、复杂的环境和庞大的家族，它走向实用的道路不仅是曲折的，而且是漫长的。如果可以做个总结性分析的话，下面的几个方面似应是土力学走向实用中值得予以特别注意的问题。它们是：注意通过土工试验认识对象；注意通过简化假定建立理论；注意利用综合判断辨别安危；注意通过土体改善保证稳定；注意做好方案比较寻求优化；注意加强深化研究解决难题。

一、注意通过土工试验认识对象

土工试验是土力学走入实用的基石。没有土工试验为分析计算或判断提供可靠的土性参数，土力学的一切分析和计算只能是一种纸上谈兵的游戏。不重视土工试验就等于关闭了土力学通向应用的大门。由于土的时空变异性，用资料文献中参考性的土性参数，也只能为一般性工程的初步设计提供方便。

土工试验的灵魂应该是尽量模拟土性参数应用的实际条件。为了解土的基本特性的土工试验应该遵循土工试验规程的方法与要求；为获取本构模型参数或专门研究的土工试验，需要根据问题作出相应的试验方案。虽然工程应用的土工试验，其主要目的是测定土的基本物理参数（粒度、密度、湿度、结构等的特性参数）和力学参数（压缩、剪切、渗透、击实等的特性参数），但它控制条件的确定、甚至试验方法的选择，仍然离不开对应用对象和应用条件的具体分析。

土工试验可分为室内试验（包括模型试验）和现场试验（包括原体观测试验）。室内试验可靠性的立足点是采取具有代表性的原状土样与制备符合欲控试验条件的试样，但它也还需与严格的试验操作、准确的试验设备以及正确的资料分析结合在一起，而且必须有一定的平行测试量，否则它仍难给出土这个复杂对象的真实面目。

所以说，土力学走向实用必须注意通过土工试验认识自己工作的对象。

二、注意通过简化假定建立理论

土力学虽然已经有了几十年的历史，但它仍然是一门年轻的学科。如果考虑到它研究对象的特殊性与复杂性，土力学就显得更加年轻。它无论在理论上还是在实践上，都还存在着一系列值得深入探讨的问题。土力学没有、也不可能有包揽各种复杂因素的理论或方法。但是，由于经验只能解决具体问题，而理论才能揭示本质问题，因此，土力学必须重视建立自己的理论。土力学如果不作出适当的简化假定，它就难于迈出攀登科学高峰的起步；应用土力学中的任何理论，千万不能忽视与理论相伴随的简化假定。单纯的理论或公式本身是毫无意义的。

所以说，土力学走向实用必须注意通过简化假定来寻求理论和正确应用自己的理论。

三、注意利用综合判断辨别安危

在目前，正确地解决土力学与岩土工程领域内的任何问题，都必须走多元化的道路，就是要努力对各种可能获得的信息和资料作出认真的分析，进行综合地判断。综合判断既离不开多角度的理论计算，更离不开丰富的实践经验与现场或原型的观测信息。计算是必需的，但它是有条件的；经验是实在的，但它是有局限的。它们之间的互相补充与合理修正是非常重要的。对涉及土力学的问题，建立上述的基本观点尤其重要。因此，有人说，"解决土工问题，与其说是一门技术，倒不如说是一种艺术"，至少在一个相当长的时间里是有道理的。

所以说，土力学走向实用必须注意通过综合判断，全面、多角度地作出关于工程安危的结论。

四、注意通过土体改善保证稳定

土力学的知识，不仅给人们以认识土和土体变形强度特性的能力，也同时给人们以改善土和土体变形强度特性的武器。如果说"揭示土质"是土力学的本能，那么"改善土质"就是土力学的骄傲。能动地改造世界要比积极地认识世界更加重要。因此，利用土力学的知识、技能和方法，在原来并不宜于工程利用的土体上建造起宏伟的建筑，这才是土力学与岩土工程威力之所在。在这里，所谓的"土体改善"使原来"土质改善"的含义大大地扩展了。它不仅包含了土质的改善，而且包含了土质并无明显变化，但由于采用了一定的措施而使土体的整体性能得改善的内容。这些措施如打桩、采用土工合成材料之类的处理方法等。只要充分发挥这方面的潜力，土力学就必将成为工程建设的得力助手。

所以说，土力学走向实用必须注意通过土体改善，确保在原来较弱土层上兴建工程的稳定性。

五、注意做好方案比较寻求优化

任何的设计都要求提出几个可能的方案,并通过对它们进行的技术经济比较来寻求出最优的设计方案。这一点对土工问题显得更加有意义,因为一个土工问题必须把它看作是地基、基础、上部结构的共同工作的系统。这个系统各部分的合理改变,甚至它们的合理施工,都会影响待整个系统的工作。因而方案设计比较具有广阔前景,蕴藏着很大的潜力。前几章在这方面的介绍已经对此作了充分的论证。

所以说,土力学走向实用必须通过方案比较,用地基、基础、上部结构共同工作的观点寻求技术可行、经济合理的最优方案。

六、注意加强深化研究解决难题

土力学已经为一般情况下处理土体的变形强度问题提供了基本的理论与方法。但是,对于复杂情况下的工程或重要、重大的工程对象来说,土力学仍然有不少尚难应付的疑难问题,解决它们的方法只有深化土力学的研究。高等土力学就是对基础土力学既有知识的进一步加深、加宽。它既瞄准发展本门学科的需要,又瞄准解决实际复杂问题的需要,立足于理论与实际的前沿发展,并为理论与实际在更高层次上和更大范围内的紧密结合打好必要的知识基础。所以,深化研究首先应该深化学习,让自己接近前沿,再瞄着前进道路上的问题去创新。对于一些难题的研究,需要有理论、试验和计算三个方面的互相促进和互相配合;需要有解决问题前的良好基础与合理方案、解决问题中的细心分析与检测控制和解决问题后的跟踪研究与及时总结等一系列工作的互相促进和互相配合。这样,一条新的路就有可能被有心的人们走出来。

所以说,土力学走向实用必须注意通过深化研究,用新的汗水和心血使土力学的活动天地不断扩大,为解决实际中遇到的难题开辟出新的途径。

第3节 综合作业题

下面拟通过一个从教学目的精心设想的工程例子将土力学走向的应用的问题作一个展示。对与它相关的问题可尽量在土力学的范畴内作出完整的讨论。

一、工程的基本情况

本例为一个基础工程。它需要建在一个 8m 左右高的山坡脚前,原地面如图 11-1 中虚线所示。对场地所进行的的地质工作表明,建筑场地的土层自上而下可分为粉质黏土、粗砂、粘土、粉质黏土和细砂,其土工试验给出的土性参数见表 11-1 和表 11-2。地下水位在粗砂层内。

根据设计,基础为条形基础,埋置在粗砂层的底部,深度为 6m。为便于基础的施工,基坑开挖前先在基础周围设置了板桩墙,深入到黏土层中;然后在板桩墙的维护下开挖基坑,一边开挖,一边降水,直至达到基础的底面标高。后期施工中透过板桩墙进入基坑的渗水不断地由基坑底的集水槽中抽排出去,同时完成钢筋混凝土基础的浇筑,最后回填基坑,整平地面。

此外，根据建设要求，需要在基础右侧需留有足够的平坦地段。右侧近处的土坡需要部分挖除。但如直接采用开挖后的土坡，又怕出现稳定，尤其是环境问题，故采用了用挡土墙稳定边坡的方案。从节省土方出发，对原有土坡仅削去了在挡土墙施工的短期内可能不稳定的部分。挡土墙与削坡坡面之间仍用壤土回填，表面整平，其上可能有均布的超荷载作用。

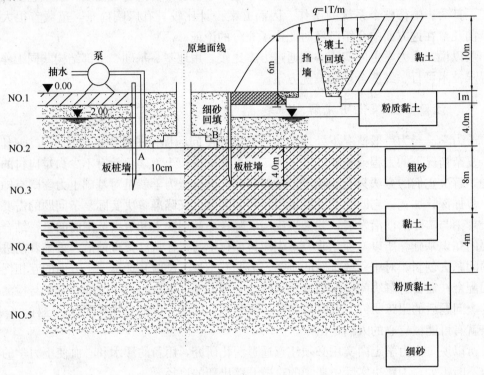

图 11-1 综合作业题图

土的物理性质成果表 表 11-1

土类	重度 γ	相对密度 G	含水量 w	颗粒组成（%）							最大干容重 γ_{max}	最小干容重 γ_{min}	液限 w_L	塑限 w_p
				>0.5	0.25/0.50	0.10/0.25	0.05/0.10	0.01/0.05	0.005/0.01	<0.005				
	kN/m³		%	mm	mm	mm	mm	mm	mm	mm	kN/m³	kN/m³	%	%
粉质黏土1	20.0	2.68	16	3	/	11.0	26	33	8	22			24	14
粗砂	19.5	2.66	23	/	5	32	26	22	6	9	/	/		
黏土	19.2	2.7		/	/	3	13	12.8	13.2	58			42	13
粉质黏土2	20.5	2.70	29		/	12.0	30	36	8	14			28	16
细砂	20.0	2.65		21.7	44.2	18	11.1	6	/	/	17.4	13.2		

土的力学性质成果表　　　　　表11-2

土类	压缩性					渗透性				
粉质黏土1	$a=0.20\text{MPa}^{-1}$					$k=1.1\times10^{-5}\text{cm/Sec}$				
粗砂	$a=0.06\text{MPa}^{-1}$					$k=3\times10^{-3}\text{cm/Sec}$				
黏土	p, kPa	0	100	200	300	400	$k=2.5\times10^{-3}\text{cm/Sec}$			
	e	0.688	0.672	0.656	0.645	0.638				
粉质黏土2										
细砂	$a=0.04\text{MPa}^{-1}$					Q	L	A	t	h
						cm³	cm	cm²	sec	cm
						31.5	20	50	30	12

土类	抗剪性					击实性				
粉质黏土1	击实土	$C=20\text{kPa}, \varphi=28$				$w\%$	10	13	16	18	21
	原状土	$C=25\text{kPa}, \varphi=26$				$\gamma_d \text{kN/m}^3$	15.2	16.3	17.2	16.7	14.8
粗砂	$C=0\text{kPa}, \varphi=38°$									
黏土	$C=30\text{kPa}, \varphi=22$									
粉质黏土2										
细砂	$p\text{kPa}$	100	200	300	400					
	τkPa	52	75	100	140					

二、需要了解和解决的问题

1. 关于拟建工程

(1) 建筑物应用的条件与特性对地基基础提出的特殊要求；

(2) 建筑物的荷载及最终由基础传递的基底附加应力的大小。

2. 关于场地条件

(1) 场地工程地质、水文地质勘察提供的地质剖面与地下水位；

(2) 土工试验得到地基土的物理、力学性质指标的分析。

3. 关于设计方案

(1) 设计方案的技术合理性；

(2) 设计方案的经济合理性。

4. 关于计算分析

(1) 建筑物与挡土墙地基的承载力；

(2) 建筑物与挡土墙地基的沉降量；

(3) 土坡的稳定性；

(4) 挡土墙的土压力荷载与抗倾覆稳定性；

(5) 基坑的渗透稳定性；

(6) 板桩墙的入土深度。

三、计算练习题

练 习 一

1-1 根据表 11-1，用三角坐标法及规范分类表两种方法对各土层分类定名。

1-2 根据表 11-1，绘出粉质黏土 1 与细砂的粒度分布曲线，确定出它们的有效粒径、平均粒径、限制粒径和不均匀系数。

1-3 根据表 11-1 计算粉质黏土 1 和粘土的孔隙率、孔隙比、饱和度和浮重度、饱和重度。

1-4 根据表 11-2，求出细砂土的渗透系数 k，并判别透水性的强弱。

1-5 根据表 11-2，绘出黏土的压缩曲线，求出土的压缩系数。

1-6 根据表 11-2，绘制细砂的抗剪强度线，并确定 c、φ 值。

1-7 根据表 11-2，绘出粉质黏土 1 的击实曲线，求该土的最大干容重和最优含水量。

练 习 二

2-1 若条形基础受轴向压力 $p=1500\text{N/m}$，底宽 5m，计算它的基底压力。

2-2 若基础为正方形（边长 5m），试计算基础中心点下 σ_z 沿深度的分布图。

2-3 计算并绘制条形基础底面中心线下及基底边缘处 B 点下的垂直附加应力 σ_z 的分布。

2-4 计算并绘制地基中自重压力 σ_s 沿深度的分布曲线。

2-5 若地下水位降至黏土层的顶面处，其自重应力分布曲线有何变化（要求按 2m 分层，计算到基底以下 12m）。

2-6 判别板桩墙内基坑底 A 点处是否有发生流土的可能性（安全系数要求为 2）。

练 习 三

3-1 根据表 11-2，绘制黏土的压缩曲线，（$e-p$、$e-\lg p$ 曲线），并计算压缩系数 a_{1-2}、压缩指数 C_c、压缩模量 E_{s1-2}、体积压缩系数 m_{v1-2}、变形模量 E_0（假设 $v=0.45$）。

3-2 计算条形基础中心点的最终沉降量。

3-3 计算基础下黏土层达到完全固结所需要的时间及加荷三个月后的沉降量。

3-4 若在黏土层中某点的法向应力为 250kPa，剪应力为 100kPa，试问该点能否发生破坏？

练 习 四

4-1 如图 11-1，当基础砌置后，基坑埋深范围内用细砂回填，其平均容重为 20.5kN/m^3，试按地基设计规范确定持力层的容许承载力，判别此地基是否能够承受设计荷载。

4-2 按极限荷载和临界荷载 $P_{1/3}$ 和 $P_{1/4}$ 确定上述条形基础下地基的承载力。（提示：注意基底上下土分层的影响）。

4-3 根据以上计算，分析讨论该设计的合理性。如果基础下 8m 厚的软黏土层及变形强度稳定性均不能满足要求时，应该怎么处理？试提出地基处理方案。

4-4　图 11-1 中所示的混凝土挡土墙，墙高为 8m，填土面上作用有荷载 $q=10\text{kN/m}^2$，若挡墙采用垂直墙背方案，试用朗肯压力理论求主动土压力分布图、总土压力以及总土压力的作用点位置。

4-5　若挡土墙采用墙背倾斜，倾角为 $\varepsilon=15°$，填土采用细砂回填，坡角 $\beta=10°$（无超载作用），试用库仑理论计算作用于墙背上的总主动力及其作用点位置。

4-6　图 11-1 中所示的削坡，坡比为 1.5∶1，坡高为 10m，试用圆弧条分法验算该土坡的稳定性。（每人计算一个圆弧面）

练 习 五

5-1　如果该建筑场地处在 8 度地震区，这里有什么值得注意的新问题？

5-2　如果地基中的细砂有发生振动液化的可能性，你将会采取些什么措施？

中英文对照名词索引（暂以章节先后为序）

土力学	Soil mechanics	压缩特性	compression characteristics
理论土力学	Theoretical soil mechanics	抗剪特性	shear strength characteristics
试验土力学	Experimental soil mechanics		
应用土力学	Applied soil mechanics	渗透特性	seepage characteristics
计算土力学	Calculating soil mechanics	压实特性	compaction characteristics
土工测试	Soil test	动力特性	dynamic characteristics
原位测试	In-situ field test	特性试验	characteristic tests
模型试验	Modeling test	特性曲线	characteristic curves
土工离心模型试验	Geotechnical centrifugal model test	特性规律	characteristic laws
		特性指标	characteristic parameters
原型观测	Prototype observation	强度的稳定性	stability in strength
物质结构理论	Substance-construction theory	变形的稳定性	stability in deformation
		物质结构因素	substance structure factor
强度理论	Failure strength theory	环境条件因素	enviromental condition factor
本构理论	constitution theory	时间过程因素	time process factor
渗透理论	Permeability theory	粒度	granularity
固结理论	Consolidation theory	湿度	humidity
流变理论	Rheology theory	密度	density
极限平衡理论	limit equilibrium theory	颗粒分布曲线	grain size distribution curves
渗流理论	Seepage flow theory	平均粒径 d_{50}	median grain size
固结理论	Consolidation theory	有效粒径 d_{10}	effective grain size
土工抗震理论	Geotechnical anti-earthquake theory	不均匀系数	coefficient of un-uniformity
		曲率系数	coefficient of curvature
多孔、多相、松散的介质	porous、multi-phased、loose-dispersed medium	干密度	dry density
		孔隙率	porosity
固相	Solid phase	孔隙比	void ratio
液相	Liquid phase	相对密度	relative density
气相	Air phase	含水量	water content
物质成分	Substance composition	饱和度	degree of saturation
特性状态	Characteristics state	液限	Liquid limit
相对含量	Relative quantity	塑限	Plastic limit
运动形式	Movement type	缩限	Shrinkage limit
风化	Weathering	液性指数	index of liquidity
搬运	Transport	塑性指数	index of plasticity
沉积	Deposit	结构灵敏度	structure sensitivity
再造	Regeneration	结构强度	structure strength
内在因素	internal factors	综合结构势	structure potential
外在因素	external factors	原生矿物颗粒	Primary minerals grains
时间因素	time factors	次生黏土矿物颗粒	Secondary minerals grains

有机质颗粒	Organic grains
高岭石	kaolinite
伊利石	Illite
蒙脱石	Montmorillonite
几何特征	Geometric features
联结特征	Connection features
土的组织	Soil texture
土的胶结物	Soil binder
结晶水	Crystal water
吸着水	Absorbed water
薄膜水	Film water, Pellicular water
结合水	Band water
重力水	Gravitational water
毛细水	Capillary water
自由水	Free water
收缩膜理论	Contractile skin theory
双电层理论	Double electric layer theory
结构性理论	Soil construction theory
离子交换理论	Ion exchange theory
电动理论	Electro-osmotic theory
吸附	Adsorption
冻融	Frost boil
冻胀	Frost heave
蒸发	Evaporation
入渗	Infiltration
地下水	Groundwater
电渗	Electric osmotic
电泳	Electrophoresis
胶结	Cementation
离子交换	Ion exchange
弯液面	Contractile Skin
表面张力	Surface tension
毛细管现象	Capillary phenomenon
孔隙水压力	Pore water pressure
孔隙气压力	Pore air pressure
基质吸力	Metric suction
净总应力	Net total stress
土工程分类	engineering classification of soils
漂石	boulders
块石	angular boulders, block stone
卵石	gravel
碎石	cobble
圆砾	rounded gravel
角砾	angular gravel
粗砾	course gravel
细砾	fine gravel
砾砂	gravel sand
粗砂	course sand
中砂	medium sand
细砂	fine sand
粉砂	silty sand
极细砂	very fine sand
砂壤土	sandy clay
壤土	silty clay
粘土	clay
塑性图	Plasticity chart
黄土	Loess
红土	Red clay
湿陷性土	Collapsible soils
胀缩性土	Swell-shrinking soil
冻土	frost soils
软土	soft soils
填土	embankments
盐渍土	salty soils
污染土	continanteel soils
分散性土	dispersed soils
有机黏土	organic clay
三相图	3-phase diagram
应力	Stress
应变	Strain
强度	Shear strength
压缩	Compression
剪切	Shear
渗透	Seepage
击实	Compaction
固结	Consolidation
覆盖压力	Overburden pressure
大主应力	Major principal stress
小主应力	Minor principal stress
中主应力	Intermediate principal stress

主平面	Principal stress plane	基坑	open cut
莫尔应力圆	Mohr's stress circle	爆破	blasting
准先期固结应力	Quasi- pre-consolidated pressure	打桩	pile driving
		主固结	Primary consolidation
正常固结土	Normally consolidated soil	次固结	Secondary consolidation
超固结土	Over-consolidated soil	蠕变	Creep
欠固结土	Under-consolidated soil	松弛	Relaxation
正常湿陷	Normally collapsed soil	长期强度	Long-term strength
超湿陷	Over-collapsed soil	非衰减蠕变过程	Non-attenuational creep process
欠湿陷	Under-collapsed soil		
先期固结压力	Pre-consolidated pressure	衰减蠕变过程	Attenuational creep process
结构强度	Construction strength		
自重应力	Geostatic stress	减速蠕变阶段	Degenerate velocity creep stage
附加应力	additional stress		
接触应力	contact stress	等速蠕变阶段	Constant velocity creep stage
基底附加应力	additional stress of foundation		
		加速蠕变阶段	Accelerate velocity creep stage
应力集中现象	stress concentration		
应力扩散现象	stress dispersion	原状试样	Intact specimen
应力历史	Stress history	原状土样	Undisturbed sample
应力路径	Stress path	非均质性	nonhomogeneity
应力水平	Stress level	非连续性	Discontinuity
应力类型	stress pattern	非各向同性	Unisotropy
地下水位	ground water level	弹塑性理论	Elastic-plasticity theory
水头	Hydraulic head	压缩曲线	compressive curve
位头	Elevation head	回弹曲线	Rebound curve
水力梯度	Hydraulic gradient	压缩系数	compression coefficient
拉普拉斯方程	Laplace's equation	压缩模量	compression modulus
流线	Flow line	回弹模量	rebound modulus
流网	Flow net	压缩指数	compression index
渗透力	Osmotic force	回弹指数	rebound index
渗透稳定性	Permeability stability	体积压缩系数	volume compression coefficient
管涌	Piping		
流土	Flowing soil	侧压力系数	lateral pressure coefficient
反滤层	Inverted Filters	载荷试验	loading test
临界水力梯度	Critical hydraulic gradient	快剪试验	quick shear test
破坏水力梯度	Failure hydraulic grad	固结快剪试验	consolidation quick shear test
动荷载	dynamic loadings		
幅值	amplitude	慢剪试验	slow shear test
波形	wave pattern	十字板剪切试验	vane shear test
频率	frequency	黏结应力	cohesion stress
持续时间	time duration	假黏聚力	apparent cohesion, pseudo-cohesion
开挖	excavation		

有效应力系数	effective stress coefficient
不排水剪	undrained shear test
固结不排水剪	consolidated-undrained test
排水剪	consolidated-drained test
Darcy 定理	Darcy's law
渗透系数	Permeability coefficient
定水头试验	constant-head test
变水头试验	varied-head test
起始水力坡降	initial hydraulic gradient
最大干容重	Maximum dry unit weight
最优含水量	Optimum moisture content
时间对数曲线	Time logrithm curve
时间平方根曲线	Time square root curve
理论固结曲线	theoretical consolidation curve
固结系数 C_v	consolidation coefficient
极限剪应力	Critical shear stress
破坏剪应力	Failure shear stress
总应力	Total stress
有效应力	Effective stress
孔隙水压力	Pore water pressure
孔隙压力系数	Coefficient of pore pressure
破坏比	Rapture ratio
初始模量	Initial modulus
三轴压缩试验	Tri-axial compression test
k_0 固结不排水的轴向压缩试验	k_0-consolidated undrained tri-axial test
剪切变形	shear deformation
体积变形	Volume deformation
剪缩	shear contraction
剪胀	Shear dilatation
强度准则	Failure criteria
强度参数	strength parameters
强度包线	strength envelope
破坏包线	Rapture envelope
黏聚力	Cohesion
内摩擦角	Internal friction angle
硬化型应力应变曲线	Hardening stress-train curve
软化型应力应变曲线	softening stress-train curve
邓肯—张模型	Duncan-Chang's model
极限平衡条件	limit equilibrium condition
切线模量	tangential modulus
切线泊松比	tangential Poission's ratio
脆性破坏	Brittle failure
塑性破坏	Plastic failure
峰值强度	Peak shear strength
残余强度	Residual shear strength
固结应力比	consolidation stress ratio
骨干曲线	backbone curve
滞回曲线	hysteresis curve
动强度曲线	dynamic strength curve
应力分布系数	stress contribution coefficient
半无限弹性介质	half-infinite elasticity media
Boussinesq J. 课题	Boussinesq problem
Cerruti A J 课题	Cerruti problem
Mindlin 课题	Mindlin Problem
应力扩散角	stress dispersion angle
应力泡	stress bubble
应力等值线	stress isolines
初始沉降	initial settlement
固结沉降	consolidation settlement
次固结沉降	secondary consolidation settlement
压缩层的深度	compression range
分层总和法	Layers summation method
正常固结土	normally consolidated soil
超固结土	over-consolidated soil
欠固结土	pre-consolidated soil
湿陷系数	collapsibility coefficient
应力场	Stress field
应变(位移)场	Deformation (displacement) field
渗流(孔压)场	Flow (pore water pressure) field
有效应力原理	Effective stress principal
渗流连续方程	Flow continuity equation
几何方程	Geometrical equation

物理方程	Physical equation	加密法	Densification method
时间因数	Time factor	冻结法	Freezing method
固结度	degree of consolidation	换填	Cushion
固结曲线	consolidation curve	土桩	Soil column
固结系数	Coefficient of consolidation	预压	Preloading
		浆灌	Grouting
虎克定律	Hook's law	加筋	Fabric
太沙基固结模型	Terzaghi consolidation model	织物	Geofabric
		树根桩	Root pile
地基的极限承载力	Ultimate bearing capacity of soil foundation	挤密桩	Extrusion column pile
		振冲桩	Vibroflotation pile
地基的容许承载力	allowable bearing capacity of soil foundation	旋喷桩	Jet grouting pile
		搅拌桩	Cement mixing pile
承载力因数	Bearing capacity factors	灌注桩	Cast-in-place piles
荷载倾斜修正系数 i	Inclined loading correction factor	热加固	Thermal stability treatment
基础埋深修正系数 d	Footing embedment depth correction factor	换土垫层	Soil replaced pillow
		重锤夯实	Tamping
基础形状修正系数 s	Footing shape correction factor	强夯	Dynamic compaction
		灌浆	Grouting
地面倾斜修正系数 g	Tilted ground surface correction factor	硅化	Silicification
		散体桩	granular material pile
基底面倾斜修正系数 b	Base tilt correction factor	柔体桩	Flexible pile
		刚体桩	Rigid pile
基土压缩修正系数 ζ	Modified coefficient of ground soil compression	加筋挡墙	Reinforced retaining wall
		土钉墙	Nailing wall
折减极限荷载法	限制塑性区深度法	锚定板挡土墙	Anchored plate retaining wall
复合地基	composite soil foundation		
基础砌置深度	embedment depth	锚定板桩墙	Anchored sheet pile wall
浅基础	shallow foundation	锚杆框架梁	Anchor rod frame beam
深基础	deep foundation	自然土坡	natural slopes
沉井基础		挖方土坡	excavation slope
沉箱基础	caisson	填方土坡	embankment slope
桩基础	pile foundation	工程土坡	engineering slope
土工织物	Geotechnical fabric	土坡稳定性分析	slope stability analysis
土工膜	Geomembrane	极限楔体平衡的理论	wedged limit equilibrium theory
土工网	Geonet		
土工织物	Geofabric	边坡的极限荷载	Ultimate loading of slope
土工布	Geotextile	楔体极限平衡理论	Limit equilibrium theory of wedged soil block
土工格栅	Geogrid		
土工格室	Geocell	圆弧滑动面	Circular slip surface
土体的加固处理	Reinforced treatment of soil mass	简化Bishop法	Bishop simplified method
		复合滑动面	Composite slip surface

安全系数	Factor of safety	地震角	seismic angle
通用条分法	Generalized procedure of slices	地震系数	seismic coefficient
		地震震级	seismic magnitude
最危险滑动面	Critical sliding surface	地震烈度	seismic intensity
极限平衡状态	Limit equilibrium state	垂直地震系数	Vertical seismic coefficient
平衡方程	Equilibrium equation		
浮密度	Buoyant density	动应力	Dynamic stress
饱和密度	Saturated density	动孔压	Dynamic pore pressure
干密度	Dry density	动变形	Dynamic deformation
替代容量法		动强度	Dynamic shear strength
排水	drainage	地震剪应力	Shear stress of earthquake
支挡	support	抗液化剪应力	Shear stress of liquefaction
减荷	discharge		
改善土体	soil improvement	液化可能性	Liquefaction possibility
挡土墙	retaining wall	临界标贯击数法	Critical blow count of standard penetration method
重力式	retaining wall of gravity pattern		
		标准爆破沉降量法	Settlement of standard exploration method
悬臂式	retaining wall of cantilever pattern		
		抗液化剪应力法	Anti-liquefaction shear stress method
扶壁式	counterfort retaining wall		
衡重式	shelf retaining wall	剪切波速法	Shear velocity method
板桩式	retaining wall of sheet pile pattern	液化危害性	Harmness of liquefaction
		液化指数	Liquefaction index
挡墙的极限荷载	Ultimate loading of retaining wall	非线性	Nonlinearity
		滞后性	Hysteresis
静止土压力	earth pressure at-rest	滞回圈	Hysteresis loop
主动土压力	Active earth ressure	剪切模量	Shear modulus
被动土压力	Passive earth pressure	阻尼比	Damping ratio
侧向土压力	Lateral earth pressure	总应力法	Total stress approach
Rankine 土压力理论	Rankine's earth pressure theory	有效应力法	Effective stress approach
		动力固结法	Dynamic consolidation method
Coulomb 土压力理论	Coulomb's earth pressure theory		
		动强度曲线	Dynamic strength curve
古典土压力理论	Classical earth pressure theory	动强度参数	Dynamic strength parameters
回填土	Backfill	速率效应	Velocity rate effect
超荷载	Surcharge	循环效应	cyclic effect
埋管上土压力	soil pressure on embeded-pipe	物态本构模型	Physical state constitutive model
等沉面理论	equal settlement plane theory	数值分析	Numerical analysis
		有限元方法	Finite element method
塌落拱理论	equilibrium arch theory	时程曲线	Time-travel curve
冈部—物部法		迭代法	Iterative operation

参 考 文 献

[1] 太沙基. 理论土力学. 徐志英译. 北京：地质出版社，1960.
[2] 黄文熙. 土的工程性质. 北京：中国水利水电出版社，1983.
[3] 华东水利学院土力学教研室主编. 土工原理与计算. 北京：水利电力出版社，1979.
[4] 钱家欢. 殷宗泽. 土工原理与计算. 北京：中国水利水电出版社，1996.
[5] Fredlund D. G. & Rahardjo H.. Soil Mechnics For Unsaturated Soils. 中译本（陈仲颐等合译），北京：中国建筑工业出版社，1997.
[6] 陈仲颐，周景星，王洪瑾. 土力学. 北京：清华大学出版社，1994.
[7] 冯国栋. 土力学及岩石力学. 北京：水利电力出版社，1979.
[8] 赵成刚，白冰，王运霞. 土力学原理. 北京：清华大学出版社，北京交通大学出版社，2004.
[9] 松冈元，土力学. 罗汀，姚仰平编译，北京：中国水利电力出版社，2001.
[10] 李广信. 高等土力学. 北京：清华大学出版社，2004.
[11] 卢廷浩，刘祖德等. 高等土力学. 北京：机械工业出版社，2006.
[12] 沈珠江. 理论土力学. 北京：中国水利水电出版社，2000.
[13] 谢定义，高等土力学. 北京：中国高等教育出版社，2008.
[14] 高国瑞. 近代土质学. 南京：东南大学出版社，1989.
[15] 高大钊，袁聚云. 土质学与土力学，北京：人民交通出版社，2001.
[16] 孙钧. 岩土材料流变及其工程应用. 北京：中国建筑工业出版社，1999.
[17] 赵维炳，施健用. 软土固结与流变. 南京：河海大学出版社，1996.
[18] 俞茂宏. 强度理论新体系. 西安：西安交通大学出版社，1992.
[19] 谢定义，岩土工程学，北京：中国高等教育出版社，2009.
[20] 谢定义. 21世纪土力学的思考. 岩土工程学报，1994，16(1).
[21] 毛昶熙. 渗流计算分析与控制. 北京：水利电力出版社，1990.
[22] 索克洛夫斯基 B B. 松散介质静力学. 徐志英译. 北京：地质出版社，1956.
[23] 黄文熙. 土的弹塑性应力应变模型理论. 清华大学学报.
[24] 蒋彭年. 土的本构关系. 北京：科学出版社，1982.
[25] Biot M A. General theory of three dimensional consolidation. J. of Applied Physics. 1941，V27，p459.
[26] 龚晓南. 复合地基理论及工程应用. 北京：中国建筑工业出版社，2002.
[27] 龚晓南. 土工计算及分析. 北京：中国建筑工业出版社，2000.
[28] 顾安全，上埋式管道垂直土压力的研究，岩土工程学报，1990(3).
[29] 顾安全等. 高填土盖板涵 EPS 板减荷试验及设计方法的研究，岩土工程学报，2009(10).
[30] 顾安全，魏瑞. 高填方涵洞设计新理念的工程应用，研究报告，2010. 11.
[31] 中华人民共和国行业标准. 建筑物地基处理技术规范（JGJ79−91）北京：中国建筑工业出版社，1991.
[32] 土工合成材料工程应用手册编写委员会. 土工合成材料工程应用手册. 北京：中国建筑工业出版社，1994.

[33] 中华人民共和国水利电力部. 土工试验规程, SDSOI-79, 上册, 水利出版社.
[34] 地基处理手册编委会. 地基处理手册. 北京：中国建筑工业出版社, 1988.
[35] 朱思哲, 刘虔, 包承纲, 郭熙灵, 常亚平. 三轴试验原理与应用技术. 北京：中国电力出版社, 2003.
[36] 谢永利. 大变形固结理论及其有限元法. 北京：人民交通出版社, 1998.
[37] 谢定义. 土动力学. 西安：西安交通大学出版社, 1988.
[38] 张克绪, 谢君斐. 土动力学. 北京：地震出版社, 1989.
[39] 吴世明等. 土动力学. 北京：中国建筑工业出版社, 2000.
[40] 王杰贤. 动力地基与基础. 北京：科学出版社, 2001.
[41] 汪闻韶. 土的动强度和液化特性. 北京：中国电力出版社, 1997.
[42] Huang wen-xi. Investigation of Stability of Saturated Soil Foundation and Slope Aginst Liquefaction. Proc. 5th Intern. Conf. of SMFE, 1961.
[43] Seed H B, Idress I M. Simplified Procedure for Evaluation Soil Liquefaction Potential. J. Geot. Eng. ASCE, 1971(9).